Schwarz/Ebeling (Hrsg.)
Kunststoffkunde

Schwarz / Ebeling (Hrsg.)

Kunststoffkunde

Aufbau · Eigenschaften · Verarbeitung · Anwendungen
der Thermoplaste · Duroplaste und Elastomere

Autoren:
Dr.-Ing. Otto Schwarz
Dipl.-Ing. Friedrich-Wolfhard Ebeling
Dipl.-Ing. Harald Huberth
Dipl.-Ing. Harald Schirber
Dipl.-Ing. Norbert Schlör

7., korrigierte und erweiterte Auflage

Vogel Buchverlag

Umschlagbild:
Zweiwelliger Misch- und Knetextruder
der Fa. Krupp Werner & Pfleiderer

Die Deutsche Bibliothek – CIP-Einheitsaufnahme

Kunststoffkunde: Aufbau, Eigenschaften,
Verarbeitung, Anwendungen der Thermoplaste,
Duroplaste und Elastomere / Otto Schwarz.
Autoren: Friedrich-Wolfhard Ebeling ....-7.,
korrigierte und erw. Aufl. – Würzburg : Vogel,
2002
    ISBN 3-8023-1917-6

ISBN 3-8023-1917-6
7. Auflage. 2002

Dipl.-Ing. (FH) FRIEDRICH-WOLFHARD EBELING
Jahrgang 1936. Nach Chemieingenieurstudium in
Nürnberg 6jährige Industrietätigkeit im Bereich der
Aufbereitung und Verarbeitung von Kunststoffen.
Seit 1965 Lehrtätigkeit für die Gebiete Kunststoff-
kunde und -verarbeitung sowie Leitung und Orga-
nisation von Langzeitprogrammen im Süddeutschen
Kunststoff-Zentrum Würzburg. Seit 1990 Prüfungs-
ausschußvorsitzender für Industriemeisterprüfungen
Kunststoff und Kautschuk an der Industrie- und
Handelskammer Würzburg-Schweinfurt.

Dipl.-Ing. (FH) HARALD HUBERTH
Jahrgang 1955. Studium an der Fachhochschule
Würzburg–Schweinfurt zum Diplom-Ingenieur (FH)
für Kunststofftechnik. Von 1982 bis 1990
Lehrtätigkeit im Süddeutschen Kunststoff-Zentrum,
1991 bis 1993 Leiter der SKZ-Zweigstellen, seit
1993 Abteilungsleiter Aus- und Weiterbildung.

Dipl.-Ing. (FH) HARALD SCHIRBER
Jahrgang 1938. Nach Werkzeugmacherlehre von
1958 bis 1961 Studium zum Maschinenbauingeni-
eur in Würzburg. 1961 bis 1964 Betriebsingenieur
im Automobilbau. 1965 bis 1978 Betriebsassistent
und Betriebsleiter im Chemiebaustoffbereich, 1978
bis 1982 Betriebsleiter im Bereich Rohrextrusion.
Von 1982 bis 1993 Lehrtätigkeit im Süddeutschen
Kunststoff-Zentrum und zuständig für die Entwicklung von Lehrgängen und Fachtagungen. Seit 1993
Abteilungsleiter Technik und Konstruktion.

Dipl.-Ing. (FH) NORBERT SCHLÖR
Jahrgang 1954. Studium von 1973 bis 1977 an der
Fachhochschule Würzburg–Schweinfurt zum
Diplom-Ingenieur (FH) für Kunststofftechnik;
anschließend 4jährige Tätigkeit in der kunststoff-
verarbeitenden Industrie. Von 1981 bis 1993
Lehrtätigkeit im Süddeutschen Kunststoff-Zentrum.
Seit 1993 Gruppenleiter Fachtagungen und
Seminare.

Dr.-Ing. OTTO SCHWARZ
Jahrgang 1929. Studium 1950 bis 1955 an der TH
Aachen. Dipl.-Ing. Verfahrenstechnik.
Wissenschaftlicher Mitarbeiter am Institut für
Kunststoffverarbeitung an der TH Aachen. 1968
Promotion zum Dr.-Ing. 1968 bis 1973 Tätigkeit
beim Kunststoffverband in Frankfurt. Seit 1973 im
Süddeutschen Kunststoff-Zentrum, 1977 stellvertre-
tender Institutsleiter, 1992 bis 1994 Institutsleiter,
1994 Eintritt in den Ruhestand. Von 1973 bis zu
seinem Tod Anfang 1997 Lehrbeauftragter an der
FH Würzburg–Schweinfurt–Aschaffenburg.

Vorwort

Nach dem Tode des Herausgebers Otto Schwarz wurde von den Autoren die 7. Auflage neu erstellt, um die Kontinuität des Buches zu gewährleisten. In der relativ kurzen Zeit zwischen der 6. und 7. Auflage gab es kaum neuere Erkenntnisse auf dem Kunststoffgebiet, deshalb sind die wesentlichen Kapitel: Aufbau und Struktur der Kunststoffe und die Werkstoffe (Thermoplaste, Duroplaste, Elastomere) im wesentlichen erhalten geblieben. Lediglich das Kapitel der Thermoplaste wurde um die Abschnitte der elektrisch leitfähigen und biologisch abbaubaren Kunststoffe erweitert.

Allerdings ist aufgrund der immer stärker forcierten Globalisierungsaktivitäten auch der gesamte Bereich der Prüfnormen in Bewegung geraten. Hier haben sich die entsprechenden Ausschüsse zur Aufgabe gemacht, die wichtigsten Normen an die anderen in der Welt existierenden Standards anzugleichen. Die Bezeichnungen ISO (International Standardizing Organization) sowie EN (Europäische Norm) werden die DIN (Deutsche Industrie Norm) teilweise ersetzen, bzw. es werden zumindest die drei Normen bei geringfügigen länderspezifischen Eigenheiten gemeinsam genannt. Die Angleichung ist noch längst nicht abgeschlossen, und es werden je nach Fortschritt die Überarbeitungen der Normen in die nächsten Auflagen mit aufgenommen.

Die wichtigsten Kunststoffprüfungen sind in Kurzform beschrieben, um dem Leser die vielen in den Tabellen aufgelisteten physikalischen Eigenschaften näher zu erläutern. Hinweise auf die entsprechende Norm helfen die ausführlichen Beschreibungen in den Normtexten schneller zu finden.

Die Autoren danken dem Verlag für die angenehme Zusammenarbeit.

Würzburg   Die Autoren

Inhaltsverzeichnis

1 Das Kunststoffgebiet

1.1 Entwicklung (Kurzübersicht)

Der Weg zu den heutigen Kunststoffen begann in der zweiten Hälfte des 19. Jahrhunderts mit den sogenannten abgewandelten Naturstoffen Vulkanfiber (Ebonit) 1859, Cellulosenitrat (Celluloid) 1869 und Kunsthorn (Galalith) 1897.

Mit dem ersten vollsynthetisch hergestellten Phenol-Formaldehydharz (Bakelite) beginnt 1908 dann die Reihe der eigentlichen Kunststoffe, die aus unserer heutigen Welt nicht mehr wegzudenken sind. Mit den wissenschaftlichen Arbeiten Staudingers in den zwanziger Jahren dieses Jahrhunderts wurden die Kunststoffe hoffähig und definiert als hochpolymere Werkstoffe (Molekülgewichte > 8000), die ganz oder teilweise synthetisch hergestellt werden und im wesentlichen organischen Aufbau zeigen. Diese Definition wird durch die Aussage ergänzt, daß Kunststoffe Werkstoffe sind, die im festen oder flüssigen Zustand vorliegen und durch chemische oder physikalische Manipulationen in den festen Endzustand überführt werden.

Nach heutigem Sprachgebrauch werden synthetische Fasern, Klebstoffe, Leime, Lacke und Anstrichstoffe nicht zu den Kunststoffen gezählt, obwohl sie der vorgenannten Definition entsprechen. Das gleiche gilt für die Gruppe der Synthesekautschuke, deren Ausklammerung aus dem Kunststoffgebiet zwar historisch verständlich, aber sonst nicht begründbar ist.

Kunststoffe kann man nur selten in der Ursprungsform – wie sie in den Syntheseverfahren entstehen (Abschnitt 1.2) – verarbeiten und anwenden. Erst nach Hinzugabe von Zusatz-, Hilfs- und Verstärkungsstoffen entstehen verarbeitungsfertige Formmassen (Abschnitt 1.4). Für ganz spezielle Anwendungen können vielfältige Modifizierungen durchgeführt werden, wodurch z. B. die Brennbarkeit herabgesetzt, antistatisches Verhalten erzeugt oder die Schäumbarkeit ermöglicht wird. Auch die mechanischen Eigenschaften sind variierbar. Diese so erreichten Eigenschaftsverbesserungen können eine negative Beeinflussung anderer Eigenschaften zur Folge haben.

Besonders zu erwähnen ist in diesem Zusammenhang die Brennbarkeit der Kunststoffe, die aufgrund ihres organischen Aufbaus gegeben ist. Die Brennbarkeit kann grundsätzlich vermindert werden durch den chemischen Aufbau (Einbau von Halogenen) oder durch Zugabe bestimmter Zusatzstoffe (halogen- oder stickstoffhaltige Verbindungen). Auf diese Weise entstehen die sogenannten flammfest ausgerüsteten Kunststofftypen, die z. B. im Hochbau sowie im Fahrzeug- und Flugzeugbau eine große Rolle spielen.

Eine weitere wichtige Grundeigenschaft ist die physiologische Unbedenklichkeit, die die Kunststoffe als hochmolekulare Stoffe grundsätzlich besitzen. Weil Kunststoffe

11

jedoch Monomeranteile enthalten können und Zusatz- und Hilfsstoffe oder Farbmittel immer vorhanden sind, ist der Beurteilung der physiologischen Unbedenklichkeit besondere Aufmerksamkeit zu widmen. Das Lebensmittelgesetz legt in einer sogenannten Positivliste fest, welche Kunststoffe als unbedenklich angesehen werden können bzw. welche Fremdstoffanteile zulässig sind.

In letzter Zeit spielen elektrisch leitende Kunststoffe eine zunehmend wichtige Rolle, weil z. B. in der Halbleitertechnik und Elektronik oder bei Bodenbelägen in Operationssälen jede Art von elektrostatischer Aufladung vermieden werden muß. Traditionell werden Kunststoffe durch Zugabe von leitfähigen Füllstoffen oder antistatischen Additiven leitend gemacht. Diese Entwicklung wird neuerdings durch Einbringen von Metallionen in die Kunststoffmatrix erfolgreich fortgesetzt.

Die vielfältigen für den Anwender und Konstrukteur wichtigen Kennwerte wurden vor einigen Jahren von namhaften Firmen in der Datenbank «*Campus*» zusammengestellt, die von zahlreichen Rohstoffherstellern kostenlos zur Verfügung gestellt wird. Für den Bereich der langfaserverstärkten Kunststoffe gibt es eine eigene Datenbank mit der Bezeichnung «*Fundus*». (Fundus ist zu beziehen bei der Arbeitsgemeinschaft Verstärkte Kunststoffe e. V., Frankfurt/M.)

Die Entwicklung des Kunststoffgebietes ging in letzter Zeit eindeutig dahin, gezielt dem Verbraucher gerecht zu werden und die zukünftigen Bedürfnisse zu erfüllen. Das hatte zur Folge, daß nicht neue Monomere entwickelt, sondern auf der Basis bekannter Stoffe aufgebaut wurde. Dazu gehören die Weiterentwicklung der Blends, der thermoplastischen Elastomere, der biologisch abbaubaren Kunststoffe und der Werkstoffverbunde. Dieses Gebiet ist noch lange nicht erschöpft – man denkt nur an die Kombination von Polymeren mit anderen Werkstoffen in der Verwirklichung der Hybridbauweisen. In jüngster Zeit spielt auch die Entwicklung neuer Katalysatoren eine große Rolle, die es ermöglichen, stereospezifische Polymerisate mit definierten Strukturen herzustellen (z. B. Metallocene).

Ein wichtiges Anliegen der Zukunft ist es, die gesellschaftliche Akzeptanz der Kunststoffe zu verbessern und die Umweltverträglichkeit deutlich zu machen. Das Zukunftspotential der polymeren Stoffe ist noch lange nicht erschöpft.

1.2   Einführung in die Kunststoff-Chemie

1.2.1   Stoffe, Materie

Der Name Kunststoffe sagt aus, daß es sich hierbei um Stoffe handelt, die künstlich (synthetisch) hergestellt werden.

Was sind Stoffe?

Stoffe sind Substanzen (Materie), die fest, flüssig oder gasförmig vorkommen können. Man unterscheidet natürliche Stoffe, wie z. B. Holz, Erze, Steine, Sand, und synthetische Stoffe, wie Kunststoffe, Glas, bestimmte Textilien, Farbmittel u. a. m.

Stoffe sind selten in reiner Form vorhanden. Vielfach stellen sie Gemische dar. Gemische können homogen (einheitlich) oder heterogen (uneinheitlich) sein.

12

Beispiele:

Homogene Gemische: Luft, Messing, Salzlösung.

Heterogene Gemische: Beton, sandhaltige Erde, Schlamm.

Gemische lassen sich in reine Stoffe zerlegen: Wasser verdampft aus einer Salzlösung, zurück bleibt reines Salz.

Weitere Beispiele von Trennverfahren für Gemische sind

Destillieren: Erdölzerlegung (flüssig-flüssig).

Filtrieren: Feststoffe von Erdöl trennen (fest-flüssig).

Sieben: Steine selektieren (fest-fest).

Magnetscheiden: Eisenerz von Gestein trennen (fest-fest).

Weil die Trennung der Gemische auf physikalischem Wege erfolgt, nennt man sie physikalische Trennverfahren.

1.2.2 Chemische Verbindungen, Elemente, Atome, Moleküle

Werden Gemische so weit zerlegt, daß eine weitere physikalische Trennung nicht mehr möglich ist, erhält man chemische Verbindungen oder Elemente.

Beispiele von chemischen Verbindungen: Kochsalz, Sand, Kalkstein, Zellulose, Zucker, Alkohol.

Bei chemischen Verbindungen liegen feste Bindungen von einzelnen Elementen miteinander vor, die durch physikalische Trennverfahren nicht getrennt werden können.

Elemente

Chemische Verbindungen sind aus Elementen aufgebaut. Elemente existieren aber auch in reiner Form.

Beispiele: Wasserstoff (H), Kohlenstoff (C), Stickstoff (N), Sauerstoff (O), Aluminium (Al), Silizium (Si), Schwefel (S), Chlor (Cl), Eisen (Fe), Fluor (F).

Die in Klammern gesetzten Buchstaben sind die international festgelgten Symbole der Elemente.

Bild 1.1   Kohlenstoffatom

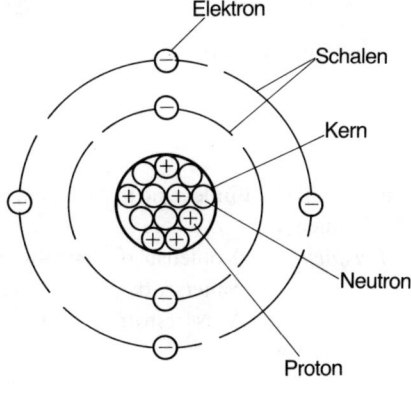

13

Atome

Atome sind die kleinsten Bausteine der Elemente. Sie werden aus drei verschiedenen Elementarteilchen – den Protonen, Neutronen und Elektronen – aufgebaut.

Im Kern befinden sich die Protonen und Neutronen. Die Neutronen als nicht geladene Teilchen schirmen die positiv geladenen Protonen ab, damit sie sich nicht gegenseitig abstoßen. Die negativ geladenen Elektronen, die in gleicher Anzahl wie die Protonen vorhanden sind, umkreisen mit hoher Geschwindigkeit auf verschiedenen Bahnen den Kern. Dabei heben sich die elektrostatische Anziehungskraft und die Zentrifugalkraft gegenseitig auf.

Moleküle

Chemische Verbindungen sind aus zwei oder mehreren Atomen aufgebaut, die fest aneinander gebunden sind.

> Die kleinste Einheit der chemischen Verbindung ist das Molekül.

Beispiel Wasser: Wasserstoff-Sauerstoff-Verbindung.

2 Atome Wasserstoff binden sich mit einem Atom Sauerstoff zu einem Molekül Wasser.

Beispiel Methan: Kohlenstoff-Wasserstoff-Verbindung.

1 Kohlenstoffatom bindet 4 Wasserstoffatome zu einem Molekül Methan.

Der Zusammenhalt der Elemente erfolgt über Bindungskräfte. Das gegenseitige Bindungsvermögen der Elemente nennt man Wertigkeit oder Valenz. Jedem Atom eines Elements kommen eine bestimmte Anzahl von Valenzen zu, mit denen sie sich mit anderen Atomen binden. Dabei gilt, daß in einer chemischen Verbindung alle Valenzen abgesättigt sein müssen.

Struktur- und Summenformel

Die Valenzen werden beim Aufschreiben von Formeln vereinfacht als Striche (Bindearme) dargestellt (Strukturformel).

Beispiel: Wasser $\quad$ Ⓗ–Ⓞ–Ⓗ

Beispiel: Methan

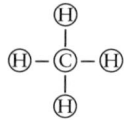

Die Anzahl der Bindearme je Atom eines Elements ist gleichzusetzen mit der Wertigkeit des Elements.

Beispiele: $\quad$ Kohlenstoff $\quad = \quad$ 4wertig
$\qquad\qquad$ Sauerstoff $\qquad = \quad$ 2wertig
$\qquad\qquad$ Wasserstoff $\quad = \quad$ 1wertig

14

Eine vereinfachte Schreibweise ist die Summenformel.

Beispiel Wasser: H_2O

Beispiel Methan: CH_4

Zusammenfassung

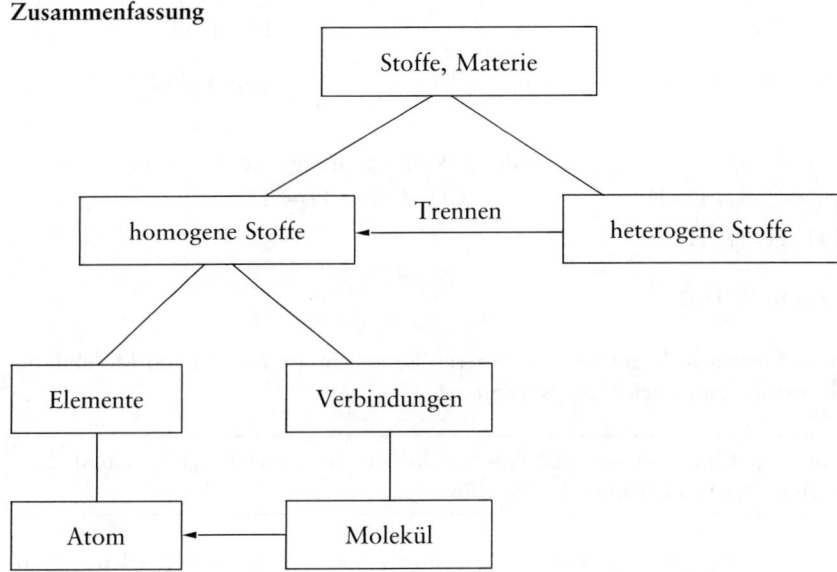

Stoffe können Gemische von chemischen Verbindungen oder Elementen sein.

Elemente sind die Grundstoffe, die die Stoffe aufbauen.

Die kleinste Einheit der Elemente ist das Atom. Gehen mehrere Atome eines Elements oder mehrerer Elemente eine feste Bindung ein, spricht man von chemischen Verbindungen. Moleküle werden durch Bindekräfte (Valenzen) zusammengehalten. Die kleinste Einheit der chemischen Verbindungen ist das Molekül.

1.2.3   Organische Kohlenwasserstoffverbindungen

Kunststoffe sind organische chemische Verbindungen. Organische Stoffe sind Verbindungen, die hauptsächlich aus den Elementen Kohlenstoff (C) und Wasserstoff (H) aufgebaut sind.

Daneben finden sich in vielen organischen Verbindungen auch die Elemente Sauerstoff (O) und Stickstoff (N). Seltener sind die Elemente Schwefel (S), Chlor (Cl), Fluor (F) und Silizium (Si) enthalten.

Gesättigte Kohlenwasserstoffe

Die einfachste organische Verbindung ist das Methan (CH_4). Kohlenstoffatome sind auch in der Lage, sich durch Bindungen aneinanderzureihen und lange Ketten zu bilden. Dadurch ist eine Vielzahl von verschiedenen Kohlenwasserstoffverbindungen bekannt.

15

Beispiele für Kohlenwasserstoffe:

$$\begin{array}{ccc}
\quad\;\; H & \qquad H\;\; H & \qquad H\;\; H\;\; H \\
\quad\;\; | & \qquad |\quad\; | & \qquad |\quad\; |\quad\; | \\
H-C-H & H-C-C-H & H-C-C-C-H \\
\quad\;\; | & \qquad |\quad\; | & \qquad |\quad\; |\quad\; | \\
\quad\;\; H & \qquad H\;\; H & \qquad H\;\; H\;\; H \\
\end{array}$$

Methan (CH_4)　　　　Ethan (C_2H_6)　　　　Propan (C_3H_8)

$$\begin{array}{c}
H\;\; H\;\; H\;\; H \\
|\quad |\quad |\quad | \\
H-C-C-C-C-H \\
|\quad |\quad |\quad | \\
H\;\; H\;\; H\;\; H \\
\end{array}$$

oder die verkürzte Schreibweise für Butan
$$CH_3-CH_2-CH_2-CH_3$$

Butan (C_4H_{10})

Diese aufgeführten Kohlenwasserstoffe vergrößern sich von Molekül zu Molekül um ein Kohlenstoff- und zwei Wasserstoffatome.

> Allgemein gibt man diesen Kohlenwasserstoffen die Formel C_nH_{2n+2} und den allgemeinen Namen Alkane oder Paraffine.

Es handelt sich um gesättigte Kohlenwasserstoffe, weil zwischen den Kohlenstoffatomen immer nur ein Bindearm (Valenz) steht.

Ungesättigte Kohlenwasserstoffe

Es gibt auch Kohlenwasserstoffe, bei denen sich zwei Kohlenstoffatome mit zwei oder drei Bindearmen aneinanderketten. Man spricht von Doppel- oder Dreifachbindungen.

Beispiele:

$$\begin{array}{cc}
H\;\; H \\
|\quad | \\
C=C \\
|\quad | \\
H\;\; H \\
\end{array}$$

Ethylen (C_2H_4)

$$\begin{array}{c}
\qquad\quad H \\
\qquad\quad | \\
H\;\; H-C-H \\
|\qquad\quad | \\
C{=\!=\!=}C \\
|\qquad\quad | \\
H\qquad\quad H \\
\end{array}$$

Propylen (C_3H_6)

$$\begin{array}{c}
H\qquad\quad H \\
|\qquad\quad | \\
C{=\!=\!=}C \\
|\qquad\quad | \\
H\;\; H-C-H \\
\qquad\quad | \\
\quad H-C-H \\
\qquad\quad | \\
\qquad\quad H \\
\end{array}$$

Butylen (C_4H_8)

oder die verkürzte Schreibweise für Butylen

$$\begin{array}{c}
CH_2{=}CH \\
| \\
CH_2 \\
| \\
CH_3 \\
\end{array}$$

> Kohlenwasserstoffe mit einer Doppelbindung werden als Alkene oder Olefine bezeichnet. Sie haben die allgemeine Formel C_nH_{2n}.

Isoverbindungen

Warum man bei den Kohlenwasserstoffen meistens Strukturformeln schreibt, hat seinen Grund. Neben dem geraden kettenförmigen Aufbau der Kohlenwasserstoffe hat die Natur auch verzweigte entstehen lassen. Von Butan aufwärts können die Ketten verzweigen.

Beispiele:

Isobutan (C_4H_{10})

Isopentan (C_5H_{12})

Isopentan (C_5H_{12})

Isohexan (C_6H_{14})

Im Gegensatz zu den kettenförmigen werden die verzweigten Kohlenwasserstoffe als Isoverbindungen bezeichnet. Sie unterscheiden sich in den Eigenschaften bei gleicher chemischer Zusammensetzung nur geringfügig von den normalen kettenförmigen Kohlenwasserstoffen.

Zur exakten Unterscheidung von Verbindungen mit gleicher Anzahl an Kohlenstoff- und Wasserstoffatomen werden die Kohlenstoffe der längsten Kette numeriert und die Seitengruppen mit Angabe, an welchen Kohlenstoffen sie angebaut sind, extra genannt. (Die Numerierung erfolgt nur gedanklich und wird normalerweise nicht an die Kohlenstoffatome geschrieben.) Der Kohlenwasserstoff mit der längsten Kette gilt nun als Grundbaustein, an dem die Seitengruppen anhängen.

Die Bezeichnungen der Seitengruppen leiten sich von den Kohlenwasserstoffnamen ab, wobei man die Endung -an durch -yl ersetzt.

Beispiele:

$$H-\underset{\underset{H}{|}}{\overset{\overset{H}{|}}{C_1}}-\underset{\underset{\underset{H}{|}}{\overset{\overset{H}{|}}{H-C-H}}}{\overset{\overset{H}{|}}{C_2}}-\underset{\underset{H}{|}}{\overset{\overset{H}{|}}{C_3}}-H$$

Isobutan
2-Methylpropan

$$H-\underset{\underset{H}{|}}{\overset{\overset{H}{|}}{C_1}}-\underset{\underset{\underset{H}{|}}{\overset{\overset{H-C-H}{|}}{\overset{\overset{H}{|}}{H-C-H}}}}{C_2}-\underset{\underset{H}{|}}{\overset{\overset{H}{|}}{C_3}}-H$$

Isopentan
2,2-Dimethylpropan

$$H-\underset{\underset{\underset{H}{|}}{\overset{\overset{H}{|}}{H-C-H}}}{\overset{\overset{H}{|}}{C_1}}-\underset{}{C_2}-\underset{}{\overset{\overset{H-C-H}{|}}{C_3}}-\underset{\underset{H}{|}}{\overset{\overset{H}{|}}{C_4}}-H$$

Isohexan
2,3-Dimethylbutan

$$H-\underset{\underset{H}{|}}{\overset{\overset{H}{|}}{C_4}}-\underset{\underset{H}{|}}{\overset{\overset{H}{|}}{C_3}}-\underset{\underset{\underset{H}{|}}{\overset{\overset{H-C-H}{|}}{\overset{\overset{H}{|}}{H-C-H}}}}{C_2}-\underset{\underset{H}{|}}{\overset{\overset{H}{|}}{C_1}}-H$$

Isohexan
2,2-Dimethylbutan

Benzol

Neben den kettenförmigen und verzweigten Kohlenwasserstoffen gibt es auch ringförmige. Die wichtigste ringförmige Kohlenwasserstoffverbindung ist das Benzol.

$$C_6H_6$$

Das Benzol wird in Formelbeispielen häufig durch die Kurzform dargestellt.

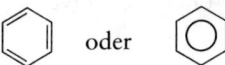

Benzolabkömmlinge

Der mit drei Doppelbindungen versehene Ring ist sehr stabil. Wasserstoffe können aber durch andere Atome oder Atomgruppen ersetzt werden.

Beispiele:

Phenol ($C_6H_5 \cdot OH$)

Toluol ($C_6H_5 \cdot CH_3$)

1.2.4 Reaktionsfähige Verbindungen

Es ist möglich, ein oder mehrere Wasserstoffe an den Kohlenwasserstoffverbindungen mittels chemischer Reaktionen durch andere Atome oder Atomgruppen zu ersetzen. Es lassen sich reaktionsfähige Atomgruppen anbauen. Solche Atomgruppen können nicht allein existieren, da sie einen freien Bindearm (Valenz) zum Anbau an den Kohlenwasserstoff besitzen. Sie sind nur theoretisch vorstellbar.

Beispiele:

Atomgruppe	Name der Gruppe
$-OH$	Hydroxyl- bzw. Alkoholgruppe
$-C{<}^{O}_{O-H}$	Carboxyl- oder Säure-(Acid-)gruppe
$-N{<}^{H}_{H}$	Amin- oder Aminogruppe
$-N=C=O$	Isocyanatgruppe

Alkohole

Beim Austausch von Wasserstoffen durch alkoholische Gruppen ($-OH$) an Kohlenwasserstoffen erhält man Alkohole.

19

$$H-\underset{\underset{H}{|}}{\overset{\overset{H}{|}}{C}}-OH$$
Methylalkohol
oder Methanol

$$H-\underset{\underset{H}{|}}{\overset{\overset{H}{|}}{C}}-\underset{\underset{H}{|}}{\overset{\overset{H}{|}}{C}}-OH$$
Ethylalkohol
oder Ethanol

$$H-O-\underset{\underset{H}{|}}{\overset{\overset{H}{|}}{C}}-\underset{\underset{H}{|}}{\overset{\overset{H}{|}}{C}}-OH$$
Ethandiol
oder Glykol

$$H-O-\underset{\underset{H}{|}}{\overset{\overset{H}{|}}{C}}-\underset{\underset{OH}{|}}{\overset{\overset{H}{|}}{C}}-\underset{\underset{H}{|}}{\overset{\overset{H}{|}}{C}}-O-H$$
Propantriol
oder Glyzerin

Bezeichnung der Alkohole

Sind zwei oder mehrere gleiche Atomgruppen an ein Molekül angebaut, werden vor den Gruppennamen die Vorsilben

di = zwei

tri = drei

tetra = vier

oder   poly = viele gesetzt.

Beispiel:

Ethan   ——→   Ethan*diol*

Propan   ——→   Propan*triol*

                         *Poly*ol

Organische Säuren

Der Austausch von Wasserstoffatomen bei Kohlenwasserstoffen durch Säuregruppen (−COOH) läßt organische Säuren entstehen.

$$H-C\overset{\displaystyle O}{\underset{\displaystyle O-H}{\Big\langle}}$$
Ameisensäure
oder Methansäure

$$H-\underset{\underset{H}{|}}{\overset{\overset{H}{|}}{C}}-C\overset{\displaystyle O}{\underset{\displaystyle O-H}{\Big\langle}}$$
Essigsäure
oder Ethansäure

$$\underset{\displaystyle H-O}{\overset{\displaystyle O}{\Big\rangle}}C-C\overset{\displaystyle O}{\underset{\displaystyle O-H}{\Big\langle}}$$
Oxalsäure
oder Ethandisäure

$$\underset{\displaystyle H-O}{\overset{\displaystyle O}{\Big\rangle}}C-\left[\underset{\underset{H}{|}}{\overset{\overset{H}{|}}{C}}\right]_4-C\overset{\displaystyle O}{\underset{\displaystyle O-H}{\Big\langle}}$$
Adipinsäure
oder Hexandisäure

Für die Namensgebung der Säuren ist zu beachten, daß der Kohlenstoff der Säuregruppe mitzuzählen ist.

20

Amine und Isocyanate

Für die Amino- und Isocyanatverbindungen gilt das gleiche, wie es bei den Alkoholen und Säuren beschrieben wurde.

Beispiel: Amine

$$
\begin{array}{c}
\quad\ \ H \\
\quad\ \ | \\
H-C-N{\Large\diagdown}^{\ H}_{\ H} \\
\quad\ \ | \\
\quad\ \ H
\end{array}
$$

Methylamin
oder Methanamin

$$
\begin{array}{c}
H{\Large\diagdown}_{H}\!N-\!\left[\ \begin{array}{c} H \\ | \\ C \\ | \\ H \end{array}\ \right]_{6}\!-N{\Large\diagup}^{H}_{H}
\end{array}
$$

Hexamethylendiamin
oder Hexandiamin

Beispiel: Isocyanat

$$
\begin{array}{c}
\quad\ H \\
\quad\ | \\
H-C-H \\
\bigcirc\!-N=C=O \\
\ N=C=O
\end{array}
$$

Toluol-di-isocyanat

1.2.5 Chemische Grundvorgänge

Alle chemischen Vorgänge bezeichnet man als chemische Reaktionen. Als Anstoß für solche Reaktionen wird das Verbindungsstreben der Stoffe, insbesondere bei Zufuhr von Wärme, Elektrizität und Licht angesehen.

Die Reaktionen benötigen zu ihrem Ablauf Zeiträume, die je nach Stoff zwischen Millionstelsekunden und Jahrtausenden schwanken. Bei allen Reaktionen ist die gesamte Masse der Reaktionsprodukte stets die gleiche wie die gesamte Masse der Ausgangsstoffe.

Weil man davon ausgeht, daß sich die Ausgangsstoffe nach einer gewissen Zeit in die neuen Reaktionsstoffe umgewandelt haben, wird zwischen beiden Stoffgruppen als Ausdruck des zeitlich begrenzten Ablaufs ein Pfeil gesetzt. Der Ablauf wird damit als Gleichung formuliert. Die Bezeichnung «Gleichung» ist insofern berechtigt, weil links und rechts des Reaktionspfeils die gleichen Atome in gleicher Anzahl stehen. Die Stoffe sind natürlich links und rechts andere.

Reaktionen von organischen Verbindungen mit reaktionsfähigen Atomgruppen lassen neue Stoffe entstehen. Hierbei werden an den Atomgruppen durch Abspalten oder Anlagern von Atomen oder Atomgruppen neue Verbindungen aufgebaut.

21

Beispiel: Esterverbindungen

$$H-\overset{\underset{|}{H}}{\underset{H}{C}}-\overset{\nearrow O}{\underset{\searrow O-H}{C}} \quad + \quad H-O-\overset{\underset{|}{H}}{\underset{H}{C}}-H \quad \longrightarrow \quad H-\overset{\underset{|}{H}}{\underset{H}{C}}-\overset{\nearrow O}{\underset{\searrow O-\underset{H}{\overset{H}{C}}-H}{C}} \quad + \quad H_2O$$

Aus Essigsäure und Methylalkohol entsteht unter Abspaltung von Wasser Essigsäuremethylester (Kondensationsreaktion).

Beispiel: Amidverbindungen
Bei dieser Amidreaktion reagiert Essigsäure mit Methylamin. Es entsteht unter Abspaltung von Wasser Essigsäuremethylamid.

$$CH_3-\overset{\nearrow O}{\underset{\searrow O-H}{C}} \quad + \quad \overset{H}{\underset{H}{\diagdown}}N-\overset{\underset{|}{H}}{\underset{H}{C}}-H \quad \longrightarrow \quad CH_3-\overset{\nearrow O}{C}-\overset{H}{\underset{H}{N}}-\overset{\underset{|}{H}}{\underset{H}{C}}-H \quad + \quad H_2O$$

Beispiel: Urethanverbindungen
Toluolisocyanat reagiert mit Methylalkohol zu Toluolmethylurethan.

$$\underset{}{\overset{CH_3}{\bigcirc}}-N=\overset{}{\underset{O}{C}} \quad + \quad H-O-\overset{\underset{|}{H}}{\underset{H}{C}}-H \quad \longrightarrow \quad \overset{CH_3}{\bigcirc}-\overset{H}{\underset{O}{N}}-\overset{}{C}-O-\overset{\underset{|}{H}}{\underset{H}{C}}-H$$

Hierbei wird nichts abgespalten, sondern ein Wasserstoffatom des Alkohols hängt sich an den Stickstoff der Isocyanatgruppe an (Additionsreaktion).

Beispiel: Phenolreaktion
Auch das ringförmige Phenolmolekül kann mit einem anderen reaktionsfähigen Molekül (z. B. Formaldehyd) reagieren.

$$\overset{OH}{\bigcirc}-H \quad + \quad \overset{\underset{|}{H}}{\underset{H}{C}}=O \quad \longrightarrow \quad \overset{OH}{\bigcirc}-\overset{\underset{|}{H}}{\underset{H}{C}}-OH \qquad \text{Methylolphenol}$$

Es ist zu beachten, daß nicht der Wasserstoff der OH-Gruppe, sondern ein Wasserstoff des Phenolrings abwandert.

22

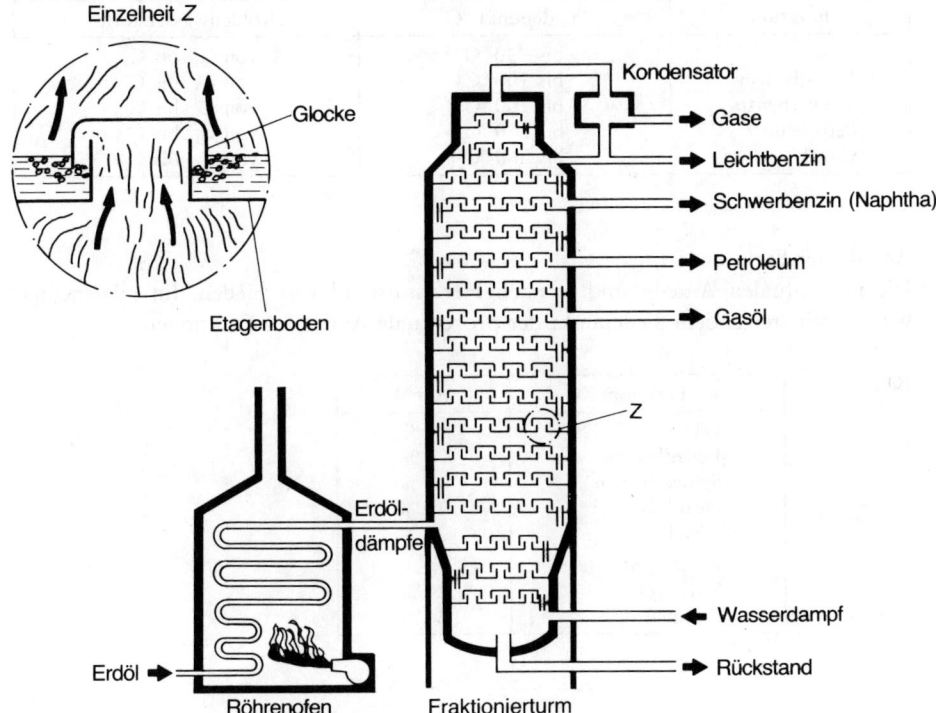

Bild 1.2   Destillation von Erdöl

1.2.6   Vom Rohöl zum Monomer

Fast alle organischen Stoffe, die synthetisch aufgebaut werden, haben als Rohstoffbasis Erdöl, Erdgas oder Kohle. Davon hat das Erdöl die größte Bedeutung. Erdöl (Rohöl) enthält mehr als 1000 verschiedene Kohlenwasserstoffverbindungen. Zur Weiterverarbeitung zu synthetischen Produkten muß Erdöl erst aufbereitet werden.

Fraktionierte Destillation
Erdöl wird im Röhrenofen auf etwa 400 °C erhitzt und einem gekühlten Fraktionierturm zugeleitet. Der größte Teil des Erdöls verdampft und wandert durch die vielen Etagen des Fraktionierturms. Beim Abkühlen des Erdöldampfs kondensieren in den einzelnen Etagen bestimmte Erdölanteile und werden seitlich abgeführt. Damit der Erdöldampf langsam aufsteigt, sind die Etagendurchlässe mit Glocken abgedeckt (Bild 1.2).

Zusammensetzung der Fraktionen
Die bei der Destillation erhaltenen Fraktionen sind Kohlenwasserstoffe, die sich in ihrem Siedepunkt und damit ihren Molekülgrößen unterscheiden.

23

Fraktion	Siedepunkt °C	Kohlenwasserstoffe
Gase	bis 30 °C	von C_1 bis C_4
Leichtbenzin	bis 100 °C	von C_5 bis C_7
Schwerbenzin	bis 200 °C	von C_7 bis C_{10}
Petroleum	bis 260 °C	von C_{11} bis C_{14}
Gasöl	bis 360 °C	von C_{16} bis C_{19}

Anteile der Fraktionen

Die prozentualen Anteile sind je nach Herkunftsland verschieden. Im allgemeinen wächst mit steigendem Siedepunkt der prozentuale Anteil der Fraktionen.

Beispiel:

Fraktion	Anteil
Gase	3 %
Leichtbenzin	8 %
Schwerbenzin	10 %
Petroleum	15 %
Gasöl	20 %
Rückstand	
Schweröl	20 %
Bitumen	24 %

Weiterverarbeitung der Fraktionen

Für die Chemie sind die Benzinfraktionen (Naphtha) als Basisrohstoff wichtig. Im sogenannten Crackprozeß werden die Kohlenwasserstoffe des Benzins durch hohe Temperaturen (850 °C) und Katalysatoren in kleinere gasförmige ungesättigte Kohlenwasserstoffe umgebaut. Katalysatoren sind in der Chemie Hilfsmittel, die eine Reaktion schneller ablaufen lassen. Beim Cracken werden die Kohlenwasserstoffverbindungen auseinandergerissen und umgebaut. Dieser Prozeß ist keine exakte chemische Reaktion, so daß hierfür kein Reaktionsablauf formelmäßig aufgeschrieben werden kann. Die Zerfallsreaktion an einem Molekül aus dem Benzingemisch soll veranschaulichen, wie z. B. die Crackung ablaufen kann:

```
      H  H  H  H  H  H  H  H
      |  |  |  |  |  |  |  |
  H – C– C– C– C– C– C– C– C– H
      |  |  |  |  |  |  |  |
      H  H  H  H  H  H  H  H
      Oktan
```

1. Phase
Brechen der Kette

24

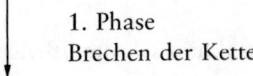

1. Phase
Brechen der Kette

```
     H H    H H    H H    H H
     | |    | |    | |    | |
H-  -C-C-  -C-C-  -C-C-  -C-C-  H
     | |    | |    | |    | |
     H H    H H    H H    H H
```

2. Phase
Bildung von kleineren
Molekülen

```
  H H    H H    H H        H H
  | |    | |    | |        | |
  C=C    C=C    C=C    H-C-C-H
  | |    | |    | |        | |
  H H    H H    H H        H H
```

Ethylen   Ethan

Aus einem Oktanmolekül entstehen drei Ethylenmoleküle und ein Ethanmolekül. In der Praxis wird aber ein vielfältigeres Gemisch verschiedener Gase erhalten. Man kann die Ausbeute zugunsten einer bestimmten Verbindung durch geeignete Crackbedingungen erhöhen. Das Gasgemisch wird zur Abtrennung von reinem Ethylen verflüssigt und anschließend fraktioniert destilliert. Ethylen ist ein sehr wichtiger Basisrohstoff für viele organische Produkte. Aus Ethylen kann man direkt durch eine Reaktion einen Kunststoff, aber auch weitere Zwischenprodukte herstellen.

Beispiele von Umwandlungsreaktionen:

Vinylchlorid
Über zwei chemische Reaktionsschritte kann man aus Ethylen und Chlor Vinylchlorid herstellen.

```
       H H                          H H
       | |                          | |
1.     C=C  + Cl-Cl    ------>   Cl-C-C-Cl
       | |                          | |
       H H                          H H
```

```
       H H                       H H
       | |                       | |
2.  Cl-C-C-Cl    ------>         C=C  + HCl
       | |                       | |
       H H                      Cl H
                              Vinylchlorid
```

Styrol

Aus Ethylen und Benzol entsteht über zwei Reaktionsschritte Ethylenbenzol (Styrol).

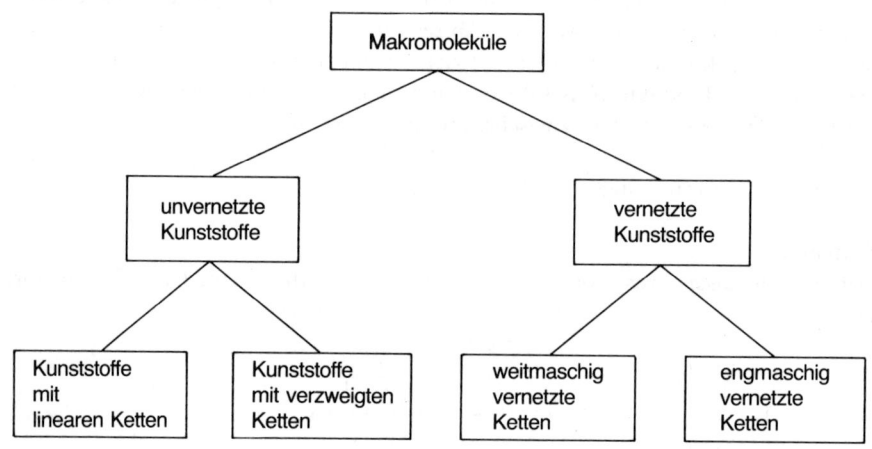

> Moleküle, die zur Kunststoffherstellung eingesetzt werden, bezeichnet man als Monomere. Die genannten Moleküle Ethylen, Vinylchlorid und Styrol sind Monomere, aus denen Kunststoffe aufgebaut werden können.

1.2.7 Polyreaktionen

Aus vielen kleinen Bausteinen (Molekülen) werden über Polyreaktionen Großmoleküle oder Polymere (Makromoleküle) aufgebaut.

```
                    Makromoleküle
                  /              \
      unvernetzte                 vernetzte
      Kunststoffe                 Kunststoffe
      /         \                 /          \
Kunststoffe   Kunststoffe    weitmaschig   engmaschig
mit           mit verzweigten vernetzte    vernetzte
linearen Ketten Ketten        Ketten       Ketten
```

Polymerisation

Bei der Polymerisation werden viele kleine Moleküle gleicher oder ähnlicher Bauart zu einem Makromolekül zusammengebaut. Die Moleküle müssen für die Reaktion Doppelbindungen besitzen. Wärme und Katalysatoren spalten die Doppelbindung, so daß sich an jedes Molekül über freie Bindearme weitere Moleküle anbinden lassen.

26

Die Polymerisation läuft in drei Stufen ab:
Startreaktion,
Wachstumsreaktion,
Abbruchreaktion.

Der Start wird durch den Katalysator ausgelöst. Dann erfolgt das Wachstum zu einem Makromolekül. Am Ende der Kette wird die Absättigung der freien Valenz z. B. durch Ausbildung einer Doppelbindung erreicht. Nachfolgend ein Modellbeispiel für die Polymerisation:

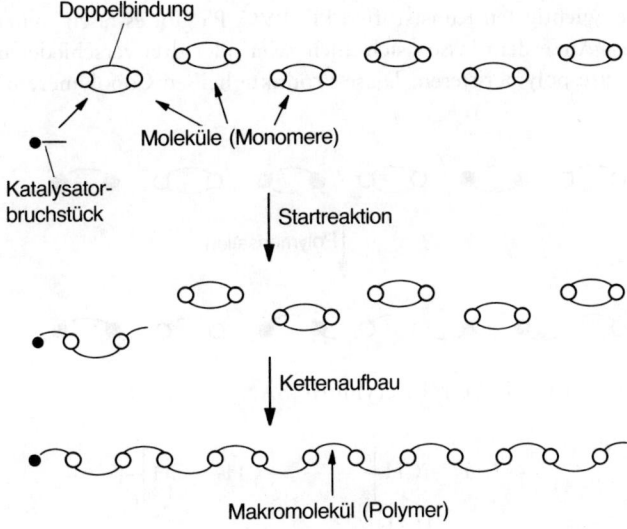

Das «n» hinter der eckigen Klammer gibt die Anzahl der Monomere an, die in die Molekülkette eingebaut worden sind, und wird als Polymerisationsgrad bezeichnet.

Bei makromolekularen Stoffen ist der Polymerisationsgrad immer größer als 1000.

Polyethylen, Polyvinylchlorid, Polystyrol

Ersetzt man im Beispiel die Kugeln durch Atomgruppen, erhält man die Polymerisationsreaktionen für Polyethylen [PE], Polyvinylchlorid [PVC] und Polystyrol [PS].

$$
n \cdot \begin{array}{c} H \ \ H \\ | \ \ \ | \\ C=C \\ | \ \ \ | \\ H \ \ H \end{array} \longrightarrow \cdots \left[\begin{array}{c} H \ \ H \\ | \ \ \ | \\ C-C \\ | \ \ \ | \\ H \ \ H \end{array} \right]_n \cdots
$$

Ethylen   Polyethylen

27

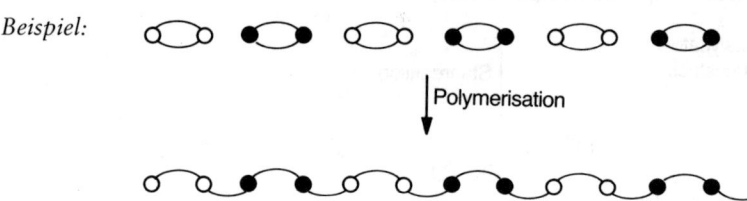

Vinylchlorid   Polyvinylchlorid   Styrol   Polystyrol

Copolymere

Neben den drei wichtigsten Kunststoffen PE, PVC, PS gibt es noch weitere Polymerisate (Kapitel 2). Außerdem lassen sich auch zwei oder drei verschiedenartige Monomere in eine Kette polymerisieren. Diese Produkte heißen Copolymere oder Terpoly-
mere.

Beispiel:

Polymerisation

Ein Copolymerisat ist z. B. Styrol-Acrylnitril [SAN]

$$\cdots{\left[CH_2 - CH\right]}_n - - - - {\left[CH_2 - CH\right]}_n\cdots$$

Auch das Aufpfropfen von fertigen Polymerketten auf eine andere Polymerkette ist
möglich (Pfropfcopolymerisate).

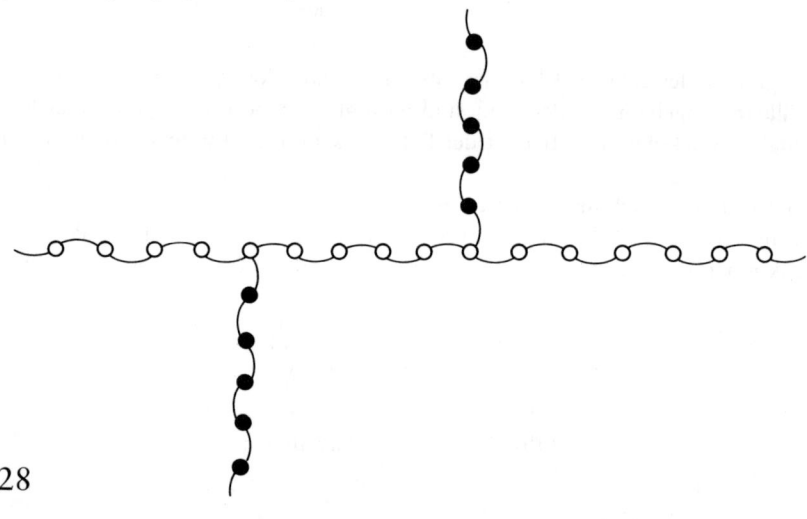

28

Polykondensation

Bei der Polykondensation werden in der Regel zwei verschiedene Arten von Molekülbausteinen zusammengebaut. Diese Moleküle besitzen an ihren Enden je eine reaktionsfähige Atomgruppe. Es ist aber auch möglich, gleiche Molekülbausteine mit zwei verschiedenartigen Atomgruppen zu Makromolekülen zusammenzubauen. Bei der Reaktion wird immer ein Spaltprodukt (meist Wasser) ausgeschieden.

Modellbeispiel:

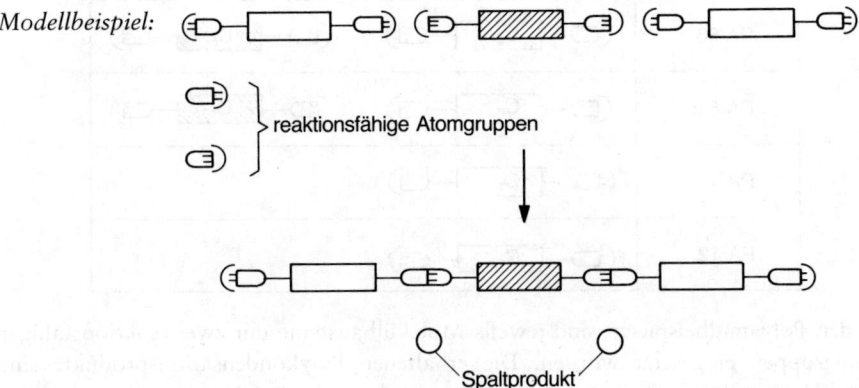

Polyamid

Überträgt man das Modellbeispiel auf die chemischen Verbindungen Diamin und Disäure, erhält man Polyamide [PA].

Die Polykondensation verläuft aufgrund der bifunktionell (zwei reaktionsfähige Atomgruppen) ausgerüsteten Moleküle an den beiden Endseiten weiter, bis ein Polyamidmolekül entstanden ist.

29

Es gibt verschiedene Polyamide, je nachdem, wie viele Kohlenstoffatome in den Bausteinen enthalten sind und ob ein oder zwei Bausteine eingesetzt wurden.

Polyamid	Molekülbausteine	
PA 6	C_6	
PA 66	C_6	C_6
PA 610	C_6	C_{10}
PA 11	C_{11}	
PA 12	C_{12}	

Bei den Polyamidbeispielen sind jeweils Molekülbausteine mit zwei reaktionsfähigen Atomgruppen eingesetzt worden. Die erhaltenen Polykondensationsprodukte sind daher Thermoplaste. Weitere wichtige thermoplastische Polykondensationsprodukte sind u. a. Polycarbonat, Polyethylenterephthalat bzw. -butylenterephthalat.

Duroplastische Polykondensate
An die Moleküle lassen sich auch mehr als zwei reaktionsfähige Atome oder Atomgruppen anbauen. Beim Einsatz einer Molekülart mit mehr als zwei reaktionsfähigen Gruppen entstehen netzartig verknüpfte Makromoleküle (Duroplaste).

Modellbeispiel:

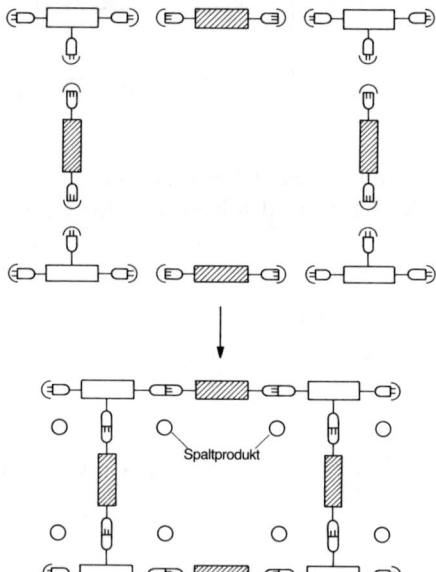

30

Phenol-Formaldehydharz [PF]

Bei der Reaktion von Phenol und Formaldehyd besteht die Möglichkeit, die Reaktion an drei Stellen beim Phenol stattfinden zu lassen.

Nach vollständiger Reaktion von Phenol mit Formaldehyd bildet sich ein engmaschiges Raumnetzmolekül, wie es im Bild 1.3 als Ausschnitt aus einem vernetzten Molekülverband dargestellt ist.

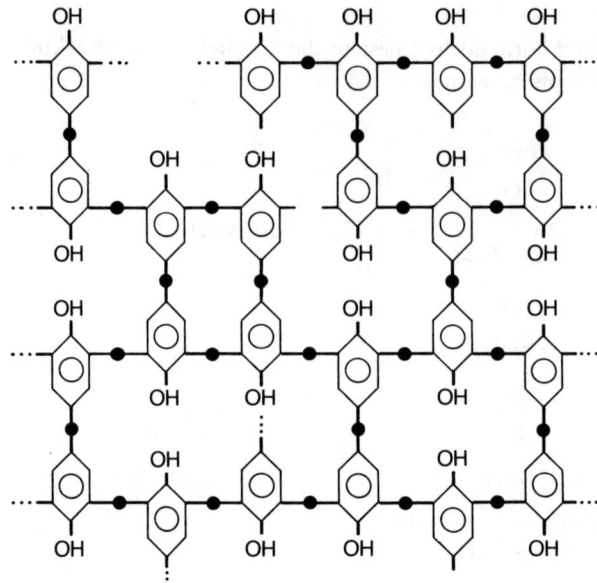

Aminoplaste werden ebenso durch Polykondensation hergestellt. Die Reaktionspartner für das Formaldehyd sind Harnstoff (UF-Harze) und Melamin (MF-Harze). Harnstoff hat vier und Melamin sechs Anknüpfungsstellen, so daß auch hier engmaschig vernetzte Raumnetzmoleküle aufgebaut werden.

Harnstoff   Melamin

Polyaddition
Auch bei der Polyaddition werden zwei verschiedene Arten von Molekülbausteinen zusammengebaut. Diese besitzen ebenso zwei oder mehr reaktionsfähige Atomgruppen. Im Unterschied zur Polykondensation wird hier kein Spaltprodukt abgegeben.

Modellbeispiel:

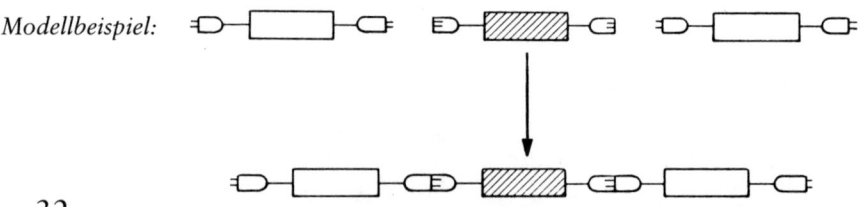

32

Polyurethan

Überträgt man das Modellbeispiel wieder auf die Reaktion von Isocyanaten und Alkoholen, dann erhält man ein Polyurethan.

Isocyanat   Dialkohol

$$C=N-\boxed{}-N=C \quad HO-\boxed{/\!/\!/\!/}-OH \quad C=N-\boxed{}-N=C$$

Die Reaktionsweise beruht auf einem Abwandern des Wasserstoffatoms von der Alkoholgruppe zur Isocyanatgruppe. Dabei wird je Gruppe ein Bindearm frei. Die Moleküle können sich jetzt zusammenlagern. An den endständigen Isocyanatgruppen läuft die Reaktion mit alkoholischen Verbindungen weiter, bis ein Makromolekül entstanden ist. Bei den Polyurethanen lassen sich sowohl Kettenmoleküle (wie im Beispiel dargestellt) als auch vernetzte Makromoleküle aufbauen. Das ist nur eine Frage der gewählten Ausgangsstoffe. Im größeren Umfang werden Polyurethane in weichelastischer und harter Einstellung, d. h. als Elastomere und Duroplaste, hergestellt. Die Palette der Typen mit unterschiedlichen Härtegraden ist dabei groß, je nachdem, wie der alkoholische Ausgangsstoff aufgebaut ist. Es werden meistens Polyole eingesetzt, d. h. Molekülverbindungen mit mehreren OH-Gruppen.

Kombinierte Bildungsreaktionen

Abschließend seien noch die kombinierten Bildungsreaktionen zur Herstellung von Makromolekülen genannt. So werden z. B. die ungesättigten Polyester [UP] durch eine Kondensationsreaktion gebildet. Dabei entstehen kurzkettige lineare Moleküle, die Doppelbindungen enthalten. Löst man die ungesättigten Polyester in reaktionsfähigen Lösungsmitteln, wie z. B. Styrol, entstehen zähflüssige ungesättigte Polyesterharze (UP-Harze), die durch Copolymerisation zu vernetzten (duroplastischen) Makromolekülen werden. Die Copolymerisation oder Vernetzungsreaktion der UP-Harze nennt man auch Härtung (Abschnitt 3.5).

Die kurzkettigen Ausgangsstoffe für Epoxidharze entstehen ebenfalls in einer Kondensationsreaktion. Sie sind fest oder flüssig und enthalten reaktionsfreudige Epoxidgruppen und Hydroxylgruppen, die in einer Polyaddition mit «Härtungsmitteln», wie Polyaminen, Polyamiden, Dicarbonsäuren o. ä., zum vernetzten Makromolekül werden (Abschnitt 3.8).

Zu den kombinierten Bildungsreaktionen zählt auch die Vulkanisation der Kautschuke mit Schwefel zu Gummiprodukten. Ähnlich wie bei den ungesättigten Polyesterharzen werden die Doppelbindungen enthaltenden Ketten durch Schwefel, der als Brückenglied zwischen den Ausgangsmolekülen eingebaut wird, miteinander zu weitmaschigen Raumnetzmolekülen (Elastomeren) verbunden.

Modellbeispiel der Härtungsreaktion von ungesättigten Polyesterharzen:

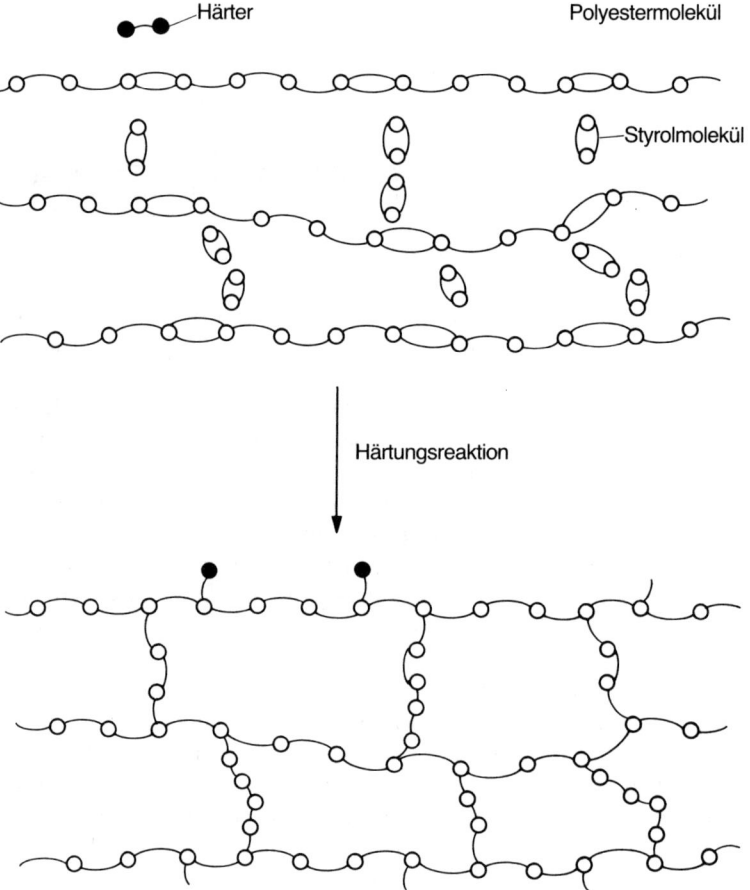

1.3 Aufbau, Struktur und Zustandsbereiche

1.3.1 Bindungskräfte

Bei der Betrachtung der Eigenschaften der Kunststoffe sind gewisse Kenntnisse über die Gestalt der Makromoleküle und deren Bindungskräfte, den Haupt- und Nebenvalenzkräften, unentbehrlich. Das mechanische und thermische Verhalten wird weitgehend von diesen Kräften bestimmt.

> Man unterscheidet zwischen
> kettenförmig eindimensional aufgebauten Makromolekülen, den Thermoplasten, und
> vernetzten, dreidimensional aufgebauten Makromolekülen (Raumnetzmolekülen), den Duroplasten und Elastomeren.

Durch diesen unterschiedlichen Aufbau sind viele Grundeigenschaften der Kunststoffe – wie Festigkeit, Dehnung, Härte, Gasdurchlässigkeit, Löslichkeit und Quellbarkeit – erklärbar. Die Bindungsarten werden unterteilt in chemische Bindungen (Hauptvalenzkräfte) zum Aufbau der Molekülkette oder des Raumnetzmoleküls und in Nebenvalenzkräfte, auch intermolekulare Kräfte genannt. Die Hauptvalenzkräfte sind feste Bindungen der Atome miteinander und wurden im Abschnitt 1.2.2 näher beschrieben.

Bei den Duroplasten und Elastomeren dominieren die Hauptvalenzkräfte und sind für die Eigenschaften verantwortlich. Das sehr engmaschige Raumnetzmolekül bei den Duroplasten führt zu harten und spröden Stoffen. Sie lassen sich aber durch Zugabe von Füll- und Verstärkungsstoffen in ihren Eigenschaften variieren.

Das weitmaschige Raumnetzmolekül der Elastomere läßt sich durch äußere Krafteinwirkung strecken und nimmt nach Entlastung den alten Zustand wieder ein (Bild 1.5). Elastomere sind gummielastisch.

Die Eigenschaften der Thermoplaste werden weitgehend von den Nebenvalenzkräften bestimmt.

Bild 1.4
Makromoleküle
a) Thermoplastmoleküle,
b) Duroplastmolekül
– Hauptvalenzkräfte
---- Nebenvalenzkräfte

a)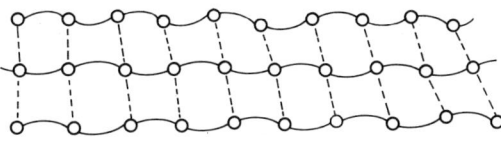

b)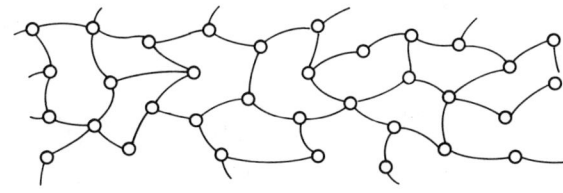

35

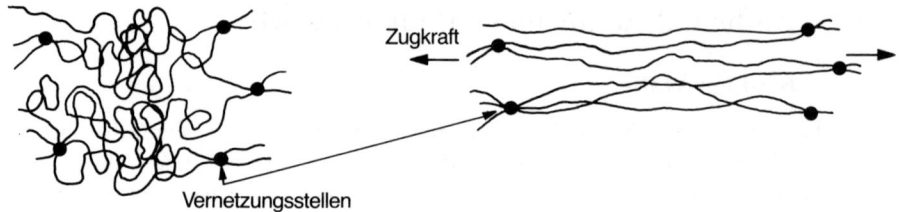

Bild 1.5 Molekülverband eines Elastomers im ungedehnten und gedehnten Zustand

Nebenvalenzkräfte

Die Nebenvalenzkräfte wirken bei den Thermoplasten zwischen den Molekülketten und halten sie zusammen. Sie sind wesentlich schwächer als die Hauptvalenzkräfte und resultieren aus elektrostatischen Anziehungskräften, deren Ursache in der Natur des Atomaufbaus zu suchen ist.

Die Nebenvalenzkräfte bestimmen maßgebend bei den Thermoplasten die mechanischen, thermischen und chemischen Eigenschaften. Durch Temperatureinwirkung bis zum Fließtemperaturbereich werden die Nebenvalenzkräfte aufgehoben. Die Molekülketten sind dann frei beweglich.

Man unterscheidet zwischen folgenden Nebenvalenzkräften:
Dispersionskräfte,
Dipolkräfte,
Induktionskräfte,
Wasserstoffbrückenkräfte.

Dispersionskräfte wirken in jeder Materie und sind ungerichtete Anziehungskräfte. Sie beruhen darauf, daß bei den Atomen die sich um den positiven Kern bewegenden Elektronen ständig wechselnde negative Schwerpunkte bilden und in den Nachbaratomen Gegenpole entstehen lassen. Minus- und Plusschwerpunkte ziehen sich gegenseitig an (Bild 1.6).

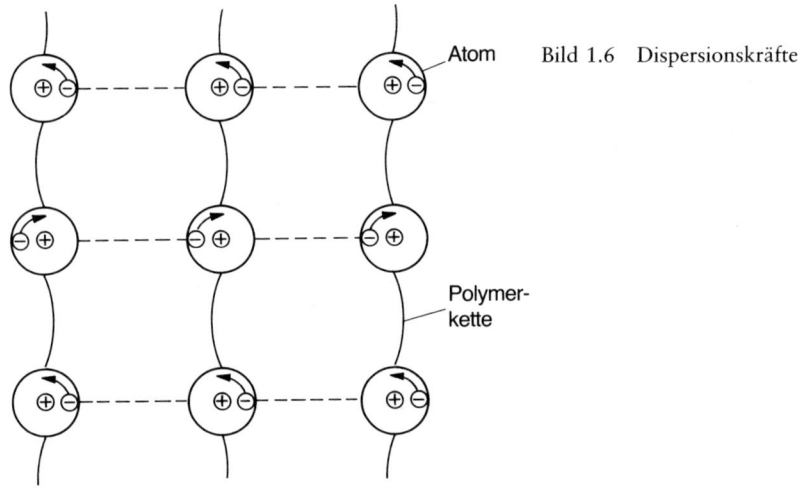

Bild 1.6 Dispersionskräfte

36

Dipolkräfte entstehen, wenn im Kettenmolekül Elemente enthalten sind, die aufgrund ihrer Stellung im Periodensystem einen starken elektronegativen Charakter besitzen. Damit bilden sie einen Minuspol. Das Nachbaratom wird dadurch zum Pluspol, denn nach außen hin hebt sich die unterschiedliche Polarität auf. Die im Kettenmolekül entstehenden Dipole (Plus- und Minuspole) bewirken auf die benachbarten Ketten eine elektrostatische Anziehung. Sehr ausgeprägt ist der Dipolcharakter beim PVC durch die im Kettenmolekül enthaltenen Chloratome (Bild 1.7)

Die *Induktionskräfte* können sich zusätzlich durch die Feldwirkung der Dipole bilden, da sie Elektronenhüllen von benachbarten Atomgruppen verzerren können und somit Ladungsschwerpunkte gebildet werden (Bild 1.8)

Bild 1.7   Dipolkräfte

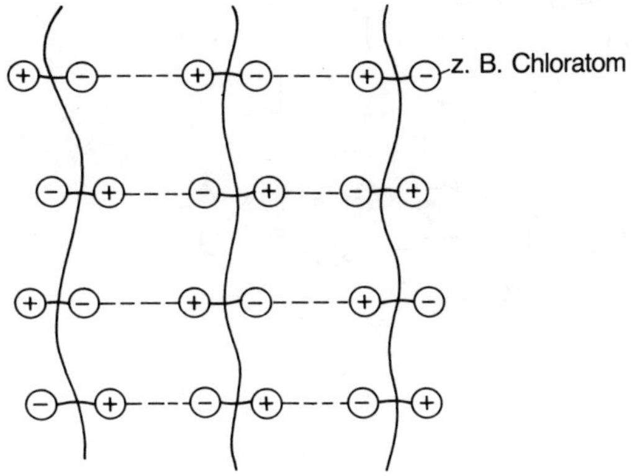

z. B. Chloratom

Bild 1.8   Induktionskräfte

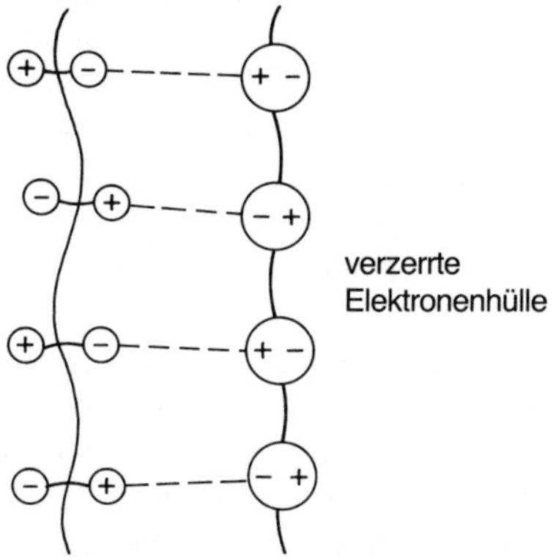

verzerrte
Elektronenhülle

Die *Wasserstoffbrückenkräfte* bilden sich immer dann, wenn Wasserstoffatome von speziellen Atomgruppen positiv polarisiert werden und dann mit negativen Elementen der Nachbarkette eine elektrostatische Anziehung hervorrufen. Typische Atomgruppen zur Polarisierung des Wasserstoffs sind z. B. alkoholische Hydroxylgruppen oder Amidgruppen (Bild 1.9).

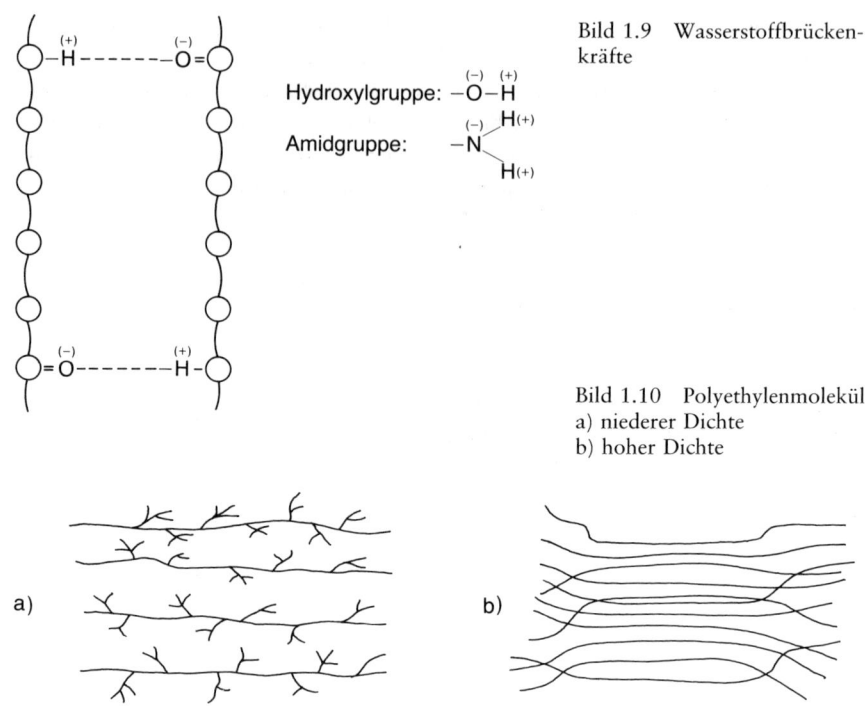

Bild 1.9 Wasserstoffbrückenkräfte

Hydroxylgruppe: $-\overset{(-)}{O}-\overset{(+)}{H}$

Amidgruppe: $-\overset{(-)}{N}\overset{\overset{(-)}{\diagup}H_{(+)}}{\diagdown}$
$H_{(+)}$

Bild 1.10 Polyethylenmolekül
a) niederer Dichte
b) hoher Dichte

a)   b)

Die unterschiedliche Wirkung der Nebenvalenzkräfte soll am Beispiel des Polyethylens niederer und hoher Dichte veranschaulicht werden. Polyethylen niederer Dichte weist überwiegend verzweigte Polymerketten auf; Polyethylen hoher Dichte ist dagegen gekennzeichnet durch eine Linearstruktur der Polymerketten (Bild 1.10).

Der Abstand der Molekülketten ist bei verzweigten Polymerketten größer, womit die Wirkung der Nebenvalenzkräfte kleiner wird. Die Folge davon sind abweichende Eigenschaften hinsichtlich Festigkeit, Formsteifheit, Diffusionsvermögen für Gase und Wärmestandfestigkeit gegenüber dem Polymer mit linearer Kettenstruktur (Abschnitt 2.1).

Auch die Wirkung der Wasserstoffbrückenbindung bei den verschiedenen Polyamidtypen läßt Eigenschaftsunterschiede hervortreten. Je mehr Amidgruppen im Molekül vorhanden sind, was z. B. bei den Typen PA 6 und PA 66 der Fall ist, desto mehr Wasserstoffbrücken können sich bilden. Der Schmelzbereich dieser Typen liegt bedeutend höher (über 220 °C) als bei den Typen PA 11 und PA 12 (unter 190 °C), die weniger Amidgruppen und somit weniger Wasserstoffbrücken aufweisen (Abschnitt 2.15)

38

1.3.2 Ordnungszustände

Amorphe Thermoplaste, Duroplaste und Elastomere

Der Ordnungszustand im Molekülverband ist von verschiedenen Einflüssen, insbesondere vom chemischen Aufbau des Kettenmoleküls, abhängig. Größere und sperrige Seitenketten an den Makromolekülen oder unregelmäßige Anordnung der Vernetzungsstellen bei Duroplasten und Elastomeren verhindern eine Annäherung und somit eine regelmäßige Ordnung der Molekülketten, so daß der Molekülverband in idealer Unordnung vorliegt. Bei den amorphen Thermoplasten kann man diesen Zustand mit einem wirr verknäuelten Wattebausch vergleichen (Bild 1.11). Amorphe Thermoplaste sind im ungefärbten Zustand glasklar.

Beispiele für amorphe Thermoplaste sind PS, PVC, PC, PMMA, CA, CP, CAB u. a. m.

Beispiele für Duroplaste sind UP- und EP-Harze, PF-, UF-, und MF-Massen, vernetzte Polyurethane.

Beispiele für Elastomere sind Elastomere auf Kautschukbasis, weitmaschig vernetzte Polyurethane, Silikonkautschuk.

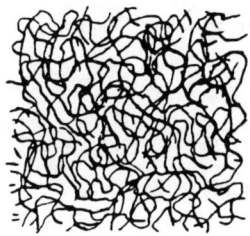

Bild 1.11   Amorpher Molekülverband

Bild 1.12   Teilkristalliner Molekülverband

Teilkristalline Thermoplaste

Makromoleküle, bei denen ein sowohl regelmäßiger chemischer als auch geometrischer Aufbau vorliegt, können in bestimmten Bereichen Kristallite bilden. Unter Kristalliten versteht man Parallelbündelungen von Molekülabschnitten oder Faltungen von Molekülketten (z. B. in Sphärolithen). Thermoplaste mit solchem Aufbau werden als teilkristalline Polymere bezeichnet. Hierbei können einzelne Kettenmoleküle teilweise den kristallinen und den amorphen Bereich durchlaufen, manchmal auch gleichzeitig mehreren Kristalliten angehören (Bild 1.12).

Teilkristalline Thermoplaste besitzen eine weißliche Eigenfarbe. Aufgrund der dichteren Anordnung der Moleküle im Kristallverband wird an den Kristalliten eine Lichtbrechung hervorgerufen.

Beispiele für teilkristalline Thermoplaste sind PE, PP, POM, PTFE, PETP, PBTP u. a. m.

1.3.3 Eigenschaftsverändernde Faktoren

Stereospezifischer Aufbau

Der strukturelle Aufbau der Makromoleküle gibt auch wesentliche Hinweise auf das Eigenschaftsbild der Kunststoffe. So können Thermoplaste, die im Molekül eine Seitenkette besitzen, unter dem Einfluß von bestimmten Katalysatoren eine sterische Ausrichtung der Seitenkette erfahren. Es sind nachfolgende Ausrichtungen – am Beispiel von Polypropylen aufgezeigt – möglich.

$$
\begin{array}{c}
\quad CH_3 \quad\quad CH_3 \quad\quad CH_3 \quad\quad CH_3 \quad\quad CH_3 \quad\quad CH_3 \\
\quad | \quad\quad\quad | \quad\quad\quad | \quad\quad\quad | \quad\quad\quad | \quad\quad\quad | \\
-CH_2-CH-CH_2-CH-CH_2-CH-CH_2-CH-CH_2-CH-CH_2-CH-CH_2-
\end{array}
$$

a) isotaktisch (gleiche Ausrichtung der CH_3-Gruppe)

$$
\begin{array}{c}
\quad CH_3 \quad\quad\quad\quad\quad CH_3 \quad\quad\quad\quad\quad CH_3 \\
\quad | \quad\quad\quad\quad\quad\quad | \quad\quad\quad\quad\quad\quad | \\
-CH_2-CH-CH_2-CH-CH_2-CH-CH_2-CH-CH_2-CH-CH_2-CH-CH_2- \\
\quad\quad\quad\quad | \quad\quad\quad\quad\quad\quad | \quad\quad\quad\quad\quad\quad | \\
\quad\quad\quad\quad CH_3 \quad\quad\quad\quad\quad CH_3 \quad\quad\quad\quad\quad CH_3
\end{array}
$$

b) syndiotaktisch (Ausrichtung der CH_3-Gruppe im periodischen Wechsel)

$$
\begin{array}{c}
\quad CH_3 \quad\quad\quad\quad\quad CH_3 \quad CH_3 \quad\quad\quad\quad\quad CH_3 \\
\quad | \quad\quad\quad\quad\quad\quad | \quad\quad | \quad\quad\quad\quad\quad\quad | \\
-CH_2-CH-CH_2-CH-CH_2-CH-CH_2-CH-CH_2-CH-CH_2-CH-CH_2- \\
\quad\quad\quad\quad | \quad\quad\quad\quad\quad\quad\quad\quad\quad\quad | \\
\quad\quad\quad\quad CH_3 \quad\quad\quad\quad\quad\quad\quad\quad\quad CH_3
\end{array}
$$

c) ataktisch (willkürliche Anordnung der CH_3-Gruppe)

Durch die isotaktische und syndiotaktische Ausrichtung werden die Kristallisationsvorgänge begünstigt. Dies wiederum bedeutet verbesserte mechanische und thermische Eigenschaften dieser Werkstoffe. Das technisch bedeutendste Polypropylen ist das isotaktische (Abschnitt 2.2).

Infolge der hohen Kristallinität liegt der Erweichungsbereich bei 165 °C gegenüber 128 °C beim ataktischen Polypropylen. Auch beim Aufbau von Kautschuk-Polymerketten lassen sich durch stereospezifisch wirkende Katalysatoren unterschiedliche Ausrichtungen der Bausteine im Molekülverband erreichen. So unterscheidet man zwischen cis 1,4- oder trans 1,4-Polybutadien. Darüber hinaus wäre bei der Polymerisation von Butadien auch eine Kettenbildung zu 1,2-Polybutadien möglich.

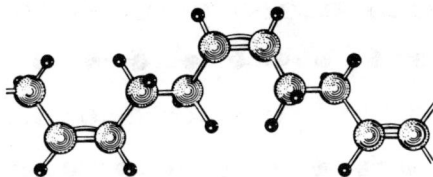

a) cis 1,4-Polybutadien

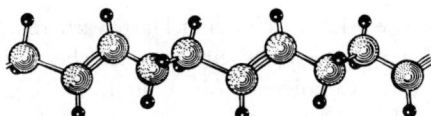

b) trans 1,4-Polybutadien

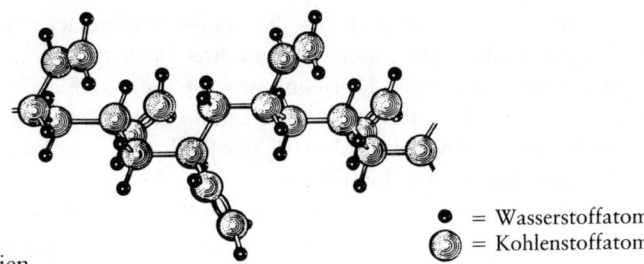

● = Wasserstoffatom
◉ = Kohlenstoffatom

c) 1,2-Polybutadien

In der Praxis gelingt es durch geeignete Katalysatorenauswahl, stereospezifisch ausgerichtete Polybutadienketten herzustellen, die mit bestmöglichen Eigenschaften ausgerüstet sind. Bei der Polymerisation von Isopren versucht man eine reine cis 1,4-Anordnung zu erhalten, um möglichst an die guten Eigenschaften des Naturkautschuks heranzukommen. Dieses wird mit 98% fast erreicht.

Eine neuentwickelte Generation von *Katalysatoren*, die sogenannten *Metallocene*, lassen Polymere entstehen, die einen vorbestimmten sterischen Aufbau der Kette ermöglichen. Sie besitzen nur ein einziges aktives Zentrum, wodurch alle hieraus entstehenden Polymerketten identisch mit allen anderen sind.

Die Metallocen-Katalysatoren eignen sich hervorragend zur Polymerisation verschiedener Monomerkombinationen mit gezielter Molekulargewichtsverteilung. Die daraus hergestellten Copolymere aus einfachen Monomerbausteinen weisen teilweise Eigenschaften auf, die sonst nur von Hochleistungskunststoffen erzielt werden (vgl. Abschnitte 2.1, 2.2 und 2.3).

Verstärkung, Weichmachung
Die Eigenschaften von Kunststoffen lassen sich sowohl vom chemischen Aufbau als auch durch Zugabe von anderen Stoffen beeinflussen. So werden Kunststoffe mit Füll- und Verstärkungsstoffen ausgerüstet, um Eigenschaftsverbesserungen entsprechend dem jeweiligen Anwendungsfall zu erzielen.

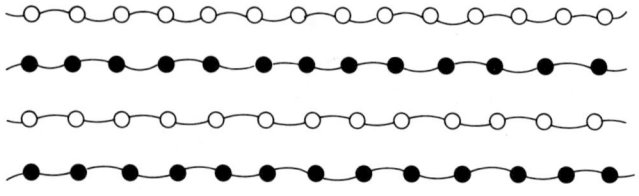

Bild 1.13   Polyblend

Bestimmte Thermoplaste lassen sich auch in ihrer Härte variieren. So kennt man die innere Weichmachung, bei der in die Kette ein anderes, aber ähnlich aufgebautes Monomer einpolymerisiert wird (Copolymer, Abschnitt 1.2.7). Eigenschaftsveränderungen werden ebenso durch Pfropfpolymerisation erreicht. So lassen sich z. B. hartspröde Polystyrole durch Aufpfropfen von Polybutadien zu schlagzähen Typen umwandeln (Abschnitt 2.9).

Eine andere Art Weichmachung ist die äußere Weichmachung. Organisch ölige Esterverbindungen, die einen Dipol aufgrund ihrer Sauerstoffatome im Molekül besitzen, lassen sich mit bestimmten Thermoplasten, die ebenso Dipoleigenschaften aufweisen, mischen. Infolge der Polarität von Ester und Polymer kommt es zur Einlagerung der Estermoleküle zwischen die Polymerketten und damit zur Lockerung des starren Makromolekülverbands (Abschnitt 1.4.1).

Auch das Zusammenmischen von zwei fertigen Polymeren, die eine gute Verträglichkeit zueinander aufweisen müssen, lassen neue Werkstoffe, sogenannte Polyblends (Bild 1.13) entstehen. Hier werden die unterschiedlich guten Eigenschaften der beiden Polymeren in einem Produkt vereint.

Orientierung der Molekülkette

Bei den Thermoplasten stellt sich infolge der Verarbeitung eine mehr oder weniger starke Orientierung der Molekülketten in Fließrichtung ein. Durch diese Orientierung wird ein unterschiedliches Verhalten hinsichtlich der mechanischen Eigenschaften längs und quer zur Fließrichtung festgestellt (Anisotropie). Die Erklärung dafür liegt in den schwächeren Nebenvalenzkräften zwischen den Ketten gegenüber den um ein Vielfaches stärkeren Hauptvalenzkräften der Kettenmoleküle.

Starke Orientierungen sind häufig unerwünscht, z. B. in hochwertigen Spritzgußteilen. Durch geeignete Verarbeitungsbedingungen (ausreichend aufgeschmolzene Formmassen, temperierte Werkzeuge) läßt sich die Orientierung zurückdrängen.

Für bestimmte Kunststofferzeugnisse ist aber die Orientierung gewollt, weil sie notwendige Voraussetzung für entsprechende Anwendungsfälle ist. Zur Erhöhung der Zugfestigkeit von Folien, Bändchen oder Monofilen wird eine Verstreckung während der Fabrikation im thermoelastischen Zustand (Abschnitt 1.3.4) bis zur 8fachen Länge durchgeführt.

Mit speziellen Vorrichtungen lassen sich auch Folien und Tafeln sowie geblasene Hohlkörper in zwei Richtungen – längs und quer – verstrecken (biaxial). Auch hier erreicht man eine Verbesserung der Festigkeitseigenschaften, insbesondere eine enorme Zunahme der Schlagzähigkeit.

Memoryeffekt

Der Memoryeffekt oder das Rückerinnerungsvermögen bei einem verstreckten Thermoplasten steht ebenfalls im unmittelbaren Zusammenhang mit der Orientierung. Die Verstreckung der Moleküle ist dem Kunststoff aufgezwungen worden. Wird ein verstreckter Thermoplast durch Erwärmung in den thermoelastischen Bereich gebracht, so «erinnern» sich die Moleküle an ihren ungeordneten oder teilkristallinen Zustand und nehmen diese Lage wieder ein. Das Kunststoffprodukt schrumpft dabei zur ursprünglichen Gestalt zurück.

Kettenlänge, mittlerer Polymerisationsgrad

Bei der Herstellung von hochmolekularen Thermoplasten entsteht immer ein Gemisch von unterschiedlich langen Polymerketten. Die Maßeinheit für die Polymerkettenlänge ist der mittlere Polymerisationsgrad oder die mittlere Molekülmasse. Je nach Verteilung der Polymerkettenlänge um den Mittelwert werden z. B. Unterschiede in den Eigenschaften und im Verarbeitungsverhalten bei gleichem, mittlerem Polymerisationsgrad zweier Polymere festgestellt (Bild 1.14).

Eng verteilte Thermoplaste (Polymer 1), die einen geringen Prozentsatz niedermolekularer Anteile besitzen, zeigen besseres Schlagverhalten und höheren Widerstand gegen Spannungsrißkorrosion. Andererseits lassen sich breit verteilte Thermoplaste (Polymer 2) besser verarbeiten, d. h., sie haben ein besseres Fließverhalten und lassen

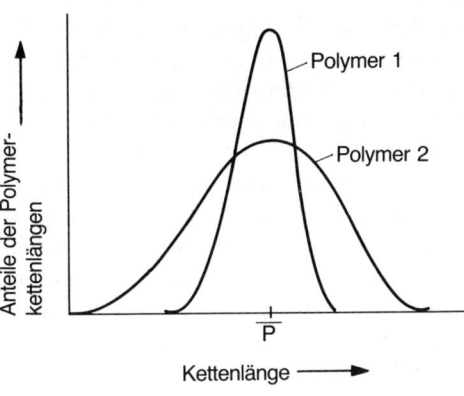

Bild 1.14
Verteilung von Polymerkettenlängen zweier Polymere mit gleichem mittlerem Polymerisationsgrad ($\overline{P}$)

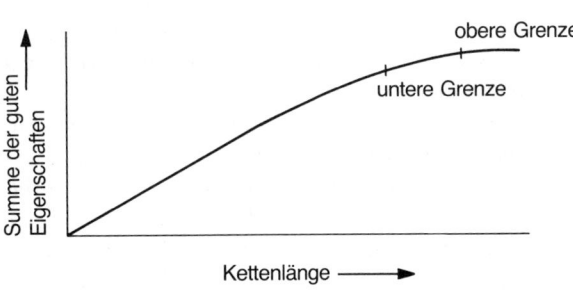

Bild 1.15
Abhängigkeit der Eigenschaften von der Kettenlänge

43

sich besser verstrecken. Bei der Spritzgießverarbeitung neigen sie jedoch eher zum Verzug, so daß hierfür Thermoplaste mit enger Molekülmassenverteilung bevorzugt werden.

Die Polymerketten kann man auch nicht beliebig lang wachsen lassen, weil sich sehr hochmolekulare Thermoplaste nicht mehr kontrolliert aufschmelzen lassen, d. h., die Verarbeitbarkeit durch Urformen ist stark eingeschränkt. Andererseits erhöhen sich die mechanischen und thermischen Eigenschaften bei größerwerdenden Kettenmolekülen. Man muß daher einen Kompromiß eingehen, wie es im Diagramm (Bild 1.15) dargestellt ist.

In der Praxis werden von einem Thermoplasten immer verschiedene Typen hergestellt, die sich durch ihre Kettenlänge und damit durch die Fließeigenschaften ihrer Schmelze unterscheiden. Leicht fließende Typen werden für die Spritzgußverarbeitung (lange und enge Fließwege sind im Werkzeug zu überwinden) und schwerer fließende Typen für die Extrusion und das Hohlkörperblasen (die Schmelze muß kurzzeitig im freien Raum stehen, ohne zu zerfließen) eingesetzt.

1.3.4   Technologisches Verhalten in Abhängigkeit von der Temperatur

Werden Thermoplaste erwärmt bzw. wieder abgekühlt, so durchlaufen sie verschiedene Zustandsformen mit Übergangsbereichen. Grundsätzlich besteht ein Unterschied hinsichtlich der mechanischen Eigenschaften in den verschiedenen Zustandsformen zwischen den amorphen und teilkristallinen Thermoplasten. Als Zustandsformen können auftreten: der hartspröde, der hartelastische, der Thermo- bzw. der gummielastische und der thermoplastische Bereich mit den Übergangsintervallen: Einfrieroder Erweichungstemperaturbereich, Kristallitschmelztemperatur- und Fließtemperaturbereich.

Die Verhaltensweisen der Thermoplaste bei Temperatureinwirkung ist abzuleiten aus der Mikro-Brownschen Molekülbewegung (Wärmebewegung der Moleküle) für den thermoelastischen und der Makro-Brownschen Molekülbewegung für den thermoplastischen Bereich. Im ersten Fall werden durch die Temperatur lediglich Teilstücke einer Kette in Bewegung gebracht, das Gesamtmolekülgefüge aber noch durch einzelne Verschlaufungspunkte zusammengehalten.

Im letzteren Fall sind die Bewegungen ganzer Ketten so stark, daß eine Gestaltsänderung der Makromoleküle als Ganzes eintritt. Führt man an einem Kunststoff Zugversuche bei unterschiedlichen Temperaturen durch und trägt z. B. die Reißfestigkeit und die Reißdehnung über der Temperatur in ein Diagramm ein, erhält man das Zustandsdiagramm.

Für einen *amorphen Thermoplasten* zeigt sich dabei der in Bild 1.16 dargestellte Verlauf. In der darunterstehenden Tabelle sind Zustandsform, molekulare Struktur und Verarbeitung für die einzelnen Temperaturbereiche angegeben.

Bei den *teilkristallinen Thermoplasten* ist der Kurvenverlauf anders. Im Minusbereich der Temperaturachse wird z. B. unterhalb von $-40\ °C$ bei einem Polyethylen ein hart-spröder Zustand erkennbar. Die amorphen Übergänge zwischen den Kristalliten

44

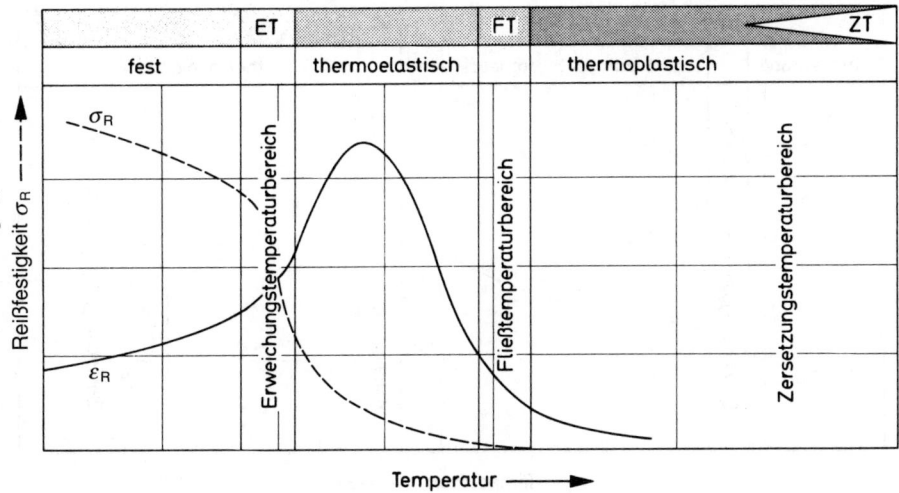

	ET			FT			ZT
	fest	thermoelastisch			thermoplastisch		

Zustandsform	fest, glasartig spröde	thermoelastisch, gummielastische Dehnung	thermoplastisch, zähviskoses Fließen	Zersetzung
molekulare Struktur	ineinanderverknäuelte Makromoleküle zwischenmolekulare Bindungskräfte groß	noch weitgehend verknäuelte Makromoleküle, zunehmende Beweglichkeit der Molekülketten	Makromoleküle gegeneinander verschiebbar, zwischenmolekulare Bindungskräfte weitgehend aufgehoben	molekularer Abbau des Thermoplasten
Verarbeitung	spanendes und spanloses Trennen, lösbares und unlösbares Fügen (Kleben), Oberflächenveredelung	Umformen: Biege-, Druck-, Zug- und Zugdruckumformen	Urformen: Spritzgießen, Extrudieren, Pressen, Schäumen, Kalandrieren, Rotationsformen usw., unlösbares Fügen (Schweißen)	–

ET = Einfriertemperaturbereich
(Erweichungstemperaturbereich,
Glasübergangstemperaturbereich)
FT = Fließtemperaturbereich
ZT = Zersetzungstemperaturbereich

Bild 1.16   Zustandsdiagramm amorpher Thermoplaste

sind hierbei eingefroren. Im hart-zähen Bereich, z. B. bei Raumtemperatur, unterliegen die amorphen Übergänge der Mikro-Brownschen Bewegung, die Kristallite halten aber das Gefüge zusammen. Erst im Kristallitschmelztemperaturbereich wird die Makro-Brownsche Bewegung voll wirksam, und der teilkristalline Thermoplast beginnt zu

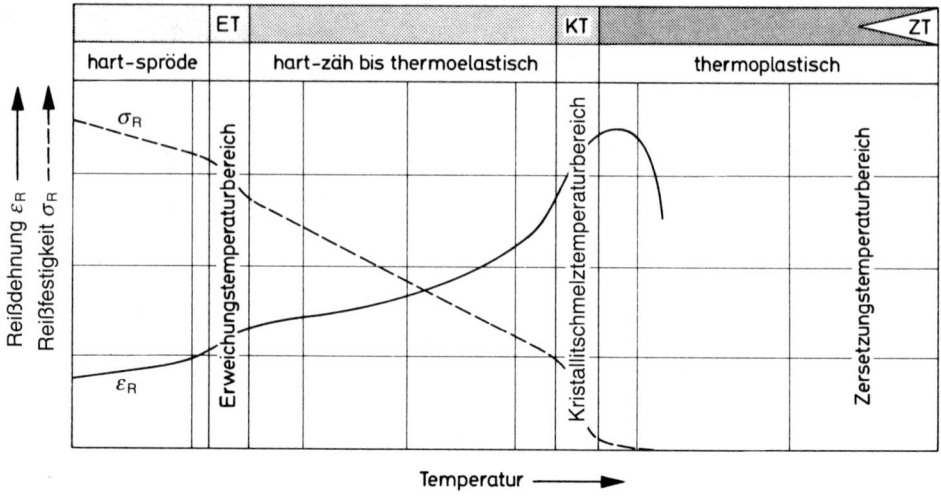

Zu- stands- form	fest, glasartig spröde	fest, zähelastisch bis	thermo- elastisch	thermo- plastisch	Zersetzung
moleku- lare Struktur	amorphe und kristalline Bereiche fest, zwischenm. Bindungs- kräfte groß	amorphe Bereiche zu- nehmend beweglich, kristalline Bereiche noch fest, zwischenm. Bindungskräfte in kri- stallinen Bereichen groß	kristalline Bereiche zuneh- mend gelöst	Makromole- küle gegen- einander verschiebbar	molekula- rer Abbau des Ther- moplasten
Ver- arbei- tung	in diesem Bereich nicht üblich	spanendes und spanlo- ses Trennen, lösbares und unlösbares Fügen (Kleben), Oberflächen- veredelung	Um- formen: Biege-, Druck-, Zug- und Zugdruck- umformen	Urformen: Spritzgießen, Extrudieren usw., unlös- bares Fügen (Schweißen)	–

ET = Einfriertemperaturbereich
KT = Kristallitschmelztemperaturbereich
ZT = Zersetzungstemperaturbereich

Bild 1.17   Zustandsdiagramm teilkristalliner Thermoplaste

schmelzen (Bild 1.17). Die Kristallitrückbildung beim Abkühlen aus der Schmelze ist durch das engere Zusammenrücken der Moleküle mit einer starken Volumenschrumpfung (Schwindung) verbunden, was bei der Spritzgießverarbeitung der teilkristallinen Thermoplaste nur teilweise durch den Nachdruck kompensiert werden kann.

Bei den *Duroplasten* wird die Beweglichkeit der Segmente des Raumnetzmoleküls vom Grad der Vernetzung bestimmt. Im allgemeinen sind die Duroplaste stark vernetzt und zeigen deshalb eine nur geringe Eigenschaftsabhängigkeit von der Temperatur. Bei sehr hohen Temperaturen (oberhalb von 200 °C) erfolgt ein Abbau bzw. eine thermische Zersetzung, wobei die Hauptvalenzkräfte des Raumnetzmoleküls auseinanderreißen und das Makromolekül zerstört wird (Bild 1.18).

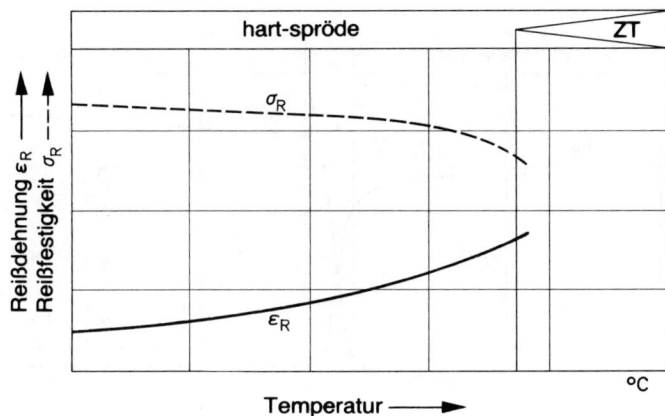

Zustandsform	fest, glasartig spröde	Zersetzung
molekulare Struktur	vernetzte Makromoleküle	molekularer Abbau des Duroplasten
Verarbeitung	spanendes und spanloses Trennen, lösbares und unlösbares Fügen, Oberflächenveredlung	–

ZT = Zersetzungstemperaturbereich

Urformen:
Beim Urformen (Pressen, Spritzpressen, Spritzgießen, Schäumen, Gießen, Laminieren usw.) werden die Makromoleküle miteinander vernetzt.
Umformen:
Umformen ist wegen der engmaschig vernetzten Struktur nicht möglich.

Bild 1.18   Zustandsdiagramm der Duroplaste

Die *Elastomere* sind in ihrem Festigkeits- und Dehnungsverhalten ganz anders als die Thermo- und Duroplaste, lassen aber hinsichtlich der Temperaturabhängigkeit oberhalb der Raumtemperatur die gleiche Tendenz wie die Duroplaste erkennen. Lediglich unterhalb ihres Einfriertemperaturbereichs, d. h. bei Temperaturen weit unter 0 °C, zeigen sie ein ähnliches Verhalten wie die amorphen Thermoplaste und sind hart (Bild 1.19).

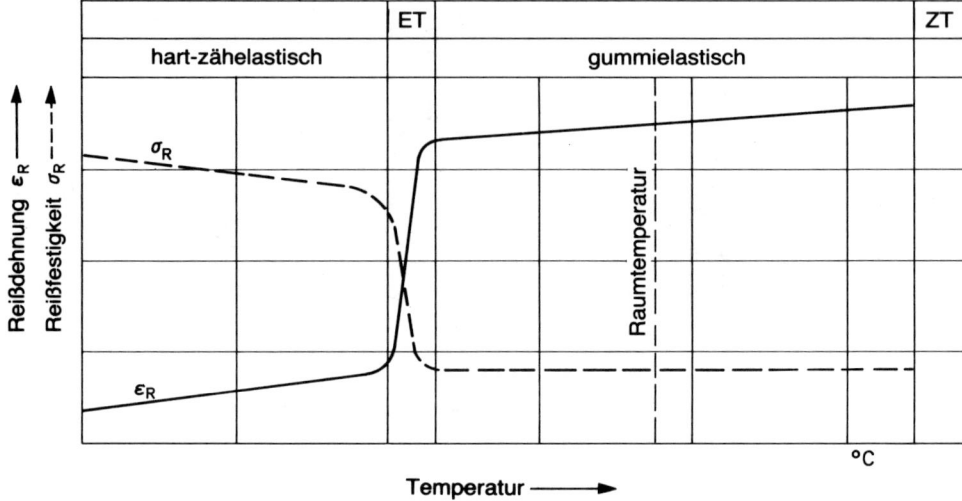

Zustands-form	fest, hart bis zähelastisch	gummielastisch	Zer-setzung
moleku-lare Struktur	weitmaschig vernetzte Makromoleküle		mole-kularer Abbau
Verarbei-tung	in diesem Bereich nicht üblich	spanendes und span-loses Trennen, lösbares und unlösbares Fügen, Oberflächenveredlung	–

ET = Einfriertemperaturbereich
ZT = Zersetzungstemperaturbereich

Urformen:
Beim Urformen (Pressen, Spritzgießen, Extrudieren, Schäumen usw.) werden die Makromoleküle miteinander vernetzt (vulkanisiert).
Umformen:
Umformen ist wegen der vernetzten Struktur nicht möglich.

Bild 1.19 Zustandsdiagramm der vulkanisierten Elastomere

1.4　Zusatz- und Hilfsstoffe

Kunststoffe können in der Regel nicht in der Form, die sie nach Abschluß der Bildungs-reaktionen (Polymerisation, Polykondensation, Polyaddition) aufweisen, verarbeitet werden. Erst durch Zumischen von Zusatz- und Hilfsstoffen, die zum einen die Verar-beitbarkeit und zum anderen die Eigenschaften für den jeweiligen Anwendungsfall ver-bessern, erhält man verarbeitungsfertige Kunststoffmassen (Formmassen).

Da es sich bei den Zusatz- und Hilfsstoffen um eine außerordentlich vielseitige Stoffklasse handelt, die aus teilweise hochwertigen und kompliziert aufgebauten chemischen Produkten besteht, sollen nachfolgend nur die wichtigsten Stoffe und ihre Wirkungsweise beschrieben werden.

Grundsätzlich unterscheidet man:

Verarbeitungshilfsstoffe und

eigenschaftsändernde Zusatzstoffe.

Bei der Auswahl der Zusatzstoffe ist zu beachten, daß man sich durch die gewünschten Eigenschaftsverbesserungen nicht andere Nachteile einhandelt. So sollen Zusatz- und Hilfsstoffe möglichst folgende Eigenschaften aufweisen:

hohe Thermostabilität,

Farbneutralität,

Verträglichkeit mit anderen Zusätzen,

geringe Flüchtigkeit,

Migrationsbeständigkeit (Migration = Wanderung),

sie sollen keine negative Veränderung der Eigenschaften hervorrufen,

gute Lichtstabilität,

Geruchs- und Geschmacksneutralität,

physiologische Unbedenklichkeit (physiologisch = den Lebensvorgängen entspre-chend).

Dieser Forderungskatalog für Zusatzstoffe ist nicht immer erfüllbar; deshalb ist vorher zu überlegen, welche Eigenschaftsverbesserung den Vorrang besitzen soll. Viele Kunst-stoffe sind vom Hersteller schon mit den wichtigsten Zusatzstoffen ausgerüstet, so daß der Verarbeiter die gelieferte Ware direkt verarbeiten kann. Einige Kunststoffe, z. B. PVC, UP- und EP-Harze oder Kautschuk, bilden die Ausnahme. Hier werden die Zusatzstoffe erst kurz vor dem Verarbeiten eingemischt.

1.4.1　Zusatz- und Hilfsstoffe für Kunststoffe

Weichmacher

> Thermoplaste, die einen ausgesprochenen Dipolcharakter haben, z. B. PVC, lassen sich mit bestimmten Esterverbindungen, die ebenso einen Dipol im Molekül aufweisen, weich einstellen.

Dabei vermindern die zwischen den Polymerketten befindlichen Weichmachermole-küle die Nebenvalenzkräfte des starren Molekülgefüges (Bild 1.20).

49

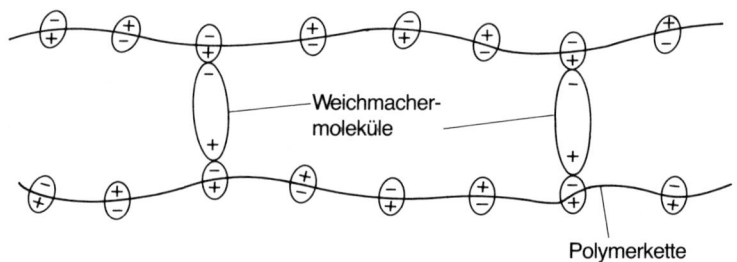

Bild 1.20 Schematische Darstellung eines weichgemachten Thermoplasten

Bei den Weichmachern unterscheidet man grundsätzlich zwei Gruppen:

1. *niederviskose Monomerweichmacher* und
2. *hochviskose Polymerweichmacher.*

Die Weichmacher der ersten Gruppe besitzen in der Regel die meisten Eigenschaften, die man von einem Weichmacher erwartet. Werden darüber hinaus spezielle Forderungen gestellt, wie Beständigkeit gegen Öle, Benzine, Fette, Bitumen oder Migrationsbeständigkeit, setzt man Polymerweichmacher ein.

Einer der bekanntesten Monomerweichmacher ist das Dioktylphthalat [DOP]. Monomerweichmacher können durch geeignete Lösungsmittel extrahiert, d. h. herausgelöst werden. Polymerweichmacher sind aus mehreren Monomerbausteinen auf Basis der Polyester zusammengesetzt; allerdings erreichen sie nicht die Molekülgrößen der üblichen Polymeren. Durch die relativ großen Moleküle werden bestimmte Eigenschaften verbessert, dafür ist die weichmachende Wirkung geringer als bei Monomerweichmachern.

Im weitesten Sinne lassen sich auch die *Schlagzähmacher (Impactmodifier)* zu den Polymerweichmachern zählen.

Dem PVC-hart zur Herstellung von Fensterrahmenprofilen setzt man z. B. ein spezielles *Polyacrylat (Polybutylacrylat)* mit niedriger Glasübergangstemperatur zu. Bei Stoßbelastung, insbesondere in der Kälte, bewirkt der Schlagzähmacher eine innere Dämpfung im Material.

Extender sind Sekundärweichmacher, die eine mäßige Polarität besitzen und daher nur in Abmischungen mit den eigentlichen Weichmachern eingesetzt werden. Sie dienen zur Verbesserung der Verarbeitung und zur Verbilligung der Kunststofformmassen.

Stabilisatoren

Wärme, energiereiche Lichtstrahlung (UV-Licht), Luftsauerstoff sowie Feuchtigkeit schädigen polymere Werkstoffe derart, daß ein Kettenabbau stattfindet, wodurch die mechanischen Eigenschaften erheblich verschlechtert werden.

Um die Kunststoffe gegen diese Einflüsse zu schützen, müssen sie mit Stabilisatoren versehen werden. Ohne Wärmestabilisatoren ist z. B. bei PVC keine Formgebung in der Schmelze möglich. Die hohen Verarbeitungstemperaturen bewirken eine Abtrennung von Chlorwasserstoff (HCl) und damit einen Abbau der Polymerkette.

Durch die HCl-Abspaltung bilden sich Doppelbindungen aus. Dieser Vorgang ist durch eine Verfärbung des PVC von Gelb über Braun bis Schwarz zu erkennen. Die Doppelbindungen sind durch Luftsauerstoff angreifbar, was zur Folge hat, daß der Kettenabbau eingeleitet wird.

> Die Aufgabe der Wärmestabilisatoren bei PVC ist es, die HCl-Abspaltung zu verhindern und gebildetes HCl-Gas zu binden, weil dieses auf weitere HCl-Abspaltung katalytisch wirkt.

Auch bei anderen Kunststoffen tritt in ähnlicher, aber abgeschwächter Weise Kettenabbau ein, wenn nicht Stabilisatoren zugesetzt werden. In den meisten Anwendungsfällen werden Stabilisatorkombinationen eingesetzt, um sowohl gegen Wärme als auch gegen Licht zu schützen.

Die wichtigsten Stabilisatorgruppen sind:
Bleiverbindungen,
Metallseifen,
Organozinnverbindungen,
organische Stickstoffverbindungen,
Organophosphite,
Expoxidverbindungen,
Antioxidantien,
UV-Absorber.

Bei den *Metallseifen* war bisher die Kombination Barium-Cadmium-Stearat hinsichtlich der Temperatur- und Witterungsbeständigkeit bei PVC-hart im Außeneinsatz dominierend. Die Entwicklungstendenzen gehen aber heute aufgrund der Giftigkeit von Cadmium in Richtung Kalzium- und Zinkseifen, die mittlerweile schon recht gute Stabilisierungsresultate aufweisen.

Darüber hinaus gibt es auch sogenannte Costabilisatoren oder Chelatoren, die positiv mit einigen der genannten Stabilisatorgruppen zusammenwirken.

Antioxidantien, die vor Oxidationsvorgängen schützen sollen, werden in der Regel dort eingesetzt, wo bei bestimmten Anwendungen höhere Temperaturen auftreten können, z. B. bei Kabelisolierungen aus PVC. Für Polypropylen z. B. sind sie unentbehrlich, weil PP bei höheren Temperaturen sehr leicht zur Oxidation neigt.

UV-Absorber sind Verbindungen, die die energiereichen UV-Strahlen absorbieren und in unschädliche Wärmeenergie umwandeln. Sie entfalten ihre beste Wirkung hauptsächlich in transparenten Kunststoffen. In pigmentierten Mischungen zeigen sie nur beschränkte Wirksamkeit.

Gleitmittel

> Gleitmittel dienen dem Erniedrigen der inneren und äußeren Reibung von Kunststoffschmelzen.

Dementsprechend werden sie auch in innere und äußere Gleitmittel eingeteilt. Die inneren haben die Aufgabe, die Kettenmoleküle besser aneinander vorbeigleiten zu lassen, womit die Schmelzviskosität erniedrigt wird. Es sind in der Regel polare Verbindungen, z. B. niedermolekulare Glyzerinester oder Metallseifen.

Die äußeren Gleitmittel haben keine große Verträglichkeit zum Kunststoff, sie schwitzen bei der hohen Verarbeitungstemperatur aus und bilden einen Schmierfilm zwischen Schmelze und Maschinenwand. Als äußere Gleitmittel werden meist Wachse und höhere Fettsäuren herangezogen.

Farbmittel

> Die Farbmittel sind lösliche oder unlösliche farbgebende Stoffe, die man zum Einfärben von Kunststoffen einsetzen kann.

Bei den löslichen Farbmitteln spricht man von Farbstoffen, bei den unlöslichen von Pigmenten. Außerdem ist der Begriff Pigment an einen Teilchengrößenbereich von etwa 0,01 bis 1 µm gebunden.

Eine weitere Einteilung wird nach organischen und anorganischen Pigmenten vorgenommen. Anorganische Pigmente haben – abgesehen von einigen Ausnahmen – keine hohe Farbstärke, sind dafür aber sehr deckkräftig und im allgemeinen sehr lichtecht und wärmestabil.

Beispiele für anorganische Pigmente:

Weiß	Titanweiß, Zinkweiß,
Gelb	Chromgelb, Nickeltitangelb,
Rot	Molybdatrot, Eisenoxidrot,
Blau	Ultramarinblau, Kobaltblau, Manganviolett,
Grün	Chromgrün, Kobaltgrün,
Braun	Eisenoxidbraun,
Schwarz	Ruß, Eisenoxidschwarz.

Die organischen Pigmente besitzen eine hohe Farbstärke, sind dafür aber nicht deckkräftig. Aus diesem Grund wird man bei Bedarf Abmischungen mit anorganischen Pigmenten vornehmen, um die hohe Deckkraft dieser Gruppe auszunutzen. Viele *Schwermetalle* in den anorganischen Pigmenten sind Gifte für den menschlichen Körper.

Die Ablösung der schwermetallhaltigen Pigmente wird vorangetrieben. Ganz kann man auf sie aber nicht verzichten, da Eigenschaften wie hohe Licht- und Wetterechtheit und hohe Temperaturbeständigkeit sowie niedriger Preis von den organischen Pigmenten nicht erreicht werden. Die Anzahl der verwendeten organischen Pigmente ist

52

groß. Weil es sich um recht komplizierte organische Verbindungen handelt, soll auf die Aufzählung von Beispielen verzichtet werden. Die große Zahl von Handelsnamen läßt sich aber auf die Pigmentbezeichnungen mit «Colour-Index» zurückführen.

Beispiel:
Pigmentblau 15 = Kupferphthalocyanin.

Füllstoffe, Verstärkungsstoffe

> Unter Füllstoffen versteht man Zuschlagstoffe in fester Form, die das Eigenschaftsbild der Kunststoffe in vielerlei Weise beeinflussen.

Füllstoffe dienen nicht nur dazu, Kunststoffe durch Gewichts- und Volumenvergrößerung zu strecken und zu verbilligen, sondern mit Füllstoffen werden gezielte Eigenschaftsverbesserungen angestrebt. So kann z. B. Kreide in PVC weich einen trockenen Griff hervorrufen oder ein hoher Füllstoffgehalt die Dichte und damit die Schallabsorption erhöhen. Auch die Wärmeformbeständigkeit sowie das Schwindungsverhalten werden in der Regel verbessert. Wenn sich die mechanischen Eigenschaften beim Einsatz von Füllstoffen wesentlich verbessern lassen, spricht man auch von Verstärkungsstoffen. Der Übergang von den Füllstoffen zu den Verstärkungsstoffen ist daher fließend.

Beispiele von Füll- und Verstärkungsstoffen für Thermoplaste sind: Kreide, Dolomit, Kaolin, Talkum, Quarzmehl, Glimmer.

Um die Steifigkeit (E-Modul) und die Zugfestigkeit sowie die Temperaturbeständigkeit bei Thermoplasten zu erhöhen, werden ihnen bis etwa 35 % kurzfasrige Glasfasern (0,1 bis 0,5 mm) zugesetzt.

Für spezielle Bauteile, die hohen Schlagbeanspruchungen ausgesetzt sind und eine hohe Formtreue (wenig Schwindung, geringe Verzugsneigung) besitzen müssen, hat man langfaserverstärkte Thermoplaste (Faserlänge bis 10 mm) entwickelt.

Bei den Duroplasten und Elastomeren können Füll- und Verstärkungsstoffe bis zu 65 % eingesetzt werden.

Bei den Pheno- und Aminoplasten sind die Füll- und Verstärkungsstoffe als Harzträger wesentlicher Bestandteil der Gesamtstruktur der Kunststoffmasse (Abschnitte 3.1 bis 3.4). Beispiele für Füll- und Verstärkungsstoffe bei Duroplasten sind: Gesteinsmehl, Holzmehl, Zellulose, Textil, Gewebebahn, Glasfaser.

Die Glasfaserverstärkung spielt bei den Reaktionsharzen (UP- und EP-Harzen) in vielen Anwendungsgebieten eine überragende Rolle und wird in den Werkstoffbeschreibungen der Harze ausführlicher behandelt.

Antistatika

> Antistatika erniedrigen den elektrischen Oberflächenwiderstand von Kunststoffen und leiten Reibungselektrizität schneller ab.

Antistatika sind chemische Verbindungen, die aus den Kunststoffen an die Oberfläche wandern und aus der Luft Feuchtigkeit aufnehmen. Der Feuchtigkeitsfilm verhindert eine statische Aufladung durch Elektrizitätsableitung.

Treibmittel

> Zum Herstellen geschäumter Kunststoffe müssen Treibmittel entweder bei der Kunststoffherstellung zugesetzt oder während des Verformungsvorgangs wirksam werden.

Als Treibmittel eignen sich Produkte, die bei einer bestimmten Temperatur verdampfen und die Kunststoffmasse im plastischen oder flüssigen Zustand aufblähen (physikalisch wirkende Treibmittel). Nach Verfestigung der Masse bleibt die Schaumstruktur erhalten.

Beispiele für physikalisch wirkende Treibmittel sind:

	Siedebereich
Pentan	30 bis 38 °C
Hexan	60 bis 70 °C
Chlorfluorkohlenwasserstoffe	23 bis 47 °C

Chemisch wirkende Treibmittel zersetzen sich bei einer bestimmten Temperatur und bilden Gase wie Kohlendioxid und/oder Stickstoff.

Das am häufigsten eingesetzte chemische Treibmittel ist das Azodikarbonamid, das sich durch Zugabe sogenannter Kicker in seiner Zersetzungstemperatur und -geschwindigkeit in einem weiten Bereich einstellen läßt. Je nach Verarbeitungstemperaturen der Kunststoffe wird das entsprechende Treibmittel-Kicker-Gemisch eingestellt.

Flammhemmende Zusätze

Aufgrund ihres chemischen Aufbaus sind Kunststoffe mehr oder weniger brennbar. Für eine Reihe von Anwendungsbereichen – insbesondere im Bauwesen und Fahrzeugbau – sind brandschutzausgerüstete Kunststoffe oft zwingend vorgeschrieben.

> Durch den Einsatz bestimmter Stoffe werden folgende Wirkungsweisen erzielt:
>   Abschirmen des Sauerstoffs vom Brandherd,
>   Beeinflussen der Zersetzung des Kunststoffs,
>   Beeinflussen des Verbrennungsmechanismus.

Halogenverbindungen des Chlors und Broms zeigen eine derartige Wirkung, wobei die bromhaltigen Verbindungen eine überragende Bedeutung besitzen. Daneben werden auch Phosphorverbindungen und Aluminiumhydroxid sowie als synergetische Verstärkung zu den Halogenverbindungen Antimontrioxid eingesetzt.

Organische Peroxide

Diese Stoffklasse setzt man ein, um lineare Kettenmoleküle zu vernetzen. Das gilt sowohl für die UP-Harze als auch für bestimmte Thermoplaste und Elastomere. Peroxide erfordern den Zusatz von Phlegmatisierungsmitteln, d. h., inaktive Substanzen müssen dafür sorgen, daß die Peroxide nicht vorzeitig zerfallen, sie wirken als Verdünnungsmittel. Ein häufig eingesetztes Peroxid ist das Benzoylperoxid [BP], das als 50%ige Paste in den Handel kommt.

Beschleuniger

Sie dienen dazu, den Ablauf einer chemischen Reaktion zu beschleunigen, z. B. den Zerfall eines organischen Peroxids schon bei relativ niedrigen Temperaturen einzuleiten, damit die Vernetzungsreaktion ablaufen kann.

Inhibitoren

Diese Stoffe verhindern bzw. verzögern eine chemische Reaktion. Man setzt sie z. B. dazu ein, die Lagerstabilität von härtbaren Harzen (UP-Harzen) zu erhöhen, indem sie eine vorzeitige Vernetzungsreaktion abblocken.

1.4.2 Zusatz- und Hilfsstoffe für Kautschuke

Bei den Kautschukzusätzen gibt es gewisse Parallelen zu denen für Thermo- und Duroplaste. Dennoch sind sie meist kautschukspezifisch und sollen daher gesondert beschrieben werden.

Mastiziermittel

Rohkautschukmassen haben im thermoplastischen Zustand sehr hohe Viskositäten.

Zum Verarbeiten des Kautschuks und zur Einarbeitung von Zusatzstoffen – besonders bei Naturkautschuk – muß die Viskosität herabgesetzt werden. Das geschieht durch Kettenabbau über thermisch-mechanische Kneter und durch Absättigen der Kettenbruchstücke mit sauerstoffaktivierenden Chemikalien, die aus kompliziert aufgebauten organischen Metallkomplexverbindungen bestehen.

Vernetzungschemikalien

Hier muß zwischen den Vernetzungsmitteln und den Beschleunigern unterschieden werden.

Vernetzungsmittel

Für die Kautschukvernetzung im herkömmlichen Sinne ist der Schwefel verantwortlich. Er bildet die Brücken zwischen den Polymerketten (Bild 1.21).

Die Schwefelzugabe in Mengen bis 3% läßt Weichgummi, in Mengen von etwa 30% Hartgummi entstehen. Die Vernetzung erfolgt erst bei höheren Temperaturen (etwa 130 °C) und läuft dann exotherm ab.

Neben dem reinen Schwefel kennt man auch schwefelhaltige Vernetzungsmittel, die bei den Vulkanisationstemperaturen den Schwefel freisetzen, z. B. die Thiuramsulfide.

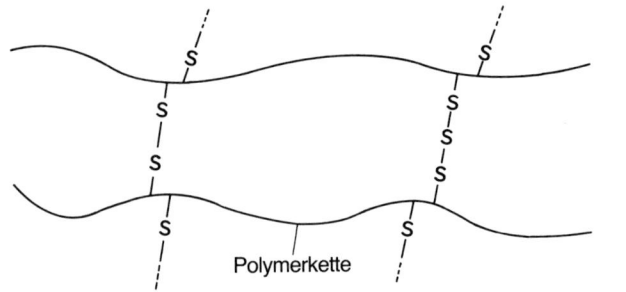

Bild 1.21
Schematische Darstellung
eines mit Schwefel
vernetzten Kautschuks

Zum Vernetzen gesättigter Kautschuke werden Peroxide eingesetzt, z. B. Benzoyl-peroxid [BP].

Vulkanisationsbeschleuniger
Schwefel allein reagiert im Kautschuk sehr träge und läßt Gummiprodukte mit weniger guten Eigenschaften entstehen. Deshalb werden immer Beschleuniger zugesetzt. Die Beschleuniger haben ihre beste Wirksamkeit, wenn dazu noch ein *Aktivator* eingesetzt wird. Beschleuniger sind organische Verbindungen, die im Molekül Schwefel und/oder Stickstoff enthalten. Es gibt davon eine große Anzahl verschiedener Typen, die man aber alle in folgende chemische Klassen einreihen kann: Aldehydamine, Guanidine, Dithiokarbamate, Thiurame, Thiazole, Xanthogenate und Thioharnstoffe.

Als Aktivator wird hauptsächlich Zinkoxid eingesetzt.

Peroxide benötigen keinen Beschleuniger. Die Vernetzungstemperatur reicht hierfür aus.

Vulkanisationsverzögerer
Oft muß der Vulkanisationsbeginn verzögert werden, um z. B. dem Kautschuk das Fließen bei spritzgegossenen oder gepreßten Teilen in die Werkzeughöhlung zu ermög-lichen. Eingesetzt werden hierfür bevorzugt organische Verbindungen, z. B. Phthal-säureanhydrid oder Benzoesäure.

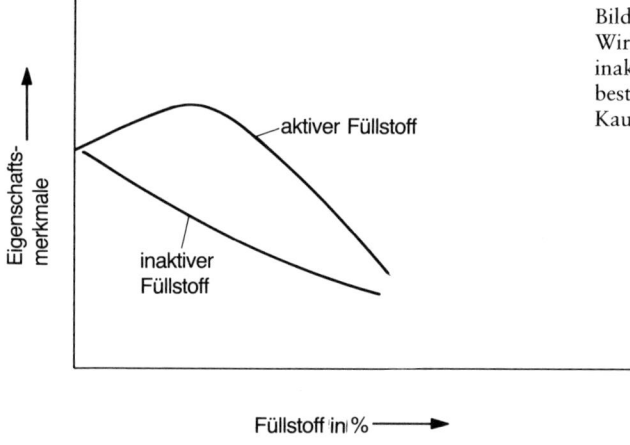

Bild 1.22
Wirkungsweise von aktiven und inaktiven Füllstoffen auf bestimmte Eigenschaften von Kautschuk

56

Aktive und inaktive Füllstoffe

Aktive Füllstoffe verbessern die Eigenschaften des Gummis, z. B. Festigkeit, Abrieb und Einreißwiderstand, wobei bei einem bestimmten Füllgrad ein Maximum der Eigenschaftsverbesserung erreicht wird. Inaktive Füllstoffe können gewisse Eigenschaften stetig mit höher werdendem Füllgrad verschlechtern (Bild 1.22).

Die meisten Ruße zählen zu den aktiven Füllstoffen. Größte Bedeutung hat der Furnaceruß. Hoch- und niedrigstrukturierte Ruße (Agglomeratbildungen der Primärteilchen) beeinflussen den Aktivierungsgrad des Rußes, wobei die höher strukturierten Ruße als die wirkungsvolleren anzusehen sind.

Ein heller aktiver Füllstoff ist die Kieselsäure, die ähnliche Eigenschaftsverbesserungen wie Ruß hervorruft.

Inaktive Füllstoffe sind Kreide, Kaolin oder Lithopone. Sie dienen mehr oder weniger nur als Streckmittel zur farblichen Aufhellung und zur Verbilligung der Gummiprodukte.

Auch organische Füllstoffe wie Polystyrol schlagfest und Phenolharze werden für Eigenschaftsverbesserungen (z. B. Erhöhung der Härte) eingesetzt.

Weichmacher

Weichmacher sollen beim Einsatz in Kautschuk folgendes bewirken:

Beeinflussung der physikalischen Eigenschaften, z. B. Verbesserung der Kälteschlagzähigkeit,

Streckung des Kautschuks,

Verbesserung der Fließeigenschaften des Kautschuks,

Erleichtern des Einarbeitens von Füllstoffen.

Man unterscheidet auch hier zwischen zwei Arten von Weichmachern: den Primär- und Sekundärweichmachern, die etwa mit aktiven und inaktiven Füllstoffen vergleichbar sind.

Bei den primären Weichmachern ist die intermolekulare Anlagerung an die Polymerketten durch Dipolkräfte verstärkt.

Die Sekundärweichmacher sind mehr oder weniger Streckmittel. Es kommen Mineralöle, tierische und pflanzliche Fette, Öle und Harze, ebenso synthetische Weichmacher wie DOP oder Polymerester zum Einsatz.

Klebrigmacher

Für das Zusammensetzen mehrerer Mischungen vor der Vulkanisation für ein Fertigteil ist es zweckmäßig, daß die Mischungen eine gewisse Klebrigkeit besitzen. Hierfür kann man u.a. Xylol-Formaldehydharze, Kolophonium, Fichtenteer oder Indenharze einsetzen.

Faktis

Faktis sind tierische oder pflanzliche Öle, die mit Schwefel oder Chlorschwefel vernetzt werden. Sie gehören zu den festen Weichmachern und verbessern die Verarbeitbarkeit des Kautschuks beim Mischen und bei der Formgebung sowie einige physikalische Eigenschaften, wie die Dimensionsstabilität, die Standfestigkeit, die Alterungsbeständigkeit, die Schleifbarkeit u. a.

Alterungsschutzmittel

Die Alterung ist ein sehr komplexer Vorgang, der nach längeren Zeiträumen mit der teilweisen oder völligen Zerstörung des Werkstoffes enden kann.

Es findet dabei ein Abbau des Makromoleküls meist unter Beteiligung des Sauerstoffs statt.

Höhere Temperaturen beschleunigen den Abbau, ebenso wie die Kautschukgifte Kupfer und Mangan und das energiereiche UV-Licht.

Durch dynamische Beanspruchung (Ermüdung) sowie durch die Einwirkung von Ozon kommt es zu Rißbildungen.

Eine Vielzahl organischer Produkte steht als Alterungsschutzmittel zur Verfügung, die als Antioxidantien oder Antiozonatien bezeichnet werden. Die bekanntesten sind Phenol- und Hydrochinon-Derivate.

Trennmittel

Um ein Ankleben an z. B. Werkzeugwänden oder Kalanderwalzen zu verhindern, werden Vulkanisierrohlinge mit einem Trennmittel (meist Talkum) eingepudert. Beim Konfektionieren eignet sich das Zinkstearat besonders gut als Trennmittel, weil es das Verbinden der verschiedenen Kautschuklagen miteinander nicht behindert.

Treibmittel

Zur Herstellung von Schaumprodukten oder Moosgummi muß die Kautschukmischung während der Vulkanisation aufschäumen. Spezielle organische Verbindungen, die sich bei den Vulkanisationstemperaturen zersetzen und Stickstoff abspalten (z. B. Azodicarbonamid), werden hierfür herangezogen.

Haftvermittler

Sie dienen dazu, den Verbund von Verstärkungsstoffen (Festigkeitsträgern) wie Gewebe, Stahlcord, Glasfaser usw. mit dem Kautschuk zu verbessern.

Für Imprägnierungen von Gewebebahnen verwendet man eine Latexmischung mit Harzen. Es ist auch möglich, Haftvermittler in die Kautschukmischung mit einzuarbeiten. Isocyanate haben sich für die Haftung von Metall und Gummi gut bewährt.

Verstärkungsstoffe, Festigkeitsträger

Verstärkungsstoffe sollen mechanisch hoch beanspruchte Gummiartikel, z. B. Reifen, Transportbänder, Keilriemen, Schlauchboote u. a., in ihrer Festigkeit verbessern.

Gewebe

Es kommen Gewebe aus Baumwolle, Zellwolle, Polyamid und Polyester mit unterschiedlichen Bindungen (Leinen, Atlas, Köper) zum Einsatz.

Bei Cordgeweben werden mehrere Zwirne zu einem Cordfaden zusammengedreht. Diese Cordfäden bilden die Kettfäden, die von nur wenigen dünnen Schußfäden zusammengehalten werden (Unidirektionalgewebe).

Bei Metallcord werden galvanisch messingbeschichtete Stahldrähte eingesetzt. Metallcord zeigt besonders gute Haftung zu chlorierten oder bromierten Naturkautschuk- oder Styrol-Butadien-Kautschuktypen.

Latex-Chemikalien

Unter Latex versteht man eine Kautschukdispersion, wobei die Kautschukpartikel kolloidal in Teilchengrößen von 0,15 bis 3 µm in Wasser verteilt sind. Der Feststoffanteil beträgt etwa 30%. Für die Verarbeitung wird der Latex zu einer 60%igen Dispersion eingedickt. Wie beim Festkautschuk werden auch hier Zusatzstoffe eingesetzt. Sie müssen allerdings in Emulsions- oder Suspensionsform oder – wenn sie wasserlöslich sind – in wäßriger Lösung zugesetzt werden. Als Vernetzungsmittel verwendet man ausschließlich Kolloidschwefel.

Ruße haben auf Latexmischungen keinen Verstärkungseffekt, deshalb setzt man, wenn überhaupt, nur helle Füllstoffe ein. Speziell für die Latexverarbeitung spielen Zusätze, wie Dispergatoren, Emulgatoren, Stabilisierungsmittel, Netzmittel, Verdikkungsmittel und Koagulierungsmittel, eine wichtige Rolle. Dispergatoren und Emulgatoren sollen Feststoffe bzw. Flüssigkeitsteilchen in der angestrebten Weise in feinster Verteilung halten.

Stabilisatoren bewirken eine Stabilität gegen mechanische und chemische Einflüsse sowie Temperatureinflüsse für die Latexmischung.

Netzmittel reduzieren die Oberflächenspannung und verbessern damit z. B. die Benetzbarkeit des zu imprägnierenden Materials.

Verdickungsmittel erhöhen die Viskosität der Latexmischung, z. B. für Streich- und Beschichtungszwecke.

Das Koagulieren, d.h. Ausfällen des Kautschuks aus der Dispersion, geschieht mit Hilfe der Koaguliermittel. Je nach Anwendung werden stark oder schwach wirkende Elektrolyte eingesetzt. Zu der ersten Gruppe gehören Säuren (Carbonsäuren) oder organische Salze, zur zweiten Gruppe gehören alkalisch wirkende organische Substanzen.

Nachfolgend sind *Rezepturen* von *Gummimischungen* gebräuchlicher Produkte genannt.

Lauffläche eines Reifens

SBR[1])	= 100	Teile
Stearinsäure	= 1,5	Teile
Weichmacher	= 8	Teile
Spezialparaffin	= 1,5	Teile
Alterungsschutz	= 1,5	Teile
Ruß	= 50	Teile
Zinkoxid	= 5	Teile
Beschleuniger	= 1	Teil
Schwefel	= 2,5	Teile

Förderband

NR[2])	= 100	Teile
IR[3])	= 82	Teile
Weichmacher	= 5	Teile
Stearinsäure	= 3	Teile
Regenerat	= 38	Teile
Spezialparaffin	= 4	Teile
Zinkweiß	= 6	Teile
Ruß	= 96	Teile
Beschleuniger	= 1	Teil
Schwefel	= 3	Teile
Alterungsschutz	= 2	Teile

[1]) SBR = Styrol-Butadien-Kautschuk
[2]) NR = Naturkautschuk
[3]) IR = Isoprenkautschuk

1.5   Lieferformen für Kunststofferzeugnisse

Die Lieferformen der Kunststofferzeugnisse sind in Bild 1.23 zusammengestellt.

1.5.1   Formmassen

> Als Formmassen bezeichnet man alle ungeformten oder vorgeformten Kunststoffe, die durch spanlose Formgebung (Urformen) bei Raumtemperatur oder innerhalb bestimmter Temperaturbereiche zu Formstoffen (Halbzeug, Formteil) verarbeitet werden können (DIN 7708, Teil 1).

Thermoplastische Formmassen

Kunststoffe in *Pulverform* setzt man ein, wenn die Zusatz- und Hilfsstoffe erst kurz vor dem Verarbeiten eingemischt werden sollen (z. B. beim Extrudieren von PVC) oder wenn der Aufschmelzvorgang beschleunigt werden soll (z. B. Rotationsformen).

Die meisten thermoplastischen Formmassen kommen als *Granulat* zum Verarbeiter. Granulate sind gut rieselfähig und haben zylindrische oder linsenförmige Gestalt mit einer Größe von 2 bis 3 mm Durchmesser bzw. Kantenlänge. Granulate werden vom Kunststoffhersteller (oder speziellen Granulierbetrieben) mit den bereits eingearbeiteten Zusatz- und Hilfsstoffen geliefert.

Für spezielle Verarbeitungsverfahren werden thermoplastische Formmassen als *Pasten* (z. B. PVC im Weichmacher) zum Herstellen beschichteter Gewebe oder als *Lösungen* zum Herstellen gegossener Filme angeboten. Auch wäßrige *Emulsionen* von Kunststoffen werden für einige Anwendungsfälle (z. B. für Beschichtungen von Papier, Pappe oder Beton) eingesetzt.

In der Kautschuktechnik liegen Formmassen als Blöcke oder Walzfelle vor, die vor dem Verarbeiten weiter aufbereitet werden müssen. Dabei entstehen wiederum *Walzfelle* oder *extrudierte Stränge* oder *Pellets* (Granulat).

Duroplastische oder härtbare Formmassen

> Duroplastische Formmassen sind nieder- bis mittelmolekular, d. h., die Vernetzung zum Makromolekül geschieht erst während der Formgebung.

Den festen duroplastischen Kunststoff-Formmassen werden in der Regel ebenfalls vom Hersteller die erforderlichen Zusatz- und Hilfsstoffe beigegeben. Bei pulvrigen und kurzfaserigen Füllstoffen entstehen *pulverförmige Formmassen* oder *rieselfähige Granulate*, während die Verwendung von langfaserigen bzw. schnitzelförmigen Füllstoffen zu Formmassen mit uneinheitlicher Struktur führt.

Zu den festen härtbaren Formmassen zählen auch die *mit härtbaren Harzen getränkten Papier-, Gewebe- und Holzbahnen* sowie die *mit Flüssigharzen imprägnierten Matten* und *Gewebe aus Verstärkungsfasern (Prepregs)*. Diese flächigen Formmassen werden im Preßverfahren weiterverarbeitet.

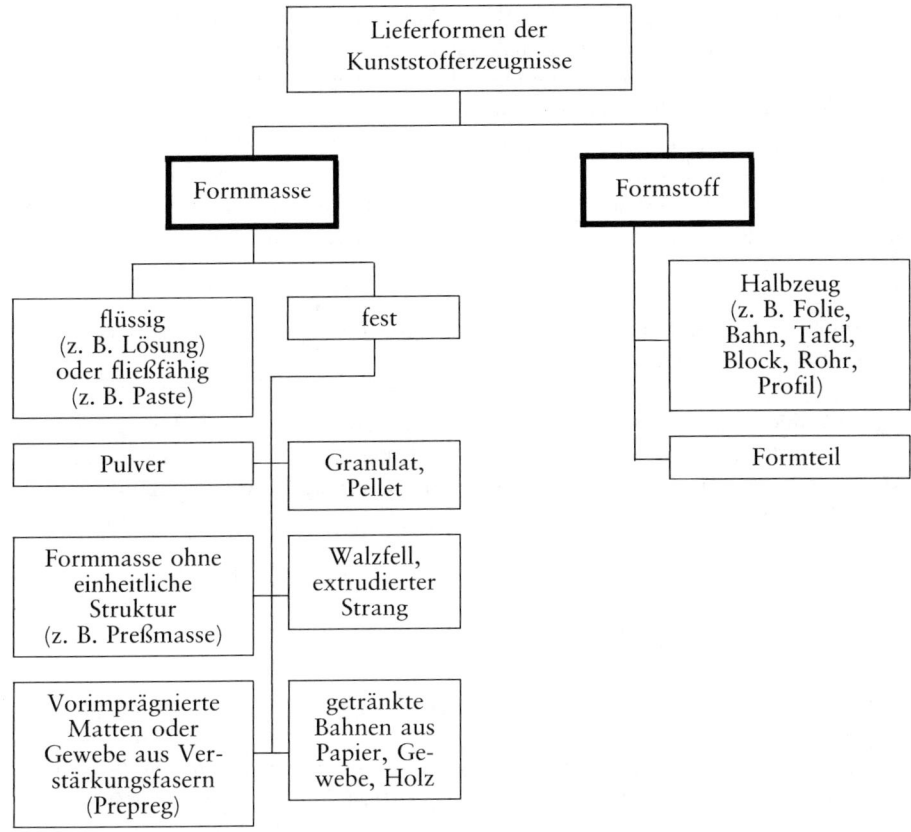

Bild 1.23 Lieferformen für Kunststofferzeugnisse

Flüssige härtbare Formmassen auf der Basis ungesättigter Polyesterharze (meist gelöst in Styrol), Epoxid-, Polyurethan- oder Methacrylatharzen heißen auch *Reaktionsharze* oder entsprechend ihrer Verwendung *Gießharze* oder *Laminierharze*.

1.5.2 Halbzeug und Formteile

Halbzeuge sind gegossene, extrudierte, gepreßte oder kalandrierte vorgeformte Produkte wie Folien, Bahnen, Tafeln, Blöcke, Rohre oder Profile.

Im Gegensatz zur Formmasse wird das Halbzeug nicht durch Urformverfahren, sondern durch Umformen (z. B. Warmformen), Trennen (z. B. Schneiden und Spanen) oder Fügen (z. B. Schweißen, Kleben) in die endgültige Form gebracht.

61

Folien und *Bahnen* sind flexible flächige Erzeugnisse, die meist in Rollenform als breite Folie bzw. Bahn oder als schmale Bänder geliefert werden. Seltener sind Folien bzw. Bahnen in Abschnitten bestimmter Abmessungen erhältlich.

Tafeln sind flächige Erzeugnisse größerer Dicke mit bestimmten Abmessungen.

Als *Blöcke* bezeichnet man zylindrische oder quaderförmige Halbzeuge mit großen Querschnittsabmessungen.

Rohre und *Profile* können vielerlei Querschnittsformen haben und werden als Stangen- oder Rollenware geliefert. Im Gegensatz zu den starren Rohren sind Schläuche weich und flexibel.

Formteile sind durch spanloses oder spanendes Formen hergestellte Erzeugnisse bestimmter Gestalt und Abmessung.

Dazu zählen u. a. technische Teile in Maschinen und Geräten (z. B. für optische und elektrische/elektronische Geräte), Haushaltsartikel, Teile für den Fahrzeug- und Möbelbau, Erzeugnisse für das Bauwesen, Spielzeug sowie Anwendungen im Verpackungsbereich.

Vorbemerkung zum Kapitel 2

Die Thermoplaste stellen unter den synthetischen Polymeren die größte Werkstoffgruppe dar.

Allein die drei «Massenkunststoffe», unter denen man im wesentlichen die normaleingestellten Typen der Polyolefine, des Polystyrols und Polyvinylchlorids versteht, nehmen mengenmäßig mehr als 2/3 der gesamten Kunststoffpalette ein. Eine scharfe Abgrenzung zwischen diesen Massenkunststoffen und den «technischen» bzw. «hochtemperaturbeständigen» Thermoplasten ist nicht möglich. Während man in den letzten Jahrzehnten das Hauptaugenmerk auf die Entwicklung von Thermoplasten aus «neuen» Monomeren gerichtet hat – vor allem mit dem Ziel, die Temperaturbeständigkeit zu erhöhen – geht es in den letzten Jahren mehr um die Modifizierung bekannter Thermoplaste durch Copolymerisieren, Blenden, Beeinflussen der Kristallisation und anderem mit dem Ziel, die Kunststofferzeugung wirtschaftlich und marktgerecht zu gestalten. Entwicklungen in dieser Richtung sind bei den Thermoplasten noch lange nicht abgeschlossen.

2 Thermoplaste

2.1 Polyethylen [PE]

Die zur Gruppe der Polyolefine zählenden Kunststoffe (Ethylen-, Propylen- und Butylenpolymere) sind teilkristalline Thermoplaste. Sie zeichnen sich im allgemeinen durch eine gute chemische Beständigkeit, hohe Zähigkeit und Reißdehnung sowie gute elektrische Isoliereigenschaften aus. Sie können nach fast allen üblichen Verfahren verarbeitet werden, sind preiswert und haben deshalb eine breite Anwendung gefunden. Heute sind sie mengenmäßig zur wichtigsten Kunststoffgruppe geworden.

Aufbau

$$n \cdot \begin{array}{c} H \ \ H \\ | \ \ \ | \\ C = C \\ | \ \ \ | \\ H \ \ H \end{array} \longrightarrow \cdots \left[\begin{array}{c} H \ \ H \\ | \ \ \ | \\ C - C \\ | \ \ \ | \\ H \ \ H \end{array} \right]_n \cdots$$

Ethylen　　　　　Polyethylen

Polyethylene sind aus mehr oder weniger linearen bzw. verzweigten Makromolekülen aufgebaut, die sich durch zwei nacheinander entwickelte Herstellungsverfahren unterscheiden:

Bei der Hochdruckpolymerisation, entwickelt 1939 durch ICI in England, entstehen vorwiegend verzweigte Makromoleküle; dieses Verfahren führt zu Polyethylen mit niedriger Dichte (Low Density [PE-LD]).

Bei der Niederdruckpolymerisation, entwickelt im Jahr 1953 durch K. ZIEGLER u. a., wird die Polymerisation durch Einsatz spezieller Katalysatoren bei geringen Drücken bzw. bei Atmosphärendruck ermöglicht. Das so erzeugte Polyethylen enthält nur wenige Verzweigungen; deshalb ist die Molekülstruktur linear und ergibt eine höhere Dichte (High Density, PE-HD) als sie Hochdruckpolyethylene besitzen. PE-Formmassen sind in DIN 16776 hinsichtlich Einteilung und Bezeichnung genormt.

Einen Vergleich wichtiger Eigenschaften von PE-LD und PE-HD zeigt Tabelle 2.1.

Tabelle 2.1　Eigenschaften von PE-LD und PE-HD

Vergleichsparameter	PE-LD	PE-HD
Kristallisationsgrad [%]	40 bis 50	60 bis 80
Dichte [g/cm^3]	0,915 bis 0,94	0,94 bis 0,965
Schubmodul [N/mm^2]	~ 130	~ 1000
Kristallitschmelzbereich [°C]	105 bis 110	130 bis 135
Chemikalienbeständigkeit	gut	besser

Eigenschaften

Polymere auf der Basis von Ethylen werden in großer Vielfalt hergestellt. Daraus ergeben sich sehr unterschiedliche Eigenschaftsbilder; dazu kommen weitere Modifizierungsmöglichkeiten durch die Herstellung von Copolymerisaten und von Polymermischungen (Polyblends), so daß hier nur typische Eigenschaften angeführt werden können:

□ niedrige Dichte,

□ hohe Zähigkeit und Reißdehnung,

□ Temperaturbeständigkeit von −50 bis +90 °C,

□ ungefärbt milchig weiß,

□ sehr gutes elektrisches Isolierverhalten,

□ sehr geringe Wasseraufnahme,

□ gute Ver- und Bearbeitbarkeit.

□ PE ist beständig gegen Säuren, Laugen, Salzlösungen, Wasser, Alkohole, Öl, PE-HD auch gegen Benzin. PE ist unterhalb von 60 °C in fast allen organischen Lösungsmitteln praktisch unlöslich.

□ PE ist unbeständig gegen starke Oxidationsmittel (insbesondere bei höheren Temperaturen), PE-LD quillt in aliphatischen und aromatischen Kohlenwasserstoffen.

Tabelle 2.2   Physikalische Eigenschaften von PE

Eigenschaften	Einheit	DIN-Norm	PE-LD	PE-HD
Dichte	g/cm^3	1306/53479	0,92	0,955
Spannung an der Streckgrenze	N/mm^2	53371/53455	8,0 bis 10,0	20,0 bis 30,0
Dehnung an der Streckgrenze	%	53455	20	12
Schlagzähigkeit	mJ/mm^2	53453	o. Br.	o. Br.
Kerbschlagzähigkeit	mJ/mm^2	53453	o. Br.	5 bis o. Br.
Kugeldruckhärte	N/mm^2	53456	20	50
E-Modul (aus Zugversuch)	N/mm^2	53457	200	1000
Lineare Wärmedehnzahl	1/K	–	$20 \cdot 10^{-5}$	$15 \cdot 10^{-5}$
Gebrauchstemperatur ohne mechanische Beanspruchung in Luft				
kurzzeitig	°C	–	80 bis 90	90 bis 105
langzeitig	°C	–	60 bis 75	70 bis 80
Vicat-Erweichungstemperatur (Verfahren B)	°C	53460	45	75
Spez. Durchgangswiderstand	Ω · cm	53482	$> 10^{17}$	$> 10^{17}$
Dielektrischer Verlustfaktor	–	53483	0,0002	0,0003
Dielektrizitätszahl (bis 10^6 Hz)	–	53483	2,3	2,4
Wasseraufnahme	%	53495	< 0,1	< 0,1

Grundsätzlich steigt die Chemikalienbeständigkeit von PE mit der Dichte.

Die Gasdurchlässigkeit für Sauerstoff sowie viele Geruchs- und Aromastoffe ist größer als bei vielen anderen Kunststoffen. Durch Sonneneinstrahlung kann bei PE eine Versprödung eintreten; durch Beimischen von 2 bis 2,5% Ruß kann das verhindert

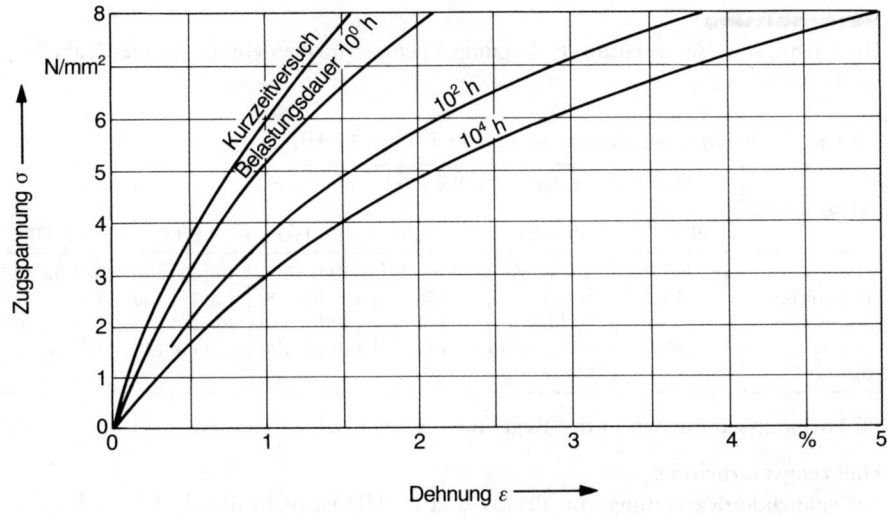

Bild 2.1   Isochrone Spannungs-Dehnungs-Linien von PE-HD bei 20 °C [1]

werden. Die Beständigkeit gegen UV-Strahlen und die Wetterbeständigkeit nimmt mit dem Molekülgewicht zu.

Das Langzeitverhalten von PE-HD bei verschiedenen Belastungszeiten ist in Bild 2.1 dargestellt.

Bild 2.2 zeigt das temperaturabhängige Langzeitverhalten bei einer bestimmten Belastungsdauer.

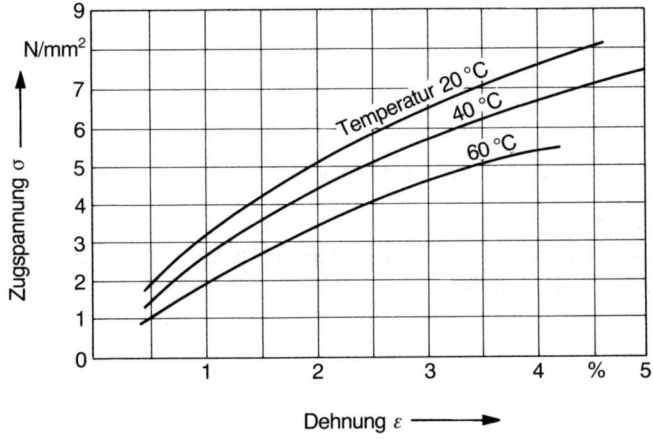

Bild 2.2   Isochrone Spannungs-Dehnungs-Linien von PE-HD für eine Belastungsdauer von 10^3 h [1]

65

Verarbeitung

Die wichtigsten Verarbeitungsbedingungen beim Urformen von PE können Tabelle 2.3 entnommen werden.

Tabelle 2.3   Verarbeitungsbedingungen für PE-LD und PE-HD

Verarbeitung	Massetemperatur °C		Werkzeugtemperatur °C		Spritzdruck bar	
	PE-LD	PE-HD	PE-LD	PE-HD	PE-LD	PE-HD
Spritzgießen	160 bis 260	200 bis 280	30 bis 70	50 bis 70	400 bis 800	600 bis 1200
Extrudieren	150	180 bis 200	150	180 bis 200	100 bis 150	150 bis 250
Folienblasen	140	180 bis 250	140	180 bis 250	100 bis 200	150 bis 200
Hohlkörper-blasen	140	160 bis 190	140	160 bis 190	100 bis 150	100 bis 200

PE-Formmassen müssen in der Regel nicht vorgetrocknet werden.

Halbzeugverarbeitung
Die spanende Bearbeitung von PE-LD und PE-HD ist nicht üblich; für hochmolekulares PE-Halbzeug gilt dies allerdings nicht. Schweißen ist mit nahezu allen üblichen Verfahren gut möglich: Warmgas-, Reibungs- und insbesondere das Heizelementstumpfschweißen.

Bei Folien wird häufig das Wärmeimpulsschweißen eingesetzt. Wegen zu geringer dielektrischer Verluste ist das Hochfrequenzschweißen nicht möglich; auch das Ultraschallschweißen ist nur bedingt möglich.

Da PE unpolar ist, läßt es sich nicht oder nur sehr schlecht (mit Vorbehandlung) kleben. Oberflächenvorbehandlungen können darin bestehen, daß die Klebfläche abgeflammt wird oder daß elektronische Oberflächenentladungen im Hochvakuum auf die Klebfläche einwirken.

Das Umformen von PE-Halbzeug ist schwierig, weil kein ausgeprägter thermoelastischer Zustandsbereich vorliegt. Die Umformtemperaturen liegen verfahrensabhängig zwischen 120 und 160 °C.

Anwendungen
PE-LD:

Elektrotechnik
Draht- und Kabelisolationen, Isolierung von Fernmelde- und Hochspannungskabeln.

Transportwesen, Verpackung
Transportbehälter, Verpackungsfolien, Säcke, Schrumpffolien, Flaschen, Tuben, Folien für Tragetaschen, Verbundfolien.

Bauwesen
Abdeckfolien, Abdichtfolien.

PE-HD:
Maschinen- und Fahrzeugbau
Batteriekästen, Kraftstoffbehälter, Verschlußstopfen, Faltenbälge.

Bauwesen
Trink- und Abwasserleitungen, Heizungsrohre, Fittings, Eimer, Heizöltanks.

Transportwesen
Transportbehälter, Flaschenkästen, Fässer, Mülltonnen, Müllcontainer, Kanister, Behälter im Haushalt.

2.1.1 PE-Sondertypen

Ultrahochmolekulares PE
Ultrahochmolekulares Polyethylen wird nach dem Ziegler-Verfahren polymerisiert (Niederdruckpolymerisation) und vor allem als technischer Werkstoff verwendet. Die hervorstechendste Eigenschaft dieses Materials ist eine im Vergleich mit Kunststoffen gleicher Steifigkeit kaum zu übertreffende Schlagzähigkeit und Verschleißfestigkeit. Das Molekülgewicht dieser hochmolekularen Typen liegt bei 1 000 000 bis 2 000 000. Eine thermoplastische Verarbeitung, z. B. Spritzgießen oder Schweißen, ist aufgrund der schlechten Fließfähigkeit nicht mehr möglich. Die Verarbeitung erstreckt sich deshalb in erster Linie auf das mechanische Bearbeiten extrudierter oder gepreßter Halbzeuge.

Vernetztes Polyethylen [PE-V]
Es wird vorwiegend PE-LD vernetzt; vernetztes PE-HD gewinnt in den letzten Jahren für Rohre an Bedeutung (z. B. Fußbodenheizungsrohre).

Vernetzte Polyethylene verlieren ihren thermoplastischen Charakter und erreichen dadurch höhere Gebrauchstemperaturen. Zwei Wege führen zu vernetztem Polyethylen: die chemische und die physikalische Vernetzung.

Chemische Vernetzung: mit Hilfe von Peroxiden, die bei bestimmten Temperaturen (120 bis 130 °C) in Radikale zerfallen (Abschnitt 3.5).

Physikalische Vernetzung: mit Hilfe von energiereicher Strahlung (Elektronen-, Gamma-, Röntgen- oder Protonenstrahlen).

Durch die Vernetzung werden weitere Eigenschaften wie Zeitstandfestigkeit, Schlagzähigkeit in der Kälte und die Spannungsrißbeständigkeit wesentlich erhöht.

Chloriertes Polyethylen [PE-C]
Chloriertes Polyethylen spielt als selbständiger Kunststoff keine Rolle. Mischungen mit PVC werden jedoch in großem Umfang verwendet. Die elastifizierende Wirkung ist besonders günstig bei Chlorgehalten zwischen 20 und 60%. Mischungen (Polyblends) aus PVC und chloriertem Polyethylen zeichnen sich vor allem durch eine wesentlich verbesserte Schlagzähigkeit, auch in der Kälte, aus. Weil diese Mischungen im Gegensatz zu kautschukmodifiziertem PVC keine Doppelbindungen enthalten, kann hohe Witterungsbeständigkeit erzielt werden.

Lineares Polyethylen mit niedriger Dichte [PE-LLD]

Das «Lineare Low Density»-[LLD-]Polyethylen ist ein PE mit niedriger Dichte, aber vorwiegend linearer Makromolekülstruktur. Dadurch bleiben die Eigenschaften des PE-LD erhalten, aber Weiterreiß- und Reißfestigkeit werden erheblich verbessert.

Anwendungen

Ultrahochmolekulares PE

Führungsrollen, Prothesen und Stützapparate in der Medizin.

Vernetztes Polyethylen

Formteile im Automobilbau und in der Elektrotechnik, Hochspannungskabel, Warmwasserleitungen, Fußbodenheizungsrohre.

Chloriertes Polyethylen mit PVC

Fensterprofile, Fassadenverkleidungen, Dachrinnen, Rohrleitungen, Regenfallrohre.

Lineares PE mit niedriger Dichte

Verpackungsfolien.

Das sehr ausgewogene und vielfältige Eigenschaftsspektrum des Polyethylens hat durch die Entwicklung einer neuen Katalysatortechnologie (Metallocen-Katalyse) in jüngster Zeit nochmals deutlich an Bedeutung gewonnen.

Durch den Einsatz dieser neuen Katalysatoren können die Eigenschaften von PE beinahe nach Belieben gesteuert werden.

Eigenschaften

Die herausragenden Eigenschaften der über Metallocenkatalyse hergestellten Polyethylene sind:

☐ außergewöhnlich hohe Zähigkeit,
☐ sehr gute optische Eigenschaften,
☐ niedrige Schweiß- und Siegeltemperaturen,
☐ wenig extrahierbare Bestandteile.

Die Verarbeitung derartiger Polymere erfordert erhöhte Aufmerksamkeit.

Die bei größeren Scherraten angehobenen Viskositäten (schlechtere Fließneigung) können durch Blend-Bildung mit herkömmlichem Polyethylen (beispielsweise PE-LD) kompensiert werden.

Anwendungen

Die Anwendungen und Anwendungsmöglichkeiten von Metallocen-PE sind derzeit noch lange nicht in ihrem Umfang definiert. Gegenwärtig werden diese Strukturen im Verpackungsbereich für Mehrschichtverbundfolien dominant eingesetzt. Weitere Anwendungen in der Medizintechnik (z.B. für Katheter und Ampullen) sowie in der Kabelindustrie (vernetzbare Kabelummantelungen) stehen vor der Realisierung.

2.2 Polypropylen [PP]

Polypropylen wurde erstmals 1957 von der Hoechst AG auf den Markt gebracht.

Aufbau

$$n \cdot \underset{\underset{H}{|}}{\overset{\overset{H}{|}}{C}} = \underset{\underset{CH_3}{|}}{\overset{\overset{H}{|}}{C}} \longrightarrow \cdots \left[\underset{\underset{H}{|}}{\overset{\overset{H}{|}}{C}} - \underset{\underset{CH_3}{|}}{\overset{\overset{H}{|}}{C}} \right]_n \cdots$$

Propylen   Polypropylen

Polypropylen wird durch Polymerisation hergestellt und gehört zu den teilkristallinen Thermoplasten.

PP-Formmassen sind in DIN 16774 hinsichtlich Einteilung und Bezeichnung genormt. Dabei wird folgende Unterteilung der PP-Formmassen vorgenommen:

PP-H Homopolymerisate des Propylens.

PP-B Block-Copolymerisate des Propylens mit einem Massenanteil bis 50% eines oder mehrerer aliphatischer Olefine ohne funktionelle Gruppen (z. B. Ethylen).

PP-R Statistische Copolymerisate des Propylens mit einem Massenanteil bis 50% eines oder mehrerer aliphatischer Olefine ohne funktionelle Gruppen.

PP-Q Mischungen von Polymeren mit einem Massenanteil von mindestens 50% Polypropylen der Gruppen H, B oder R.

Bei der Polymerisation von PP kann die CH_3-Gruppe des Propylens räumlich unterschiedlich angeordnet sein. Daraus resultieren Produkte mit unterschiedlichen Eigenschaften.

Man unterscheidet:

☐ isotaktisches Polypropylen; alle CH_3-Gruppen befinden sich auf derselben Seite der Kohlenstoffkette:

☐ syndiotaktisches Polypropylen; die CH_3-Gruppen befinden sich in regelmäßiger Folge abwechselnd auf verschiedenen Seiten der Kohlenstoffkette:

☐ ataktisches Polypropylen, die CH_3-Gruppen sind in ihrer räumlichen Lage zur Hauptkette regellos angeordnet:

$$
\begin{array}{ccccccccccc}
 & H & & H & & H & & H & & & \\
 & | & H & | & H & | & CH_3 & | & H & & \\
/C & & | & C & | & C & | & C & | & C\diagdown & \\
 | & & C & | & C & | & C & | & C & | & \\
 | & & | & | & | & | & | & | & | & \\
 H & & CH_3 & H & CH_3 & H & H & H & CH_3 & &
\end{array}
$$

Technisch bedeutsam ist das isotaktische Polypropylen.

Je höher der isotaktische Anteil, desto höher sind Kristallinitätsgrad, Schmelztemperatur, Zugfestigkeit, Steifigkeit und Härte des Polypropylens.

Eigenschaften

Typische Eigenschaften von Polypropylen sind:

☐ niedrige Dichte,

☐ hohe Steifigkeit, Härte und Festigkeit,

☐ Temperaturbeständigkeit bis +110 °C,

☐ Versprödungstemperatur bei Homopolymerisaten 0 °C (Copolymerisate sind schlagzäher),

☐ ungefärbt opak,

☐ elektrische Eigenschaften sind vergleichbar mit denen von PE,

☐ PP ist beständig gegen schwache anorganische Säuren und Laugen, Alkohol, einige Öle und Waschlaugen (bis +100 °C),

☐ PP ist unbeständig gegen starke Oxidationsmittel und Halogenkohlenwasserstoffe. PP quillt in aliphatischen und aromatischen Kohlenwasserstoffen wie Benzin oder Benzol (insbesondere bei höheren Temperaturen).

Tabelle 2.4   Physikalische Eigenschaften von PP

Eigenschaften	Einheit	DIN-Norm	PP-H	PP-R
Dichte	g/cm^3	1306/53479	0,91	0,91
Spannung an der Streckgrenze	N/mm^2	53371/53455	35	30
Dehnung an der Streckgrenze	%	53455	14	15
Schlagzähigkeit	mJ/mm^2	53453	5 bis o. Br.	o. Br.
Kerbschlagzähigkeit	mJ/mm^2	53453	4	15
Kugeldruckhärte	N/mm^2	53456	65 bis 80	60 bis 65
E-Modul (aus Zugversuch)	N/mm^2	53457	1400	1200
Lineare Wärmedehnzahl	1/K	–	$17 \cdot 10^{-5}$	$17 \cdot 10^{-5}$
Gebrauchstemperatur ohne mechanische Beanspruchung in Luft				
kurzzeitig	°C	–	140	140
langzeitig	°C	–	100	100
Vicat-Erweichungstemperatur (Verfahren B)	°C	53460	100	85
Spez. Durchgangswiderstand	$\Omega \cdot cm$	53482	10^{17}	10^{18}
Dielektrischer Verlustfaktor	–	53483	$2 \cdot 10^{-4}$	$2 \cdot 10^{-4}$
Dielektrizitätszahl (bis 10^6 Hz)	–	53483	2,3	2,3
Wasseraufnahme	%	53495	< 0,1	< 0,1

Bild 2.3
Isochrone Spannungs-
Dehnungs-Linien von PP
bei 20 °C [1]

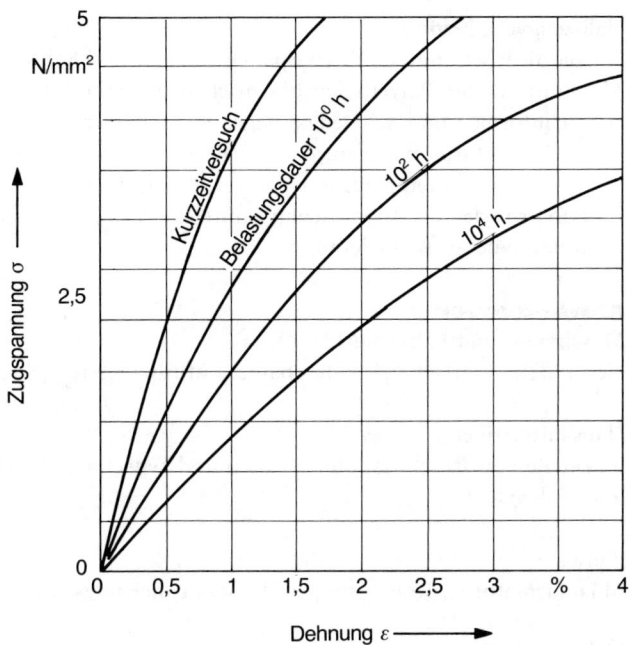

Polypropylen ist nur bei entsprechender Stabilisierung UV-beständig. Die Beständigkeit ist wegen der im Grundbaustein vorhandenen tertiären C-Atome (CH_3-Gruppe) geringer als die von UV-stabilisiertem Polyethylen. Das Langzeitverhalten von PP bei verschiedenen Belastungszeiten zeigt Bild 2.3.

Verarbeitung
In Tabelle 2.5 sind die wichtigsten Verarbeitungsbedingungen beim Urformen von PP zusammengefaßt.

Tabelle 2.5   Verarbeitungsbedingungen für PP

Verarbeitung	Massetemperatur °C	Werkzeugtemperatur °C	Spritzdruck bar
Spritzgießen	220 bis 270	40 bis 100	> 1000
Extrudieren	235	235	150 bis 200
Folienblasen	220 bis 240	220 bis 240	200 bis 300
Hohlkörperblasen	235	235	150 bis 200

PP-Formmassen müssen in der Regel nicht vorgetrocknet werden.

Halbzeugverarbeitung

Für die Bearbeitungsverfahren Spanen, Kleben und Schweißen gilt das gleiche wie in Abschnitt 2.1 für Polyethylen beschrieben. Lediglich die Verarbeitungstemperaturen beim Umformen und Schweißen liegen etwas höher:

Umformtemperaturen   verfahrensabhängig zwischen 160 und 200 °C,
Schweißtemperaturen   verfahrensabhängig.

Da Polypropylen im Apparatebau zahlreiche Anwendung findet, hat die Halbzeugverarbeitung eine große Bedeutung.

Anwendungen

Maschinen- und Fahrzeugbau

Heizkanäle, Lüfterflügel, Faltenbälge, Luftfiltergehäuse, Pumpengehäuse.

Haushaltsartikel

Innenteile von Geschirrspülmaschinen und Waschmaschinen, Staubsaugerteile, kochfeste Folien.

Bauwesen

Ablaufarmaturen, Rohrleitungen, Fußbodenheizungsrohre, Fittings.

Elektrotechnik

Kabelanschlüsse, Antennenteile, Trafogehäuse, Drahtummantelungen.

Transportwesen

Transportkästen, Werkzeugbehälter, Koffer, Verpackungsbänder, Säcke, Bindegarne, Verpackungsfolien.

Apparatebau

Reaktionsbehälter, Rohrsysteme.

Sonstiges

Bändchengewebe, Teppichgrundgewebe, künstlicher Rasen, Spielzeug, medizinische Geräte, Schuhabsätze, Skipisten.

Polypropylen verzeichnete in den vergangenen drei Jahren die höchsten Zuwachsraten aller Thermoplaste.

Ausschlaggebend für die wachsende Bedeutung sind vorrangig das sehr günstige Preis-Leistungs-Verhältnis in Verbindung mit einer gesteigerten Wertschöpfung für diese Werkstoffgruppe. Durch den gezielten Aufbau von Copolymeren und Polymer-Blends wurde das Eigenschaftsspektrum deutlich erweitert.

Tabelle 2.6 gibt einen Überblick zu Eigenschaften unterschiedlicher Polypropylentypen.

72

Tabelle 2.6   Eigenschaftsvergleich unterschiedlicher PP-Strukturen

	PP-Homo	PP-Block-Copolymer	PP-EPDM-Blend	CR-PP
Mechanische Eigenschaften:				
Dichte (kg/dm^3)	0,903	0,900	1,04	0,906
Strecksp. (MPA)	32	25	20	33
Bruchdehnung (%)	>50	>50	>50	>50
E-Modul (MPA)	1300	1020	1600	1400
IZOD-Schlagz. 23 °C	90	NB	NB	45
(kJ/m^2) −30 °C	13	32	25	10
IZOD-Kerb.-Schlagz. 23 °C	3,2	7	15	2
(kJ/m^2) −30 °C	1,4	2,8	2,8	1,4
Thermische Eigenschaften:				
HDT/A 1,8 MPA	55	50	55	55
HDT/B 0,45 MPA	90	74	–	95
Vicat A/50 (10N)	153	146	140	150
Vicat B/50 (50N)	90	70	55	90
Rheologische Eigenschaften:				
MVR 190 °C/5 kg (ml/10 min)	4,5	10	6,3	100
MVR 190 °C/2,16 kg (ml/10 min)	2,7	5	3,3	70

Sogenannte CR-PP-Strukturen (Polymere mit verbesserten Fließeigenschaften) finden vor allen Dingen für dünnwandige Verpackungsartikel beim Spritzgießen Verwendung.

Ergänzt wurde das umfangreiche Sortiment der Polypropylen-Werkstoffe durch spezielle Typen, die über Metallocen-Katalyse polymerisiert werden.

Metallocene ermöglichen polymere Strukturen, die mit herkömmlichen Katalysatoren nicht oder nur sehr schwer erreicht werden konnten.

Eigenschaften
Merkmale von Metallocen-PP-Polymeren sind:
☐ sehr enge Molekulargewichtsverteilung,
☐ einheitliche Verteilung von Comonomeren,
☐ unabhängige Variationsmöglichkeit molekularer Merkmale.

Tabelle 2.7 vermittelt einen Eindruck von den vielfältigen Eigenschaftsmöglichkeiten derartiger Polymere im Vergleich zu konventionellem PP.

Anwendungen
Die Anwendungsvielfalt ist ähnlich umfangreich wie die Eigenschaften des Werkstoffs selbst.

Insbesondere im Fahrzeugbereich, aber auch in anderen industriellen Bereichen, wird Polypropylen zu Lasten von Styrolpolymeren, aber auch technischen Thermoplasten wie Polyamid, weiter wachsen.

73

Tabelle 2.7 Typische Basiseigenschaften einiger PP-Metallocen-Polymere im Vergleich zu einem Standard-PP

Eigenschaften	Metallocen-PP			konv. PP
	(A)	(B)	(C)	
Schmelzpunkt (°C)	140	150	160	162
Zug-E-Modul (N/mm^2)	1080	1350	1580	1150
KDH (N/mm^2)	60	73	82	68
Schlagzäh./Izod (mJ/mm^2)	135	80	70	65
Transparenz, 1-mm-Platte (%)	60	49	35	35

Alle Proben mit gleichem MFR (230 °C/2,16 kg) von 25 g/10 min

2.3 Cycloolefincopolymere [COC]

Cycloolefine sind eine neue Klasse polymerer Werkstoffe, deren Eigenschaftsprofil in einem weiten Bereich variiert werden kann. Die grundsätzliche Struktur ist aus der nachfolgenden Formel zu erkennen. Es handelt sich hierbei um amorphe, transparente Copolymere auf der Basis von Cycloolefinen und Ethylen.

Aufgrund des variablen chemischen Aufbaus dieser Copolymere leitet sich ein besonderes Eigenschaftsbild ab:

Aufbau

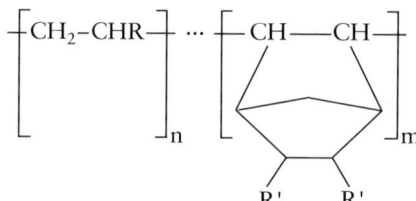

Struktur der Cycloolefincopolymere

Eigenschaften

Spezifische Eigenschaften von COC sind:
- einstellbare Wärmeformbeständigkeit,
- hervorragende optische Eigenschaften,
- geringe Wasseraufnahme und gute Barrierewirkung,
- relativ niedrige Dichte.

Ermöglicht wird diese Eigenschaftsvielfalt durch Metallocen-Katalyse.

Bild 2.4 gibt Einblick in die Wärmeformbeständigkeit derartiger Werkstoffe. Spezielle Strukturen sind hierbei bis nahezu 200 °C thermisch belastbar, ohne daß es zu signifikanten Abfällen bei der Steifigkeit kommt.

74

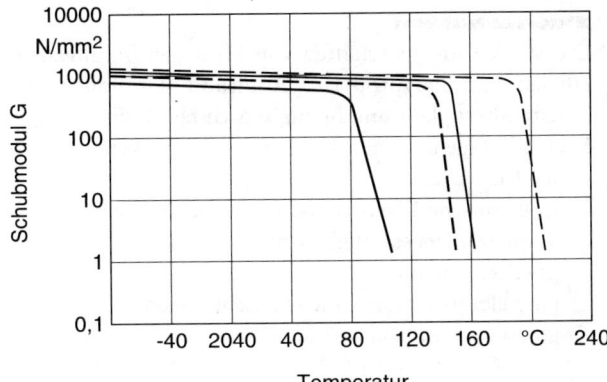

Bild 2.4
Schubmodul von COCs
in Abhängigkeit von der
Temperatur

Verarbeitung

Cycloolefine können wie andere Thermoplaste auch im Spritzgießverfahren, im Extrusions- und Spritzblasen sowie in der Extrusion verarbeitet werden.

Derzeit umfaßt das Sortiment verschiedene Versuchsprodukte, die sich insbesondere in ihrer Wärmeformbeständigkeit unterscheiden.

Anwendungen

Die höhere Transparenz von Cycloolefinen in Kombination mit einem Brechungsindex von 1,53 sind eine günstige Ausgangsbasis für optische Bauteile.

Cycloolefine eignen sich deshalb zur Herstellung von Hochleistungslinsen, wie sie z. B. in Kameras und Büromaschinen eingesetzt werden.

Weitere Anwendungen erschließen sich im Bereich optische Speichermedien (CD, CD-ROM) sowie in der Elektrotechnik als Kondensatorfolien.

2.4   Polybutylen (Polybuten) [PB]

Aufbau

Butylen   Polybutylen (Polybuten)

Polybuten wurde Anfang der 60er Jahre des 20. Jh. erstmals großtechnisch hergestellt. Der teilkristalline Thermoplast ist isotaktisch aufgebaut und hat ein sehr hohes Molekülgewicht (bis zu zehnmal höher als PE-LD).

75

Eigenschaften

Die Werkstoffeigenschaften von PB liegen im allgemeinen zwischen denen von Polyethylen und Polypropylen. Aufgrund des hohen Molekülgewichts sind allerdings Zeitstandfestigkeit und Spannungsrißbeständigkeit höher.

Folgende Eigenschaften kennzeichnen das Material:

☐ niedrige Dichte,

☐ mechanische Eigenschaften vergleichbar mit denen von PE,

☐ Temperaturbeständigkeit bis +100 °C,

☐ durchscheinend,

☐ gute elektrische und dielektrische Eigenschaften,

☐ gute Chemikalienbeständigkeit.

Verarbeitung

Trotz des hohen Molekülgewichts ist PB gut verarbeitbar. Es läßt sich oberhalb 190 °C (Massetemperaturen 190 bis 280 °C) gut spritzgießen, extrudieren und zu Hohlkörpern blasen. Das thermoelastische Umformen kann Schwierigkeiten bereiten, wenn nicht ausreichend abgekühlt wird. PB ist gut schweißbar.

Anwendungen

Warmwasserleitungen, Fußbodenheizungsrohre, Apparate für die chemische Industrie, Behälterauskleidungen, Rohre, Fittings.

2.5   Polyisobutylen [PIB]

Aufbau

Polyisobutylen ist das älteste Olefin-Polymerisat, das großtechnisch hergestellt wird. Es wurde bereits 1935 auf den Markt gebracht.

$$n \cdot \begin{array}{c} H \quad CH_3 \\ | \quad\ | \\ C = C \\ | \quad\ | \\ H \quad CH_3 \end{array} \longrightarrow \cdots \left[\begin{array}{c} H \quad CH_3 \\ | \quad\ | \\ C - C \\ | \quad\ | \\ H \quad CH_3 \end{array} \right]_n \cdots$$

Isobutylen   Polyisobutylen

PIB ist je nach Polymerisationsgrad ein viskoses Öl, eine plastisch-klebrige Masse oder ein rohgummiartiger Stoff.

76

Eigenschaften

PIB neigt sehr stark zum Kriechen; diese Kriechneigung kann durch Zumischen von Talkum, Ruß und PE-LD verbessert werden. Weitere wichtige Eigenschaften sind:

- [ ] niedrige Dichte,
- [ ] hohe Reißdehnung,
- [ ] Temperaturbeständigkeit von -30 bis $+65\,°C$,
- [ ] gute elektrische Eigenschaften,
- [ ] PIB ist beständig gegen Säuren, Laugen, Salze und bedingt beständig gegen Salpetersäure,
- [ ] nicht beständig ist es gegen Chlor, Brom und Chlorsulfonsäure,
- [ ] es quillt in aliphatischen, aromatischen und Chlorkohlenwasserstoffen,
- [ ] PIB ist gegen Sonnenlicht und UV-Strahlung nicht beständig (Ruß wirkt als UV-Stabilisator).

Verarbeitung

Die festen, kautschukartigen PIB-Typen werden ähnlich wie Kautschuk auf Walzwerken, in Knetern, durch Kalandrieren, Pressen und Extrudieren verarbeitet.

Die Verarbeitungstemperaturen liegen dabei zwischen 150 und 200 °C.

PIB kann außerdem in Lösungen und Dispersionen für das Beschichten verarbeitet werden.

Anwendungen

Aufgrund der unterschiedlichen Polymerisationsgrade wird PIB als Öl, Klebmasse oder als Folie zum Auskleiden und als Bahn für den Grundwasserschutz von Gebäuden eingesetzt.

Weitere Anwendungen

Dichtungsmassen, Wachsabmischungen zum Kaschieren und Beschichten, Abmischungen mit Polyolefinen zur Verbesserung der Verarbeitbarkeit.

2.6   Ionomere

Aufbau

Ionomere wurden 1964 erstmals auf den Markt gebracht. Sie werden hergestellt durch eine Copolymerisation von Ethylen mit z. B. 11% Acrylsäure. Die polaren Bindungen drängen die Kristallisation zurück; sie führen zu einer «ionischen Vernetzung». Gegenüber herkömmlichen Thermoplasten sind deshalb in diesen Kunststoffen sowohl Nebenvalenzkräfte als auch Ionenbindungen wirksam. Ionenbindungen sind besonders fest und für die bemerkenswerten physikalischen Eigenschaften dieser Stoffe verantwortlich.

Ionomere sind trotz der Ionenbindung echte Thermoplaste, denn bei höheren Temperaturen lösen sich die ionischen Bindungen, so daß der Kunststoff bei Temperaturen von 290 bis 330 °C thermoplastisch verarbeitet werden kann.

Ionomere sind gekennzeichnet durch:
- hohe Zähigkeit und Abriebfestigkeit,
- hohe Schlag- und Kerbschlagzähigkeit,
- hohe Transparenz,
- gute elektrische Eigenschaften,
- gute Spannungsrißbeständigkeit,
- Ionomere sind beständig gegen Säuren, Laugen, Fette, Öle und Lösungsmittel,
- sie sind nicht beständig gegen oxidierende Säuren, Alkohole, aromatische und chlorierte Kohlenwasserstoffe,
- die Witterungsbeständigkeit ist mit derjenigen der Polyolefine zu vergleichen.

Verarbeitung

Die Verarbeitung erfolgt durch Spritzgießen, Extrudieren, Blasformen und Warmumformen. Die Verarbeitungstemperaturen liegen dabei zwischen 150 °C (Umformen) und 300 °C (Urformen).

Anwendungen

Dünne transparente Beschichtungen, Klarsichtfolien, Flaschen für Pflanzenöle, Wein- und Fruchtsaftverpackungen, Hammerköpfe.

2.7 Polyvinylchlorid [PVC]

Nach 1920 wurde von der I.G.-Farben-Industrie ein brauchbares Polymerisationsverfahren für PVC entwickelt. 1931 lief die erste Produktionsanlage im IG.-Werk Ludwigshafen (bereits drei Jahre vorher in den USA) an.

Aufbau

PVC ist ein vorwiegend amorpher Kunststoff mit geringen kristallinen Anteilen (etwa 5%). Das bedeutet, daß die Stellungen der Chloratome in der Hauptkette hauptsächlich ataktisch (regellos) sind.

Vinylchlorid   Polyvinylchlorid

PVC ist ein Polymerisationsprodukt (Polymerisat). Die Makromolekülbildung kann sowohl in der Masse-, der Suspensions- als auch der Emulsionspolymerisation erfolgen.

Masse-PVC [PVC-M] ist ein sehr reines Produkt; die daraus hergestellten Erzeugnisse sind entsprechend hochwertig.

Suspensions-PVC [PVC-S] ist ähnlich dem PVC-M ein Produkt hoher Reinheit. Im Polymerisat sind lediglich geringe Mengen der für die Reaktion erforderlichen Schutzkolloide enthalten. Aus diesem Grund ist – wie beim PVC-M – die Herstellung glasklarer Produkte möglich, die sich gegenüber dem PVC-E durch deutlich bessere elektrische Eigenschaften auszeichnen.

Emulsions-PVC [PVC-E] enthält etwa 2,5% Emulgator, der zum Herstellen und Stabilisieren der Vinylchloridemulsion erforderlich ist und der als Verunreinigung angesehen werden muß. Allerdings bewirkt der Emulgator im allgemeinen eine leichtere Verarbeitung. Dieses Phänomen ist jedoch bei der Herstellung hochwertiger Erzeugnisse in den Hintergrund zu rücken. PVC wird heute zum größten Teil nach dem Suspensionsverfahren hergestellt.

Tabelle 2.8   Vergleich der PVC-Polymerisate

Vergleichsparameter	PVC-E	PVC-S	PVC-M
Teilchengröße [µm]	15 bis 300	60 bis 250	etwa 150
Mineralstoffe [%]	0,7 bis 2,5	<0,1	<0,01
Schüttdichte [g/ml]	0,35 bis 0,50	0,40 bis 0,65	
allgemeine Eigenschaften	optisch trüb	glasklar mechanisch, elektrisch und chemisch hochwertig	

Compoundierung
PVC wird vielfach als pulverförmiger Rohstoff geliefert und muß, um den verschiedenen Anforderungen zu genügen, mit Zusatz- und Hilfsstoffen versehen werden (compoundieren). Gebräuchliche Additive (Abschnitt 1.4) für PVC sind:

Wärmestabilisatoren
PVC hat einen sehr engen thermoplastischen Zustandsbereich und neigt bei der Verarbeitung leicht zur Zersetzung. Es muß daher stets wärmestabilisiert werden. Stabilisatoren für PVC müssen zwei Haupteigenschaften aufweisen:

   Bindungsfähigkeit von HCl und
   antioxidative Wirkung.

Dadurch werden die katalytischen Wirkungen von HCl und Sauerstoff aufgehoben.

Gleitmittel
Als Gleitmittel werden solche Stoffe eingesetzt, die gut verträglich mit der PVC-Schmelze sind und dadurch die Scherkräfte im Material verringern und die Fließfähigkeit erhöhen.

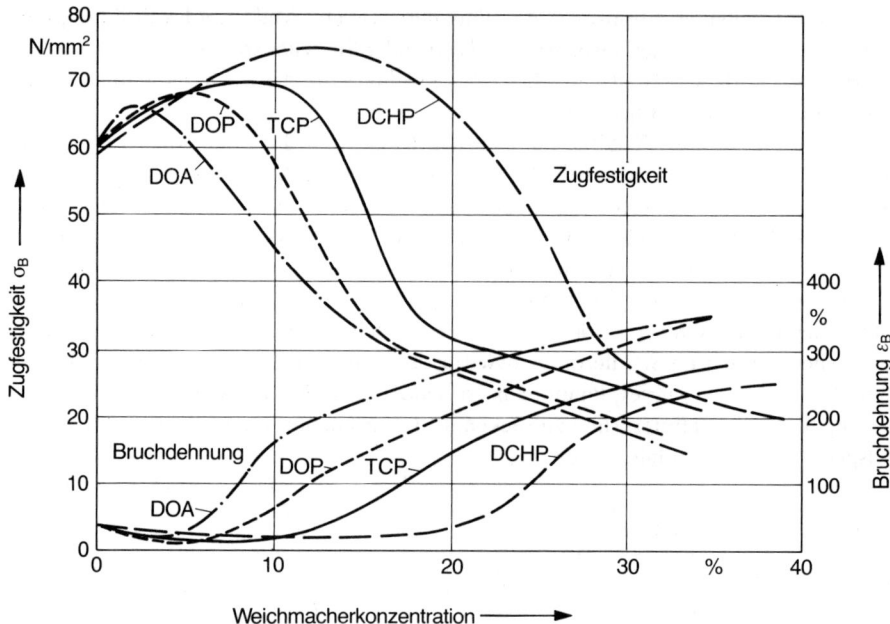

Bild 2.5 Zugfestigkeit und Bruchdehnung bei 23°C in Abhängigkeit von Art und Menge des Weichmachers [2]

DOP = Dioctylphthalat
TCP = Trikresylphosphat
DOA = Dioctyladipat
DCHP = Dicyclohexylphthalat

Weichmacher

Weichmacher haben die Aufgabe, das sonst harte und spröde Material über einen breiten Temperaturbereich weich und flexibel zu machen. Die eingesetzten Weichmacher müssen mit dem PVC verträglich sein sowie hohe Lichtechtheit als auch Thermostabilität besitzen. Zudem dürfen sie nicht aus dem Material auswandern. Dies ist vor allen Dingen dann genau zu prüfen, wenn PVC-weich-Produkte mit anderen Polymerwerkstoffen wie Lacken, Kunststoffen oder Klebstoffen in direkten Kontakt kommen. Eine weitere wichtige Forderung an Weichmacher ist die physiologische Unbedenklichkeit, um Risiken bei späterem Einsatz der Produkte auszuschließen. Den Einfluß von verschiedenen Weichmachern auf Bruchdehnung bzw. Zugfestigkeit zeigt Bild 2.5.

Der am häufigsten eingesetzte Weichmacher für PVC ist Dioctylphthalat [DOP]. Daneben haben noch Dioctyladipat [DOA] und Dicyclohexylphthalat [DCHP] Bedeutung.

Mittel zur Erhöhung der Schlagzähigkeit

Diese Substanzen werden meist dann eingesetzt, wenn weichmacherfreie Formmassen in bezug auf ihre Schlagzähigkeit verbessert werden sollen.

Häufigen Einsatz finden polymere Additive mit Elastomercharakter.

80

Füllstoffe

Füllstoffe sollen die Kosten einer PVC-Mischung senken und in bestimmten Fällen dem Werkstoff Eigenschaften verleihen, die er in reiner Form nicht besitzt. Wichtige Füllstoffe für PVC sind Kreide, Kieselsäure, Dolomit, Kaolin und Quarzmehl.

Pigmente

Pigmente werden zur Farbgebung eingesetzt. Sie müssen mit dem PVC verträglich sein.

Herstellung verarbeitungsfähiger Formmassen

Für die Einwirkung der Zusatz- und Hilfsstoffe sind drei Verfahren üblich:

☐ *Pulvercompoundierung*

Einmischen der Zusätze in Heizkühlmischersystemen bei Temperaturen zwischen 80 und 100 °C. Nur für PVC mit porösem Korn, das die flüssigen Zusatzstoffe aufnehmen kann. Es entsteht eine rieselfähige, trockene Mischung (dry blend).

☐ *Agglomeratherstellung*

Bei Temperaturen von 130 bis 140 °C werden die Zusatz- und Hilfsstoffe in den Mischer gegeben und von der plastischen Oberfläche der glatten Körner gut aufgenommen. Gleichzeitig tritt eine Agglomeratbildung ein.

☐ *Schmelzcompoundierung*

Das Herstellen von PVC-Granulat mit Innenknetern (Innenmischern), Mischwalzwerken oder Granulierextrudern.

Typisierung von PVC-Formmassen

Eine Typisierung von PVC-Formmassen ist in den DIN-Blättern 7716 Teil 1, 7747, 7748 Teil 1 und 7749 Teil 1 vorgenommen. Die wichtigsten Kurzzeichen und ihre Bedeutung sind:

PVC-U	Polyvinylchlorid unplasticized (PVC hart) und
PVC-P	Polyvinylchlorid plasticized (PVC weich).

Folgende weitere Bezeichnungen sind nach DIN-Rohrnormen und ISO gebräuchlich:

PVC-NI	Polyvinylchlorid normal impact (PVC normal schlagzäh),
PVC-RI	Polyvinylchlorid raised impact (PVC erhöht schlagzäh),
PVC-HI	Polyvinylchlorid high impact (PVC hoch schlagzäh).

Eigenschaften

Das allgemeine Eigenschaftsbild von PVC zeigt Tabelle 2.9.

Den Tabellen 2.10 und 2.11 lassen sich wichtige physikalische Eigenschaften für PVC-U- und PVC-P-Formmassen entnehmen.

Weichmacherfreies PVC hat relativ hohe mechanische Festigkeiten und zeigt bei Langzeituntersuchungen eine vergleichbar geringe Kriechneigung (Bild 2.6).

Tabelle 2.9   Allgemeine Eigenschaften von PVC-U und PVC-P

PVC hart [PVC-U]	PVC weich [PVC-P]
hohe mechanische Festigkeit, Steifigkeit und Härte	einstellbare Flexibilität
schlagempfindlich in der Kälte	Zähigkeit je nach Weichmachergehalt (temperaturabhängig)
hohe chemische Beständigkeit	Chemikalienbeständigkeit ist rezept- und temperaturabhängig
selbstlöschend nach Entfernen der Flamme	nicht selbstlöschend wegen des Weichmachergehalts
gute elektrische Eigenschaften (bei niedrigen Spannungen und Frequenzen)	

Tabelle 2.10   Physikalische Eigenschaften von PVC-U

Eigenschaften	Einheit	PVC-E	PVC-S	PVC-M	PVC-RI	PVC-HI	PVC-C
Zugfestigkeit	N/mm^2	50 bis 60	50 bis 60	50	45 bis 55	35 bis 50	50
Reißdehnung	%	10 bis 50	10 bis 20	40	20 bis 70	30 bis 100	10
Kerbschlagzähigkeit	mJ/ mm^2	2 bis 5	2 bis 4	2	5 bis 10	30 bis 50	2
Gebrauchstemperatur ohne mechanische Beanspruchung in Luft							
kurzzeitig	°C	75	75	75	70	70	100
langzeitig	°C	65	65	65	60	60	85
Vicat-Erweichungstemperatur (Verfahren B)	°C	70 bis 80	70 bis 80	78	80	75 bis 80	110
Spez. Durchgangswiderstand	Ω · cm	>10^{15}	>10^{15}	>10^{15}	>10^{15}	>10^{15}	>10^{15}

Tabelle 2.11   Physikalische Eigenschaften von PVC-P-Formmassen mit Dioctylphthalat als Weichmacher

Eigenschaften	Einheit	DOP-Gehalt in %	
		25	40
Dichte	g/cm^3	1,35	1,29
Reißfestigkeit	N/mm^2	29	20
Reißdehnung	%	240	350
Glasübergangstemperatur	°C	+10	−20
Spez. Durchgangswiderstand	Ω · cm	9,6 · 10^{14}	2 · 10^{13}
Gewichtsänderung 90 °C, 11 Tage in Luft	%	1,6	2,9

Bild 2.6
Isochrone Spannungs-
Dehnungs-Linien
von PVC-U bei 20 °C [1]

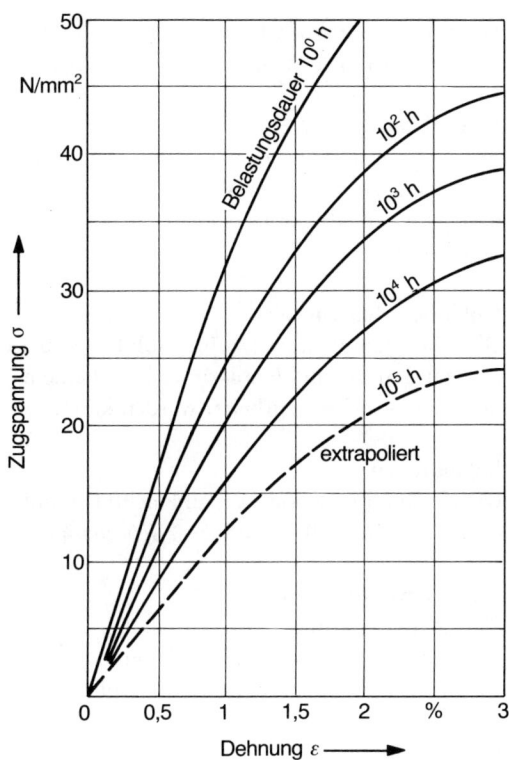

PVC ist beständig gegen Säuren, Laugen, Alkohole, Fette, aliphatische Kohlenwasserstoffe, Benzin (nur PVC-U), Waschmittel; es ist nicht beständig gegen aromatische und chlorierte Kohlenwasserstoffe, Ketone und Ester.

Die Chemikalienbeständigkeit von PVC-P hängt zudem von Weichmacherart und -gehalt ab.

PVC ist aufgrund seiner hohen Chemikalienbeständigkeit auch unempfindlich gegen Spannungsrißbildung.

PVC-U-Einstellungen weisen eine vergleichsweise gute Witterungsbeständigkeit auf.

PVC-P ist weniger witterungsbeständig als PVC-U, weil sich der Weichmacher negativ auswirkt. Je nach eingesetzten Stabilisatoren und sonstigen Zuschlagsstoffen ist PVC für die Lebensmittelverpackung zugelassen. Dies gilt nicht für PVC-P-Formmassen.

Verarbeitung
Spritzgießen
Beim Spritzgießen von PVC-Formmassen ist zu beachten, daß der Verarbeitungsbereich relativ eng ist und somit eine genaue Temperaturführung notwendig wird. Die Massetemperaturen liegen zwischen 180 und 210 °C je nach Art der eingesetzten

Formmasse. Spritzdrücke von 400 bis 1200 bar (PVC-P) und 1000 bis 1800 bar (PVC-U) sind üblich. Die Werkzeugtemperaturen werden zwischen 20 und 50 °C empfohlen.

Extrudieren
Besondere Beachtung beim Extrudieren ist auf die strömungsgünstige Auslegung der Werkzeuge zu richten, weil PVC relativ scherempfindlich ist. Die Massetemperaturen liegen etwas niedriger als beim Spritzgießen, und die Drücke befinden sich zwischen 75 und 200 bar.

Hohlkörperblasen
Die Massetemperaturen beim Hohlkörperblasen sind ähnlich zu wählen wie beim Spritzgießen. Es sind Hohlkörper bis zu einem Volumen von etwa 5 l herstellbar, weil nur ohne Speicher gearbeitet werden kann.

Kalandrieren
Beim Kalandrieren von PVC zu Flachfolien unterscheidet man ein Hochtemperaturverfahren 160 bis 210 °C und ein Niedertemperaturverfahren 145 bis 175 °C.

Halbzeugverarbeitung
PVC-Rohre, -Profile, -Tafeln und -Folien werden in vielfältiger Weise als Halbzeug weiterverarbeitet. Dabei spielt die gute Schweiß- und Klebbarkeit sowie das günstige Umformverhalten eine wesentliche Rolle.

PVC-U-Schäume
PVC-U ist gut schäumbar, wobei solche Schäume besonders im Profilbereich – z. B. Türzargen, PVC-Integralschaum u. ä. – eine große Rolle spielen, um relativ formstabile und leichte Produkte herzustellen. Das Treibmittel wird entweder schon der Formmasse oder dem plastischen Material im Extruder zugegeben.

PVC-P-Pasten
PVC-P-Pasten sind das wichtigste Beschichtungsmaterial für Trägerbahnen. Ebenso werden PVC-P-Pasten häufig im Umkehrbeschichtungsverfahren (ohne Träger) verarbeitet. Beide Produktionstechniken werden oft mit expandierbaren Pasten durchgeführt. Nach dem Abtrocknen des Lösungsmittels entstehen flexible, weiche Produkte, die als Halbzeuge weiterverarbeitet werden.

Anwendungen
PVC-U
Bauwesen
Rohre, Fittings, Fensterrahmen, Dachrinnen, Fassadenelemente, Rolladenprofile, Straßenleitpfosten.

84

Maschinen- und Apparatebau
Apparate für die chemische Industrie, Behälter, Auskleidungen, Druckrohre, Lüftungssysteme, Beschichtungen (Wirbelsintern).

Elektrotechnik
Isolierrohre, Kabelführungskanäle, Schallplatten.

Verpackungsindustrie
Flaschen (transparent), Becher, Skin- und Blisterverpackungen.

PVC-P
Bauwesen
Dichtungen, Fußbodenbeläge, Pendeltüren, Drahtummantelungen, Schläuche, Dachfolien, Schutzfolien, Bahnen im Erd- und Wasserbau.

Apparatebau
Auskleidungen, Beschichtungen, Schläuche, Dichtungen.

Elektrotechnik
Litzen- und Kabelummantelungen für niedrige Frequenzen, Stecker.

Sonstiges
Silofolien, PVC-beschichtete Gewebe, Zierprofile für die Möbelindustrie, Puppen, Schlauchboote, Bälle, Schläuche und Förderbänder für die Lebensmittelindustrie, Schuhsohlen, Tischdecken, Büroartikel.

2.7.1 PVC-Modifikationen

Die vielfältigen Einsatzgebiete von PVC lassen sich durch verschiedene Modifikationen noch erheblich erweitern. Folgende Eigenschaftsmerkmale lassen sich gezielt verbessern:

> Schlagzähigkeit in der Kälte,
> Verarbeitbarkeit,
> Wärmeformbeständigkeit.

Die Verbesserung der genannten Eigenschaften wird entweder durch Einmischen von Polymeren (Polyblend) oder durch Copolymerisation erreicht. Einige großtechnisch wichtige Verfahren werden nachfolgend beschrieben.

Mischungen von PVC mit chloriertem PE-HD (Abschnitt 2.1)
Durch Beimischen von chloriertem PE-HD wird die Schlagzähigkeit in der Kälte verbessert, während die restlichen Eigenschaften des Blends denen von PVC ähneln. Man unterscheidet nach dem Anteil von chloriertem PE-HD zwischen hochschlagzäh und erhöht schlagzäh.

Hauptanwendungsgebiete sind: Profile für die Außenanwendung, Fensterelemente, Apparatebau, Kühlmöbel u. a.

85

Mischungen von PVC und EVA-Copolymerisaten, EVA/VC-Pfropfpolymerisation
Durch den Zusatz von Ethylenvinylacetat wird ebenfalls die Schlagzähigkeit in der Kälte erhöht. Die Verträglichkeit von EVA mit PVC hängt von dem Vinylacetatanteil des EVA ab.

Die höchsten Werte in der Schlagzähigkeit werden erreicht mit Copolymerisation aus 45% VAC und 55% PE. Zwei grundsätzliche Möglichkeiten der Kombination von PVC und EVA sind bekannt:

Aufpfropfen von PVC auf EVA mit enem EVA-Anteil von 8% (Bild 2.7),

Mischen von EVA mit PVC mit einem EVA-Anteil von 7 bis 10%.

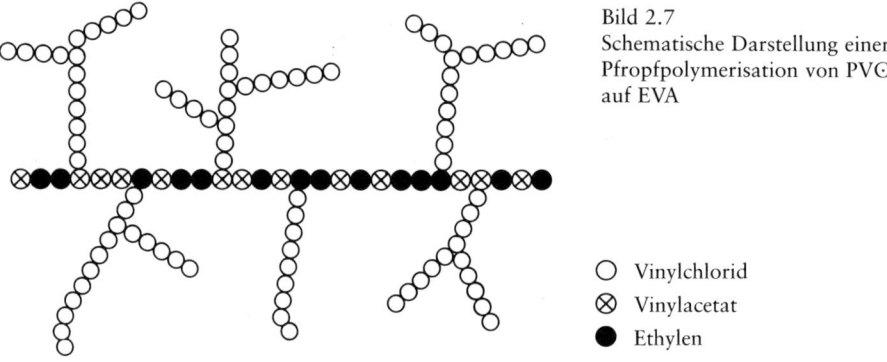

Bild 2.7
Schematische Darstellung einer Pfropfpolymerisation von PVC auf EVA

○　Vinylchlorid
⊗　Vinylacetat
●　Ethylen

Anwendungen
Rohre, Profile, warmformbare Folien und Tafeln, begehbare Dächer, Gebäudeverkleidungen und Türrahmenprofile.

Copolymerisate mit Vinylidenchlorid/Acrylnitril (Abschnitt 2.8)
Diese PVC-Modifikation hat folgende Zusammensetzung: 80 bis 85% VDC, 15 bis 20% VC und 2% Acrylnitril. Durch diese Kombination wird höhere Wärmestandfestigkeit und äußerst geringe Gas- und Wasserdampfdurchlässigkeit erreicht.

Anwendungen
Fäden, Borsten, Filter, Taue und Folien.

Nachchloriertes PVC [PVC-C]
Durch Nachchlorieren von PVC (bis zu 65% Chlor) wird eine Erhöhung der Formbeständigkeit in der Wärme erreicht. Durch diese Maßnahme liegen die Glasübergangsbereiche bei Temperaturen bis zu 130 °C bei gleichzeitig auftretender weiterer Verbesserung der Chemikalienbeständigkeit. Die Verarbeitung von PVC-C ist schwieriger als die von PVC.

Die Haupteinsatzgebiete von PVC-C liegen im Apparatebau vor allem für Einsätze bei erhöhter Temperatur und hoher chemischer Beanspruchung.

Copolymerisate mit Maleinimid
Durch die Copolymerisation mit Maleinimid wird eine wesentliche Erhöhung der Wärmestandfestigkeit erreicht. Die Anteile Maleinimid betragen 5 bis 7%.

Die Hauptanwendungen dieser Produkte liegen in der Lebensmittelindustrie bei der Verpackung von heißen Speisen (z. B. Milch, Marmelade).

Weitere Modifikationen
Mischungen von PVC und ABS für die Herstellung von warm- oder kaltverformbaren Teilen für die Automobilindustrie.

2.8   Polyvinylidenchlorid [PVDC]

Aufbau
Polyvinylidenchlorid ist ein teilkristalliner Kunststoff mit folgender Strukturformel:

$$n \cdot \underset{\underset{Cl}{|}}{\overset{\overset{Cl}{|}}{C}} = \underset{\underset{H}{|}}{\overset{\overset{H}{|}}{C}} \longrightarrow \cdots \left[\underset{\underset{Cl}{|}}{\overset{\overset{Cl}{|}}{C}} - \underset{\underset{H}{|}}{\overset{\overset{H}{|}}{C}} \right]_n \cdots$$

Vinylidenchlorid   Polyvinylidenchlorid

Die Kristallinität wird durch den symmetrischen Aufbau der Makromoleküle herbeigeführt. PVDC ist als Homopolymerisat nicht erhältlich, weil es sehr schwierig zu verarbeiten ist. Handelsüblich sind Copolymerisate mit 15 bis 20% Vinylchlorid oder mit 13% Vinylchlorid und 2% Acrylnitril (Abschnitt 2.7).

Eigenschaften
Die kennzeichnenden Eigenschaften von PVDC sind
□ hohe Festigkeit,
□ hohe Härte und Abriebfestigkeit,
□ gute Chemikalienbeständigkeit,
□ äußerst geringe Gas- und Wasserdampfdurchlässigkeit.

Verarbeitung
Die Verarbeitung von PVDC weist gegenüber dem PVC einige Besonderheiten auf. Wegen des hohen Chlorgehalts und der damit verbundenen Gefahr der HCl-Abspaltung dürfen nur eisenfreie Werkstoffe mit der Schmelze in Berührung kommen. Bedingt durch die Kristallinität sind höhere Werkzeugtemperaturen (80 bis 90 °C) üblich. Die Massetemperaturen bei der Verarbeitung liegen zwischen 150 und 200 °C.

PVDC wird zur Herstellung von Fäden, Borsten, Filtern und Bezugsstoffen sowie für Folien verwendet. Folien aus PVDC werden zum Verpacken feuchtigkeitsempfindlicher oder fettender Güter verwendet. PVDC-Dispersionen auf Wasserbasis dienen als Lacke und Beschichtungsmaterialien (z. B. zum Beschichten von Papier, um wasserdampf-dichte und fettfeste Produkte zu erhalten).

2.9   Polystyrol [PS] und Styrol-Copolymerisate

Etwa ab 1930 wurde die technische Polymerisation von Styrol im Werk Ludwigshafen der I.G.-Farben-Industrie aufgenommen. In den fünfziger Jahren wurden durch Copo-lymerisation des Styrols und durch Mischen mit elastischen Komponenten neue Formmassen entwickelt. Dadurch wurde der Weg an die dritte Stelle der Massenkunst-stoffe geebnet. Einen Überblick über die Polystyrole und ihre Modifikationen zeigt Bild 2.8.

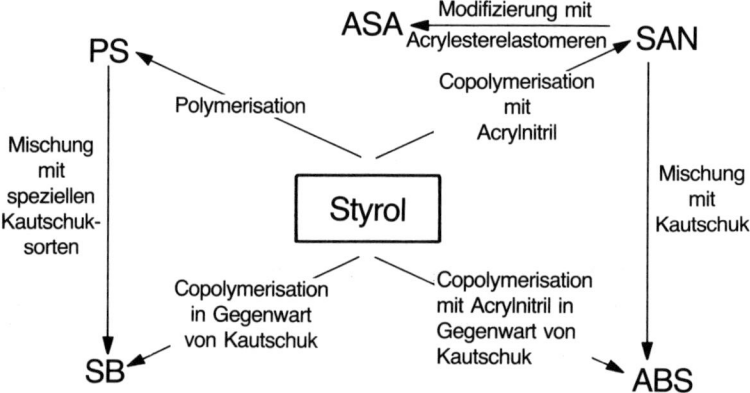

Bild 2.8   Polystyrol und Styrol-Copolymerisate

Aufbau

Polystyrol ist aufgrund seiner im Kettenverband ataktisch angeordneten Benzolringe ein amorpher Thermoplast. Die Herstellung erfolgt durch Polymerisation von Styrol nach dem Emulsions-, Suspensions- oder Masseverfahren (Abschnitt 2.7). Es entsteht ein glasklares Polymerisat.

Eigenschaften

Polystyrol weist folgende Eigenschaften auf:

☐ große Härte und Formstabilität,
☐ relativ große Sprödigkeit (besonders bei leichtfließenden Typen),
☐ große Steifigkeit mit hoher Zugfestigkeit und niedriger Reißdehnung.
☐ PS besitzt eine Wärmeformbeständigkeit von etwa 80 °C,
☐ im nicht gefärbten Zustand ist es glasklar (Lichtdurchlässigkeit ~ 90% im Bereich des sichtbaren Lichts),
☐ brillante Oberfläche,
☐ sehr gutes elektrisches Isolierverhalten,
☐ PS ist unempfindlich gegen Feuchtigkeit,
☐ sehr geringe Wasseraufnahme,
☐ PS ist beständig gegen Basen, Alkalien, Salzlösungen, verdünnte Mineralsäuren sowie Waschmittel,
☐ PS ist nicht beständig gegen chlorierte und aromatische Kohlenwasserstoffe, konzentrierte Schwefelsäure, Ether, Ester, Ketone und Benzine,
☐ durch Sonnenlicht vergilbt und versprödet PS, deshalb ist es nicht für den Außeneinsatz anzuwenden,
☐ PS neigt zu Spannungsrißbildung – dies ist bereits an Luft möglich –, besonders in Verbindung mit Aromastoffen,
☐ PS ist geruchs- und geschmacksneutral, physiologisch unbedenklich.

Neben den PS-Grundtypen (Formmassen DIN 7741) gibt es Formmassen mit speziellen Ausrüstungen für besondere Anforderungen, z. B.:

☐ treibmittelhaltige Typen für Partikelschaum und Formteile,
☐ brandschutzausgerüstete Typen zur Verbesserung des Brandverhaltens,
☐ antistatisch ausgerüstete Typen zur Verhinderung von Staubfiguren.

Verarbeitung

PS läßt sich durch Extrudieren und Spritzgießen gut verarbeiten. Durch die breite Palette von Formmassen sind das Extrusionsblasformen, das Spritzblasen und auch das Thermoformen geeignete Verarbeitungsverfahren. Durch die gute Fließfähigkeit der Thermoplastschmelze ist die Verarbeitung problemlos. Spritzgegossene Teile weisen in Fließrichtung Orientierungen auf, die zu einem Abfall der mechanischen Festigkeit quer zur Fließrichtung führen können. Die Sprödigkeit von PS kann zum Teil durch Recken beseitigt werden. Gereckte Fäden und Bändchen dienen u. a. zum Umspinnen und Umwickeln von Kabeln.

Formteile und Halbzeuge können geschweißt und geklebt werden.

2.9.1 Polystyrolschaum

Polystyrol läßt sich gut verschäumen. Man unterscheidet zwischen
dem Styropor-(Partikelschaum-) [PS-E],
dem Styrofoam-(Extrusionsschaum-) und
dem Strukturschaumverfahren [TSG].

Tabelle 2.12 Physikalische Eigenschaften von Polystyrol [PS] und seinen Modifikationen

Eigenschaften	Einheit	DIN-Norm	PS	SB	SAN	ASA
Dichte	g/cm^3	53479	1,05	1,04	1,08	1,07
Spannung an der Streckgrenze	N/mm^2	53455	60	22 bis 40	70	50
Dehnung an der Streckgrenze	%	53455	3		3	
Schlagzähigkeit		53453				
bei + 23 °C	kJ/m^2		24	60	20	50
bei − 40 °C	kJ/m^2		−	50	20	40
Kerbschlagzähigkeit		53453				
bei + 23 °C	kJ/m^2		~2	~6	~3,5	~8
bei − 40 °C	kJ/m^2		−	~4	~3,5	~2
Kugeldruckhärte	N/mm^2	53456	~160	~120	~160	~90
E-Modul (aus Zugversuch)	N/mm^2	53457	3500	3000	3800	2900
Lineare Wärmedehnzahl	1/K	−	$6 \cdot 10^{-5}$	$8 \cdot 10^{-5}$	$7 \cdot 10^{-5}$	$8 \cdot 10^{-5}$
Gebrauchstemperatur ohne mechanische Beanspruchung an Luft						
kurzzeitig	°C	−	80	85	100	100
langzeitig	°C	−	75	75	90	95
Vicat-Erweichungstemperatur (Verfahren B)	°C	53460	~95	~85	~100	~95
Spez. Durchgangswiderstand	Ω · cm	53482	10^{18}	$5 \cdot 10^{16}$	10^{16}	10^{14}
Wärmeleitzahl	W/m · K	−	0,14	0,16	0,15	−
Dielektrischer Verlustfaktor						
50 Hz	−	53483	bis $4 \cdot 10^{-4}$	bis $4 \cdot 10^{-4}$	bis $90 \cdot 10^{-4}$	−
10^6 Hz	−		bis $4,5 \cdot 10^{-4}$	bis $8 \cdot 10^{-4}$	bis $110 \cdot 10^{-4}$	$250 \cdot 10^{-4}$
Dielektrizitätszahl (bis 10^6 Hz)	−	53483	2,5	2,6	2,9	3,4
Wasseraufnahme	%	53495	<0,1	<0,1	0,2 bis 0,6	0,2 bis 0,4

Beim Styroporverfahren [PS-E] (etwa ab 1950) wird ein treibmittelhaltiges Perlgranulat (Perlendurchmesser 0,5 bis 2,0 mm, Treibmittel leichtflüchtige Kohlenwasserstoffe) in der 1. Stufe durch einen Dampfstoß zu etwa erbsengroßen Schaumkugeln mit geschlossener Zellstruktur vorgeschäumt. Nach einer Zwischenlagerzeit werden die vorgeschäumten Perlen in einer 2. Stufe durch Dampf weiter aufgeschäumt und zum Verschweißen miteinander gebracht. Dadurch entstehen Blöcke (Platten) oder Formteile mit guter Festigkeit, sehr geringer Wasseraufnahme und Wasserdampfdurchlässigkeit und sehr gutem thermischem Isoliervermögen, mit Raumgewichten von 15 bis 50 kg/m^3. Das blähfähige Perlgranulat läßt sich durch Suspensionspolymerisat in Gegenwart von Treibmittel herstellen.

Beim Styrofoamverfahren (etwa ab 1964) wird ein physikalisches Treibmittel (teilhalogenierte FCKW bzw. seit Ende 1994 das umweltverträgliche Cyclopentan oder Kohlendioxid) unter Druck in den Extruder eingeleitet (Direktbegasung). Der wirksame Druck im Extruder muß größer sein als der Dampfdruck des Treibmittels. Das flüssige Treibmittel vermischt sich mit der Polystyrolschmelze, die durch den Druckabfall des Treibmittels bei Austritt aus der Extruderdüse dann zu einem geschlossenzelligen, harten Schaumprodukt (Bahnen oder Schläuche) expandiert. Die nach diesem Verfahren hergestellten Folien und Tafeln haben größere Dichte (Raumgewichte 60 bis 200 kg/m^3), sind formstabiler als Teile aus PS-Partikelschaum und werden überwiegend durch Thermoformen weiterverarbeitet.

90

Beim Strukturschaumverfahren (TSG = thermoplastischer Strukturschaumspritzguß) werden auf konventionellen oder speziell ausgerüsteten Spritzgießmaschinen (mit Verschlußdüse) durch Zusatz eines chemischen Treibmittels geschäumte Formteile mit Dichten zwischen 0,5 und 0,9 g/cm^3 hergestellt.

Die Treibmittel können auf das Granulat aufgetrommelt bzw. im Direktbegasungsverfahren der Plastifiziereinheit zugeführt werden. Der Staudruck, der über dem Gasdruck des Treibmittels liegt, verhindert das vorzeitige Aufschäumen der Schmelze im Zylinder. Deshalb muß eine Verschlußdüse verwendet werden.

Die Vorteile geschäumter Formteile sind:
☐ Materialersparnis bei gleicher Wanddicke,
☐ höhere Steifigkeit wegen größerer Wanddicke bei gleichem Gewicht,
☐ keine Einfallstellen, auch bei Wanddicken über 5 mm,
☐ keine Orientierungen und Spannungen.

Das TSG-Verfahren wird hauptsächlich für die Formmassen aus PS, SB und ABS angewandt.

Anwendungen

Verpackungen
für Kosmetika, Medikamente, empfindliche Geräte, Uhren, Elektronikbausteine u. a.

Haushaltsartikel
Gemüseschalen, Frischhaltebehälter, Blumentöpfe, Tortenplatten, Einwegtrinkbecher, Partygeschirr.

Elektroindustrie
Ton- und Filmspulen, Relaisteile, Elektroisolierfolien, Kühlschrankteile.

Geschäumte Teile
Wärmeschutz- und -dämmplatten sowie Trittschalldämmung für Hoch-, Tief-, und Fahrzeugbau, Einweggeschirr als Warmhaltebehälter, Verpackungen für stoßempfindliche Güter.

SPS – syndiotaktisches Polystyrol –
wird unter Verwendung von Metallocen-Katalysatoren als neuer Werkstoff aus der Polystyrol-Familie ab 1996 angeboten.

Eigenschaften
☐ sehr hohe Wärmeformbeständigkeit,
☐ besonders gute elektrische Eigenschaften,
☐ Kristallitschmelzpunkt 270 °C.

Anwendung
SPS steht im Wettbewerb mit den technischen Kunststoffen PPS, PA und PBT in den Anwendungsgebieten Elektrotechnik und Anlagenbau.

2.9.2   Polystyrol schlagfest [SB]

Aufbau

SB wird heute nach zwei Verfahren hergestellt:

☐ Die rein physikalische Mischung von Polystyrol mit Butadienkautschuk ergibt schlagzähe Typen, die vielen Anforderungen der Praxis genügen.

☐ Die Copolymerisation wird durchgeführt, indem ein Polystyrol-Pfropfcopolymerisat mit Butadien aufgebaut wird. In der Standard-Polystyrolphase ist dabei die Elastomerkomponente des Butadienkautschuks in kugelförmigen Teilchen verteilt.

Styrol   Butadien

Eigenschaften

Polystyrol schlagfest weist folgende Eigenschaften auf:

☐ SB ist steif bis flexibel,

☐ große Formstabilität,

☐ hohe Schlagzähigkeit, auch in Kälte bis − 40 °C,

☐ SB ist wenig kerbempfindlich,

☐ im nicht gefärbten Zustand ist SB wegen der Butadienkomponente opak.

Glasklares, hochschlagfestes SB gibt es als Styrol-Butadien-Blockcopolymer.

> Nach einem speziellen Verfahren wird der Kautschuk lamellenartig so fein verteilt, daß praktisch keine Lichtstreuung mehr in Erscheinung tritt.

☐ SB besitzt hochglänzende bis seidenmatte Oberflächen,

☐ höhere Wasseraufnahme als PS,

☐ SB ist geruchs- und geschmacksneutral und physiologisch unbedenklich,

☐ die chemischen Eigenschaften sind denen des Polystyrols gleich,

☐ SB ist spannungsrißbeständiger als PS,

☐ geringe Witterungsbeständigkeit, daher nicht für den Außeneinsatz anzuwenden.

SB ist auch EPDM-modifiziert erhältlich, wobei diese Formmassen witterungsbeständiger sind als nur Butadien-modifizierte.

Neben den SB-Grundtypen (Formmassen DIN 16771) gibt es wie bei den PS-Typen Formmassen mit speziellen Ausrüstungen für besondere Anforderungen, z. B. glasfaserverstärkte Typen zur Verbesserung der Steifigkeit und ein reichhaltiges Sortiment an Polyblends.

92

Verarbeitung

Die Verarbeitbarkeit ist vergleichbar mit der des Polystyrols.

Anwendungen

SB ist durch seine Schlagzähigkeit ein vielseitig verwendbarer Werkstoff; er wird im allgemeinen dort eingesetzt, wo auch PS Verwendung findet.

Verpackungen
Trinkbecher für Automaten, Sortierkästen, Stapelkästen, Verpackungen für Molkereiprodukte.

Haushaltsartikel
Kleiderbügel, Gehäuse für elektrische Geräte, Toilettenartikel, Kühlschrankinnenbehälter.

Elektroindustrie, Kommunikationstechnik
Verteilerdosen, Radio-, Fernsehgeräte- und Computergehäuse, Tonbandkassetten, Fernsehgeräterückwände, Kühlschrankteile, Druckgehäuse, Telefaxgeräte

Fahrzeugbau
Lüftergehäuse.

Geschäumte Teile
Balkonkästen, Möbelteile, Badezimmerartikel, Phono- und Computergehäuse, Haushaltsartikel, Gartenmöbel.

Sonstiges
Technische Teile, Spielwaren.

2.9.3   Styrol-Acrylnitril-Copolymerisat [SAN]

Aufbau

SAN entsteht durch Copolymerisation von Styrol und Acrylnitril (im Verhältnis von 76% Styrol und 24% Acrylnitril), wobei die Monomerbausteine statistisch verteilt in der Polymerkette eingebaut sind.

Styrol   Acrylnitril

Eigenschaften

SAN zeigt gegenüber PS folgende Eigenschaftsverbesserungen:
- □ höhere Steifigkeit, Zähigkeit und Kratzfestigkeit,
- □ durch Verstärkung mit Glasfasern wird eine wesentliche Verbesserung der Festigkeit und des E-Moduls erreicht,
- □ höhere Temperaturwechselbeständigkeit und Wärmeformbeständigkeit (bis 90 °C einsetzbar),
- □ SAN-Formmassen sind im nicht gefärbten Zustand glasklar, werden jedoch mit steigendem Acrylnitrilgehalt (bis 30%) gelblich,
- □ höhere Beständigkeit gegenüber Ölen, Fetten und Aromastoffen (mit steigendem Acrylnitrilgehalt wird die Beständigkeit noch verbessert),
- □ größere Resistenz gegen Spannungsrißbildung.

Neben den SAN-Grundtypen (Formmassen DIN 16775) gibt es verschiedene Sondertypen für besondere Anforderungen.

Verarbeitung

SAN ist verarbeitbar wie PS, kann aber bei ungünstiger Lagerung Feuchtigkeit aufnehmen. Es ist deshalb empfehlenswert, die Formmasse vor der Verarbeitung etwa 4 h bei 80 °C vorzutrocknen oder eine Plastifiziereinheit mit Entgasungszylinder zu verwenden.

Anwendungen

SAN wird durch seine gegenüber PS besseren Eigenschaften bevorzugt im technischen Bereich eingesetzt.

Elektrotechnik
Videokassetten und -kassettenschachteln, Plattenspielergehäuse, Chassis für Fernsehgeräte, Skalenscheiben, Gehäuse für Starterbatterien.

Fahrzeug- und Maschinenbau
Scheinwerfergehäuse, Rückstrahler, Handschuhkästen, Träger für Armlehnen, Gehäuse für Uhren, Druckfilterglocken.

Haushaltsartikel
Isolierkannenbehälter, Dunstabzugshauben, Geschirrteile, Kaffeefilter, Bedienungsknöpfe.

Sonstiges
Verpackungen für Lebensmittel, Kosmetika u. a.

2.9.4 Acrylnitril-Butadien-Styrol-Terpolymere [ABS]

Aufbau

ABS-Polymere sind Dreistoff-Formmassen. Unter den zahlreichen Modifikationen haben die Pfropfpolymerisate von Polybutadien mit dem Copolymerisat «Styrol-Acrylnitril» [SAN] die größte technische Bedeutung erlangt.

Um eine gute Verträglichkeit zwischen der SAN-Matrix und den Polybutadienteilchen zu erzielen, sind die einzelnen Elastomerpartikel mit einer Pfropfhülle aus SAN umgeben.

Styrol   Butadien   Acrylnitril

Eigenschaften

ABS hat folgende kennzeichnende Eigenschaften:

☐ hohe Schlag- und Kerbschlagzähigkeit auch bei tiefen Temperaturen (bis − 40 °C),
☐ hohe Kratzfestigkeit und Härte,
☐ hohe Zähigkeit – dadurch sehr gut geeignet für Metalleinlegeteile,
☐ gutes Schalldämpfungsvermögen durch die hohe mechanische Dämpfung (der Butadienkautschuk wirkt wie ein mechanischer Stoßdämpfer),
☐ hohe Formbeständigkeit in der Wärme und Temperaturwechselfestigkeit (bis 100 °C),
☐ hoher Oberflächenglanz bei Pfropfpolymerisaten (bei Polymerisatgemischen etwas mattere Oberflächen),
☐ geringe Wasseraufnahme,
☐ gute Chemikalienbeständigkeit,
☐ gute Spannungsrißbeständigkeit.

Neben den ABS-Grundtypen (Formmassen DIN 16772) gibt es wie bei den PS-Grundtypen Formmassen mit speziellen Ausrüstungen für besondere Anforderungen und Anwendungen. Ein Sondertyp ist erhältlich für die Herstellung galvanisierter Kunststoffteile (Tab. 2.13).

Das ABS-Sortiment umfaßt des weiteren neben den Terpolymerisaten zahlreiche Polymerenmischungen. Die nicht mit Butadienkautschuk modifizierten Terpolymerisate werden als AXS-Produkte bezeichnet. Das X steht als Symbol für die Elastomerenkomponente. Die Eigenschaften der Compounds von ABS mit anderen Polymeren hängen vom Mengenverhältnis der einzelnen Komponenten ab. Als handelsübliche Kombinationen sind erhältlich:

ABS/PVC-Legierungen

Diese Mischungen sind selbstverlöschend; ABS dient als «Schlagfestmacher» für PVC hart und auch als Verarbeitungshilfe für PVC.

ABS/PC-Blend

Mit diesen Mischungen können Formteile mit hoher Schlagzähigkeit (bis $-50\,°C$) und hoher Wärmeformbeständigkeit (bis $+115\,°C$) gefertigt werden.

ABS/PUR-Blends

Sie führen zu Produkten mit sehr hoher Kälteschlagzähigkeit – die PUR-Komponente verbessert die Abriebfestigkeit; das Fließverhalten dieser Blends ist ausgezeichnet, so daß relativ dünnwandige Formteile gespritzt werden können.

Tabelle 2.13 Physikalische Eigenschaften von ABS

Eigenschaften	Einheit	DIN-Norm	ABS	ABS mit 30% GF	Galvanotyp
Dichte	g/cm³	53479	1,03 bis 1,06	1,19	1,04 bis 1,06
Spannung an der Streckgrenze	N/mm²	53455	40 bis 60	~80	40 bis 54
Dehnung an der Streckgrenze	%	53455	~3	~2	~3
Schlagzähigkeit		53453			
bei $+23\,°C$	kJ/m²		80 bis o. Br.	~14	o. Br.
bei $-40\,°C$	kJ/m²		50 bis 80	~10	~70
Kerbschlagzähigkeit		53453			
bei $+23\,°C$	kJ/m²		6 bis 20	5	8 bis 14
bei $-40\,°C$	kJ/m²		3 bis 10	–	5 bis 8
Kugeldruck-härte H 30	N/mm²	53456	60 bis 100	150	80 bis 95
E-Modul (aus Zug-versuch)	N/mm²	53457	1500 bis 2500	6000	2000 bis 2600
Lineare Wärme-dehnzahl	1/K	–	8 bis $12 \cdot 10^{-5}$	$5 \cdot 10^{-5}$	–
Gebrauchstempera-tur ohne mechani-sche Beanspruchung an Luft					
kurzzeitig	°C	–	95 bis 105	110	–
langzeitig	°C	–	85 bis 90	100	–
Vicat-Erweichungs-temperatur (Verfahren B)	°C	53460	90 bis 98	–	–
Spez. Durchgangs-widerstand	$\Omega \cdot cm$	53482	10^{15} bis 10^{16}	10^{15}	–
Wärmeleitzahl	W/m · K	–	0,17	0,20	–
Dielektrischer Ver-lustfaktor					
50 Hz	–	53483	0,005 bis 0,012	0,029	–
10^6 Hz	–		0,006 bis 0,015	0,016	–
Dielektrizitätszahl (bis 10^6 Hz)	–	53483	2,4 bis 3,2	–	–
Wasseraufnahme	%	53495	0,2 bis 0,26	0,15 bis 0,18	

Bild 2.9
Chemisches Aufrauhen beim
Galvanisieren

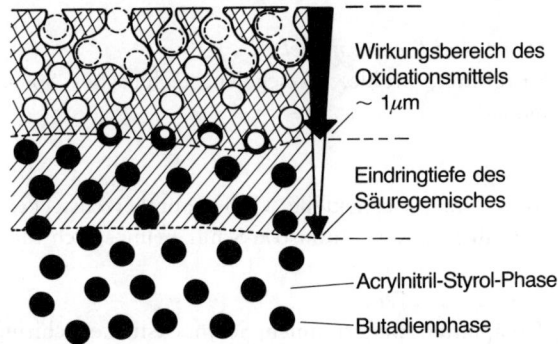

Wirkungsbereich des
Oxidationsmittels
~ 1 μm

Eindringtiefe des
Säuregemisches

Acrylnitril-Styrol-Phase

Butadienphase

Nachteilig bei allen ABS-Formmassen sind die geringe Witterungsbeständigkeit und die fehlende Transparenz wegen des Gehalts an Butadien. Um den Einsatz dieser Form-stoffe für Anwendungen im Freien zu ermöglichen, wurde das Butadien durch eine andere Elastomerkomponente ersetzt (2.9.5).

Verarbeitung

ABS-Formmassen können wie die anderen Polystyrole verarbeitet werden. Weil bei ungünstiger Lagerung vom ABS Feuchtigkeit aufgenommen werden kann, wird vor der Verarbeitung eine Vortrocknung des Granulates bei 85 °C über 2 bis 4 h empfohlen.

Formteile aus speziellen Galvano-ABS-Typen können durch Galvanisieren mit einer festhaftenden Metallschicht versehen werden. Die gute Haftung wird dadurch erzielt, daß durch Beizen die Elastomerkomponente (Polybutadien) aus der Oberfläche des Formteils herausgelöst wird und Kavernen (Hohlräume) entstehen, die eine mechani-sche Verankerung von Metallen ermöglichen und damit eine Basis für das galvanische Beschichten schaffen (vgl. Bild 2.9).

Eine neue Technologie zur Direktgalvanisierung von ABS wurde von der Atotech ent-wickelt. Mit dem innovativen Verfahren «*Futuron*» beginnt ein neues Zeitalter in der metallischen Beschichtung von Kunststoffen. Die Vorteile von «Futuron» liegen u. a. in der Verkürzung der Verfahrensabläufe und der Abwasserbehandlung.

Anwendungen

ABS wird durch seine guten Eigenschaften bevorzugt im technischen Bereich eingesetzt:

Elektro- und Phonoindustrie
Telefone, Computergehäuse, Lampen, Uhren, Büromaschinen, Filmapparate, Projek-toren, Kopiergeräte, Tragbare-Farbfernsehgeräte-Gehäuse, Chassis und Frontblenden für HiFi-Anlagen, Videokassetten, Videokameragehäuse.

Fahrzeugbau
Armaturenbretter, Karosserieteile, Kühlerblenden, Heizungsgehäuse und -gebläse, Autoverbandkästen, Rückleuchtengehäuse, Radkappen, Spoiler.

Sanitärbereich
Armaturen (galvanisiert), Rohre, Fittings, WC-Spülkästen.

97

Sport- und Freizeitartikel
Surfbretter, Stühle, Sitzschalen, technisches Spielzeug, Flugzeug- und Eisenbahn-
modelle.

Sonstige
Koffer- und Gepäckteile, Christbaumkerzenstecker, Haartrocknerteile, Teile für die
Luftfahrtindustrie, Industrie-Schutzhelme, auch für den Bergbau.

Geschäumte Teile
Tischplatten, Bilderrahmen, Schmuckstücke, Schirmgriffe, Eiskübel, Sitzmöbel, Werk-
zeughandgriffe.

2.9.5 Acrylester-Styrol-Acrylnitril-Terpolymere [ASA]

Aufbau
ASA ist bis auf die ausgetauschte Elastomerkomponente (Acrylester) mit ABS identisch. Der Acrylester ist in Form sehr kleiner Partikel gleichmäßig in dem SAN-Gerüst
verteilt und durch die aufgepfropften SAN-Ketten damit verbunden. ASA ist ein
Polymerengemisch.

Eigenschaften
☐ Sehr gutes antielektrostatisches Verhalten,
☐ ASA ist ein auch in der Kälte schlagzäh modifizierter Werkstoff mit sehr guter
   Witterungsbeständigkeit durch den Acrylester.
   Formteile aus ASA sind für Außenanwendungen hervorragend geeignet; es besteht
   eine ausgezeichnete Alterungs- und Witterungsbeständigkeit.
☐ hervorragende Wärmealterungsbeständigkeit,
☐ günstiges Foggingverhalten,
☐ Die sonstigen Eigenschaften sind mit denen von ABS vergleichbar.
Die Formmassen sind typisiert (DIN 16777).

Verarbeitung
ASA-Formmassen können wie die anderen Polystyrole verarbeitet werden. Die Formmassen müssen 3 bis 4 h bei 85 °C vorgetrocknet werden.

Anwendungen
Hervorragend für die unterschiedlichsten Außenanwendungen geeignet wie für:
Signalampelgehäuse, Verkehrszeichen, Hinweis- und Werbeschilder, Sprechfunkgeräte
und Telefonapparate, Verkleidungen an landwirtschaftlichen Maschinen, Wohn-
wagenverkleidungen, Wasserschlauchstecksysteme, Kabeltrommelgehäuse für Rasen-
mäher, Außenspiegel, Antennenanlagen, Rohre für heißwasserbeständige Abflußlei-
tungen.

2.10   Polymethylmethacrylat [PMMA], Acrylglas

Nach Untersuchungen von Röhm Ende des 19. Jh. an Acryl- und Methacrylverbindun-
gen wurde 1933 bei Röhm & Haas in Darmstadt Methylester der Methacrylsäure zu
harten, glasklaren Blöcken polymerisiert. Später wurden Produktionsstätten für Poly-
methacrylester auch in England bei ICI und in den USA bei Du Pont aufgebaut.

Aufbau

Die Methacrylsäureester werden bei radikalischen Polymerisationsreaktionen zu hochmolekularen Produkten mit amorphem Gefüge umgesetzt. Es entstehen glasklare
Polymerisate mit unterschiedlichen Molekülgewichten, das Molekülgewicht beeinflußt
die Verarbeitbarkeit.

Methylmethacrylat   Polymethylmethacrylat

Homopolymeres PMMA ist relativ spröde. Durch Mischen mit weichen, eine zähe
Komponente enthaltenden Pfropfpolymerisaten mit modifiziertem Polyacrylester oder
anderen Elastomeren können hochschlagzähe Formmassen hergestellt werden.

Durch Copolymerisation mit Acrylnitril wird die chemische Beständigkeit erhöht
und das Mischpolymerisat Acrylnitril-Methylmethacrylat [AMMA] gewonnen.

Bei (Acrylnitril-)AN-Gehalten von mehr als 50% wird vor allem die Schlagzähigkeit
entscheidend verbessert. Das glasklare Produkt hat eine leicht gelbliche Eigenfarbe
wegen der in der Wärme gebildeten zyklischen Strukturen.

Weitere Copolymere werden aus Methylacrylat-Butadien-Styrol [MBS] hergestellt
und sind acrylnitrilfrei.

Diese MBS-Formmassen zeichnen sich durch hohe Transparenz und Kerbschlagzähigkeit aus.

Eigenschaften

PMMA weist folgende Eigenschaften auf:
☐ große Härte, Festigkeit und Steifigkeit (es splittert nicht bei Bruch),
☐ hohe Kratzfestigkeit und Polierfähigkeit,
☐ gute Temperaturwechselbeständigkeit auch bei tiefen Temperaturen,
☐ PMMA ist glasklar mit hoher Brillanz, Lichtdurchlässigkeit: PMMA etwa 92%
   (wasserhell), AMMA etwa 85% (schwach gelblich),
☐ gute elektrische und dielektrische Eigenschaften,

Tabelle 2.14   Physikalische Eigenschaften von PMMA

Eigenschaften	Einheit	DIN-Norm	PMMA-Halbzeug, (extrudiert)		PMMA Form-masse	MBS Form-masse
			Hoch-mole-kular	AMMA		
Dichte	g/cm^3	53479	1,18	1,17	1,18	1,08
Zugfestigkeit	N/mm^2	53455				
+ 23 °C			80 (70)	90	60 bis 70	30 bis 45
− 40 °C			110 (100)	155	–	–
Reißdehnung	%	53455	5,5 (4,5)	60	3 bis 45	–
Schlagzähigkeit		53453				
bei + 23 °C	kJ/m^2		12	50 bis 60	11	60
bei − 40 °C	kJ/m^2		~10	~30	–	34
Kerbschlagzähigkeit		53453				
bei + 23 °C	kJ/m^2		2	4	2	6,5
bei − 40 °C	kJ/m^2		~2	~2	–	3,3
Kugeldruckhärte	N/mm^2	53456	200 (190)	220	180	105
E-Modul (aus Zugversuch)	N/mm^2	53457	3300	4800	3300	2200
Lineare Wärme-dehnzahl	1/K	–	$7 \cdot 10^{-5}$	$6,5 \cdot 10^{-5}$	$7 \cdot 10^{-5}$	$9 \cdot 10^{-5}$
Gebrauchstempera-tur ohne mechani-sche Beanspruchung an Luft						
kurzzeitig	°C	–	75 bis 80	75	90	–
langzeitig	°C	–				
Vicat-Erweichungs-temperatur (Verfahren B)	°C	53460	115 (102)	94	90	95
Spez. Durchgangs-widerstand	Ω · cm	53482	$> 10^{15}$	$> 10^{15}$	$> 10^{15}$	$> 10^{15}$
Wärmeleitzahl	W/m · K	–	0,19 (0,16)	0,24	0,19	0,19
Dielektrischer Ver-lustfaktor		53482				
50 Hz	–		0,06	0,06	0,06	–
10^6 Hz	–		0,02	0,02	–	–
Dielektrizitätszahl (50 Hz bis 10^6 Hz)	–	53482	3,6/2,6	4,5/3,5	3,6/2,6	3,0/–
Wasseraufnahme	%	53495	0,35	0,32	0,35	–

( ) = für extrudiertes Halbzeug

☐ geringe Feuchtigkeits- und Wasseraufnahme,
☐ Geruchs- und Geschmacksneutralität,
☐ PMMA ist nach dem Bedarfsgegenständegesetz physiologisch unbedenklich. Für den Einsatz im Lebensmittelbereich und bei Spielwaren ist den Anforderungen der Empfehlung XXII zu entsprechen,

100

- gegen schwache Säuren und Laugen, Salzlösungen und aliphatische Kohlenwasserstoffe, Fette, Öle, Wasser und unpolare Lösungsmittel ist PMMA beständig,
- gegen Alkohol, Benzol, Aceton, starke Säuren, polare Lösungsmittel und Chlorkohlenwasserstoffe ist PMMA nicht beständig,
- PMMA ist spannungsrißgefährdet,
- es hat gute Alterungs- und Witterungsbeständigkeit und sehr gute Lichtbeständigkeit (Tageslicht und alle künstlichen Lichtquellen),
- PMMA ist bedruck-, lackier- und metallisierbar (die Teile dürfen keine Eigenspannungen aufweisen).

Neben den PMMA-Grundtypen (Formmassen DIN 7745) gibt es spezielle Formmassen für besondere Anwendungen, z. B. hoch UV-stabilisierte und brandschutzausgerüstete. Weitere Sondertypen gibt es für die Coextrusion mit ABS und für Mischungen mit PVC.

Verarbeitung

Bei PMMA wird über die Molekülgewichtsverteilung die Verarbeitung maßgeblich beeinflußt. Hochmolekulares PMMA und AMMA-Mischpolymerisat wird nur in Form von gegossenem Halbzeug (Platten, Blöcke, Stäbe, Rohre) in den Handel gebracht. Das Halbzeug wird durch die diskontinuierliche Kammerpolymerisation als Massepolymerisat hergestellt.

Anpolymerisiertes Massepolymerisat oder eine Lösung aus Polymerisat im Monomeren wird zwischen Spiegelglasscheiben oder in entsprechenden Werkzeugen auspolymerisiert.

Tabelle 2.15   Verarbeitungsbedingungen für PMMA

Verarbeitung	Massetemperatur [°C]	Werkzeugtemperatur [°C]	Spritzdruck [bar]	Schwindung [%]
Spritzgießen	210 bis 250	40 bis 90	400 bis 1200	0,3 bis 0,8
Extrudieren	200 bis 230	170 bis 230		
Pressen	160 bis 180	40 bis 60	50 bis 100	
Warmformen	150 bis 180 bei gegossenem Material			
	130 bis 160 bei extrudiertem Material			

Die typisierten glasklaren PMMA-Formmassen sind als Gleichkorngranulat (zylinder- und würfelförmig) oder als Perlgranulat in allen Farben einfärbbar, für die Extrusion oder die Spritzgußverarbeitung lieferbar. Das Perlgranulat aus Suspensionspolymerisat wird bevorzugt bei der Extrusion eingesetzt.

Weil bei unsachgemäßer Lagerung PMMA-Formmassen Feuchtigkeit anziehen, ist eine Vortrocknung nach den Angaben des Rohstoffherstellers empfehlenswert bzw. sind Entgasungszylinder einzusetzen.

Zur Verringerung der beim Verarbeiten auftretenden Eigenspannungen ist oft das Tempern der Formteile erforderlich. Halbzeuge werden durch spanende oder spanlose Bearbeitung weiterverarbeitet; das Warmformen wird in allen üblichen Verfahren durchgeführt. Bei den Halbzeugen zeichnen sich die Gußpolymerisate durch bessere Oberflächenbeschaffenheit und bessere mechanische Eigenschaften aus. Bei den gegossenen Tafeln können die mechanischen Eigenschaften durch Recken zusätzlich wesentlich verbessert werden.

Anwendungen

PMMA hat sich durch seine ausgezeichneten mechanischen und optischen Eigenschaften große Einsatzbereiche erschlossen.

Optik
Brillengläser, Lupen und Linsen, Prismenteile, Projektoren, Uhrengläser, biegsame Lichtwellenleiter.

Elektrotechnik
Schalttafeln, Sicherheitslampen, Bedienungsknöpfe, Leuchtenabdeckungen, Lampenfassungen, Lichtbänder, Schalterteile, Straßenleuchten, Leuchtsäulen.

Fahrzeugbau
Tachometerskalen, Hupenknöpfe, Blink- und Rücklichter, Warndreiecke, Abdeckungen, Straßenleitzeichen, Verkehrssignalanlagen.

Bauwesen
Trennwände, Lichtkuppeln, Stegdoppelplatten für Wintergärten und Gewächshäuser, Lichtdächer, Wohnwagenverglasungen, Ladeneinrichtungen.

Schutzverglasungen
Schutz an Automaten, Eisenbahnwagen, schußsichere Verglasung von Bankschaltern und Geldtransportfahrzeugen, für militärische Zwecke und für die Polizei, Flugzeugverglasungen für Sport-, Passagier- und Militärflugzeuge und Hubschrauber, Tiergehege.

Modellbau und Werbezwecke
Schaustücke, Demonstrationsmodelle, Firmenschilder, Modeschmuck, Kunstgewerbeartikel, Leuchtbuchstaben, Verkehrs- und Hinweisschilder, Dekorationshilfen.

Haushalts- und Sanitärbereich
Becher, Schüsseln, Bestecke, Haushaltsgeräte, Waschbecken, Badewannen, Duschkabinen, Badezimmereinrichtungen.

Sonstiges
Spielzeug, Batteriegehäuse, Schreibgeräte, Tasten für Musikinstrumente, medizinische Geräte.

2.11 Polyacrylnitril [PAN]

Polyacrylnitril und seine Modifikationen spielen bei der Herstellung von SAN und ABS eine wichtige Rolle. Das witterungsbeständige ASA wird in Verbindung von Acrylnitril/Styrol mit Acrylesterelastomeren hergestellt. Für viele Polymerisate mit maßgeschneiderten Eigenschaften hat das monomere Acrylnitril Bedeutung bei der Herstellung erlangt, so auch in Verbindung mit Vinylacetat, Vinylchlorid und Vinylidenchlorid.

1942 schuf H. REIN im ehemaligen I.G.-Werk Bitterfeld die Voraussetzung für die großtechnische Herstellung synthetischer Fasern aus AN – die industrielle Nutzung wurde in Deutschland durch den zweiten Weltkrieg verhindert. Die erste großtechnisch hergestellte PAN-Faser wurde bereits Anfang 1940 von Du Pont (USA) unter dem Namen «Orlon» auf den Markt gebracht. Nach dem zweiten Weltkrieg erschien von Bayer das «Dralon» und von Hoechst das «Dolan».

Aufbau

Das homopolymere glasklare Polyacrylnitril ist nicht als thermoplastische Formmasse verarbeitbar.

$$
\begin{array}{c}
\underset{\displaystyle \underset{\text{N}}{\overset{\displaystyle |||}{\text{C}}}}{\overset{\displaystyle \overset{\text{H}}{|}}{\underset{|}{\text{C}}}} = \underset{\displaystyle \underset{\text{H}}{\overset{|}{\text{C}}}}{\overset{\displaystyle \overset{\text{H}}{|}}{\text{C}}}
\end{array}
\longrightarrow \cdots \left[\begin{array}{c} \text{H} \quad \text{H} \\ | \quad\; | \\ \text{C} - \text{C} \\ | \quad\; | \\ \text{H} \quad \text{C} \\ \quad\;\; ||| \\ \quad\;\; \text{N} \end{array} \right]_n \cdots
$$

Acrylnitril   Polyacrylnitril

Erst die Acrylnitril-Co- und Terpolymerisate mit etwa 70% Acrylnitril und bis 25% Methacrylat oder Styrol, die sogenannten Barrierekunststoffe, die eine sehr geringe Gasdurchlässigkeit und hohe Aromadichte aufweisen, gewinnen seit Anfang der siebziger Jahre zunehmend an Bedeutung für die thermoplastische Verarbeitung.

Eigenschaften

PAN-Barrierekunststoffe weisen folgende Eigenschaften auf:
- [ ] Dichte 1,17 g/cm^3,
- [ ] gute Schlagzähigkeit, hohe Festigkeit und hoher E-Modul,
- [ ] Wärmebeständigkeit bis +75 °C,
- [ ] glasklare, wasserhelle Produkte,
- [ ] die Food and Drug Administration (FDA) Regulation umfaßt die Zulassung für Bier, Fruchtsäfte und kohlensäurehaltige Getränke bei Mehrlagenpackungen, bei denen die Nitrilpolymere nicht in unmittelbare Berührung mit den Getränken kommen.
- [ ] PAN ist beständig gegen schwache Säuren,
- [ ] wenig witterungsbeständig.

Es sind verschiedene Typen im Handel erhältlich, die sich durch Zähigkeit und Steifigkeit unterscheiden. Diese Kunststoffe werden als CO$_2$-Sperrschicht in Verbundwerkstoffsystemen eingesetzt.

Verarbeitung

Feuchtigkeit im Granulat führt zur Trübung der Erzeugnisse, ohne diese zu schädigen. Um glasklare Produkte zu fertigen, ist eine Vortrocknung der Formmasse bei 75 °C und etwa 4h zu empfehlen. Massetemperatur 210 bis 230 °C.

Die Verarbeitung ähnelt in vielem der des ABS bzw. PVC hart. Der breite Verarbeitungsbereich des Materials bietet das Extrudieren und Coextrudieren, Spritzgießen, Blasformen, Spritzblasen, 1- und 2stufiges Streckblasen, Kalandrieren auf der Kalandrette und das Warmformen als geeignete Verfahren an.

Verbundfolien von PAN mit PP, PE und PA genügen höchsten Anforderungen.

Halbzeuge und Formteile lassen sich prägen, bedrucken, sind leicht zu kleben und können im HF- und US-Schweißverfahren verbunden werden.

Anwendungen

Die PAN-Faser ist ein wichtiges Vorprodukt zur Herstellung von Kohlenstoff-Fasern (CF).

Verpackung

Bruchsichere, transparente und aromadichte Genußmittelverpackungen für Fruchtsäfte, Bier, Wein, Speiseöle, Mineralwasser. Verpackungen für sauerstoffempfindliche Nahrungsmittel wie Honig, Butter, Marmelade, Vitamin-C-haltige Getränke. Blister- und Skinverpackungen, Tiefziehpackungen für Fisch, Fleisch und Gemüse.

2.12   Polyvinylcarbazol [PVK]

PVK wurde 1940 im ehemaligen I.G.-Werk Ludwigshafen entwickelt. Die Herstellung erfolgt im Suspensionspolymerisationsverfahren.

Aufbau

Vinylcarbazol besteht aus farblosen Kristallen, die bei etwa 67 °C schmelzen und – mit oberflächenaktiven Füllstoffen und Beschleunigern vergossen – zu einem temperaturbeständigen Thermoplasten mit amorpher Struktur polymerisiert werden.

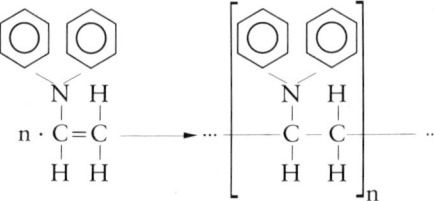

Vinylcarbazol   Polyvinylcarbazol

104

Eigenschaften

Die kennzeichnenden Eigenschaften von PVK sind:

☐ Dichte 1,19 g/cm^3,
☐ hohe Festigkeit, Steifigkeit und Härte,
☐ hohe Wärmeformbeständigkeit (bis + 160 °C),
☐ PVK ist transparent, glasklar,
☐ hohes optisches Brechungsvermögen,
☐ gute elektrische und dielektrische Eigenschaften,
☐ der Oberflächenwiderstand wird durch Belichtung herabgesetzt – Nutzung der Fotoleitfähigkeit,
☐ sehr geringe Wasseraufnahme,
☐ PVK darf nicht mit Lebensmitteln zusammenkommen – wegen möglicher Hautreizung Hinweise für die Verarbeitung beachten!
☐ PVK ist gegen Säuren, Laugen, Alkohole, Wasser- und Wasserdampf bis 180 °C, Ester, Ketone und aliphatische Kohlenwasserstoffe beständig,
☐ gegen aromatische und chlorierte Kohlenwasserstoffe, Kraftstoffgemische und Dimethylformamid ist es nicht beständig,
☐ PVK ist spannungsrißbeständig und sehr witterungsbeständig,
☐ PVK ist selbstverlöschend.

Verarbeitung

PVK kann durch Extrudieren, Spritzgießen und Preßsintern verarbeitet werden. Formmassen sind als Granulat und als Pulver im Handel.

Beim Einwirken mechanischer Kräfte oberhalb der Erweichungstemperatur kann Trübung und Verfestigung der Schmelze eintreten; es entsteht eine faserige Struktur. Diese Erscheinung kann beim Spritzgießen beobachtet werden.

Tabelle 2.16   Verarbeitungsbedingungen für Polyvinylcarbazol [PVK]

Verarbeitung	Massetemperatur [°C]
Extrudieren	300
Spritzgießen	250 bis 350
Preßsintern	190
Recken	250

Beim Recken kristallisiert das Material und wird trübe.

Anwendungen

Die Fotoleitfähigkeit bietet Anwendungen für selektive Belichtungen bei Trockenkopiergeräten, in Datenverarbeitungsanlagen und in Fernsehaufnahmeröhren. Wegen der guten Chemikalien- und Temperaturbeständigkeit Einsatz im Maschinen- und Apparatebau; für thermisch und mechanisch beanspruchte Isolierteile in der Rundfunk-, Fernseh- und Hochfrequenztechnik.

2.13 Polyacetal [POM]

Polyacetal wird auch als *Polyoxymethylen* bezeichnet, worauf das Kurzzeichen POM zurückzuführen ist.

POM wird seit 1958 großtechnisch durch Polymerisation hergestellt. Es existieren sowohl Homo- als auch Copolymerisate, die sich hauptsächlich dadurch unterscheiden, daß bei den Copolymerisaten bessere Thermostabilität und höhere Chemikalienbeständigkeit vorliegen.

Aufbau

POM ist ein teilkristalliner Thermoplast. Die Kristallinität ist beim Homopolymerisat höher und liegt bei etwa 80%. Die Herstellung erfolgt aus Formaldehyd bzw. dem Trioxan (drei Formaldehydmoleküle sind zu einem Ring zusammengeschlossen).

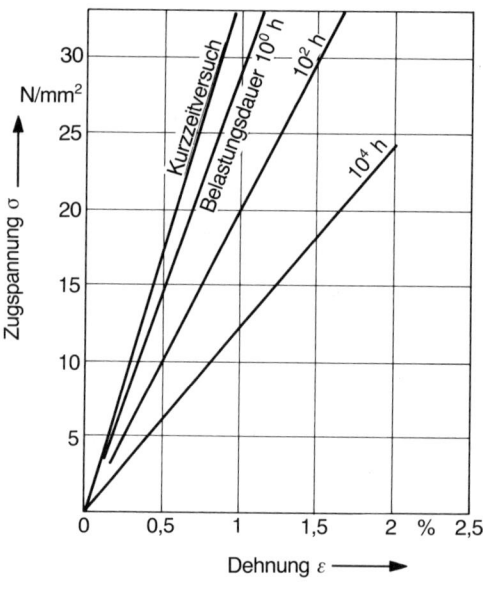

Formaldehyd   Polyacetal

Bei Copolymeren wird die Kette durch andere Monomere (Ringether) unterbrochen, wodurch ein Kettenabbau in der Schmelze nicht mehr so leicht einsetzen kann.

Bild 2.10
Isochrone Spannungs-Dehnungs-Linien von POM bei 20 °C [1]

106

Eigenschaften

POM zeichnet sich durch hohe Festigkeit, Härte und Steifigkeit in einem weiten Temperaturbereich aus.

Das Langzeitverhalten von POM ist dem Spannungs-Dehnungs-Diagramm (Bild 2.10) mit den isochronen Linien bei verschiedenen Belastungszeiten zu entnehmen.

Weitere kennzeichnende Eigenschaften des POM sind:

☐ hohe Zähigkeit bis −40 °C,
☐ hohe Abriebfestigkeit,
☐ niedriger Reibungskoeffizient,
☐ hohe Wärmeformbeständigkeit,
☐ gute elektrische und dielektrische Eigenschaften,
☐ geringe Wasseraufnahme.

Tabelle 2.17 Eigenschaften von POM-Homo- und -Copolymerisat unverstärkt und verstärkt

Eigenschaften	Einheit	DIN-Norm	Homopoly-merisat	Copoly-merisat	20% GF-verstärktes Copolymerisat
Dichte	g/cm^3	1306/ 53479	1,42	1,41	1,56
Spannung an der Streckgrenze	N/mm^2	53371/ 53455	65 bis 70	67 bis 72	140
Dehnung an der Streckgrenze	%	53455	25 bis 70	25 bis 70	3
Schlagzähigkeit	mJ/mm^2	53453	−	−	−
Kerbschlagzähigkeit	mJ/mm^2	53453	2 bis 8	7,5 bis 10	6
Kugeldruckhärte	N/mm^2	53456	145	160	180
E-Modul (aus Zugversuch)	N/mm^2	53457	2800	3200	10000
Lineare Wärme-dehnzahl	1/K	−	$90 \cdot 10^{-6}$	$110 \cdot 10^{-6}$	$30 \cdot 10^{-6}$
Gebrauchstempera-tur ohne mechani-sche Beanspruchung in Luft					
kurzzeitig	°C	−	110 bis 140	110 bis 140	110 bis 150
langzeitig	°C	−	90 bis 110	90 bis 110	90 bis 110
Vicat-Erweichungs-temperatur (Verfahren B)	°C	53460	173	160 bis 163	171
Spez. Durchgangs-widerstand	Ω · cm	53482	10^{15}	10^{15}	10^{15}
Dielektrischer Ver-lustfaktor (1 MHz)	−	53483	0,0055	0,0055	0,0056
Dielektrizitätszahl (1 MHz)	−	53483	3,7	3,7	4,8
Wasseraufnahme	%	53495	0,8	0,8	0,9

☐ POM ist beständig gegen die üblichen organischen Lösungsmittel wie Alkohole, Ester, Ketone sowie Öle, Fette, Benzin, wäßrige Basen und Säuren, unbeständig gegen starke Säuren und Oxidationsmittel.

☐ Die Witterungsbeständigkeit von POM ist nicht gut. Durch Einwirken von Sonnenlicht verspröden die Teile. Stabilisatoren verzögern den Abbau der Polymerkette. Bester Schutz vor UV-Licht ist die Einfärbung mit Ruß.

Füllstoffe, die in POM eingearbeitet werden, können bestimmte Eigenschaften begünstigen oder erst ermöglichen.

Die Füllung mit Molybdändisulfid ergibt ein günstigeres Gleitverhalten mit geringer *Stick-slip*-Neigung (Ruckgleiten) von POM-Teilen. Durch Kreidezusatz werden Teile mit guten Trockenlaufeigenschaften und gesteigerter Biegewechselfestigkeit erhalten.

Mit einem Zusatz von PTFE-Pulver lassen sich Teile fertigen, die ein wartungsfreies Gleiten ermöglichen.

Mit eingemischtem Metallpulver sind elektrisch leitfähige Teile herstellbar. Hinzu kommt eine verbesserte Wärmeformbeständigkeit.

Durch den Einsatz von 20 bis 30 % Glasfasern kann die Zugfestigkeit verdoppelt und der Biege-E-Modul verdreifacht werden.

Die Kerbschlagzähigkeit wird dabei etwas vermindert. Glaskugeln können bis zu 80 % eingemischt werden. Die Verarbeitungsbedingungen verändern sich dabei unwesentlich.

Durch Wärme nachbehandelte Teile aus POM weisen eine höhere Kristallinität und damit bessere mechanische Eigenschaften auf. Zugemischte Keimbildner zur Kristallitbildung ergeben eine feine Verteilung der Kristallite – auch bei Teilen mit dünner Wandstärke.

Zu den neuesten Entwicklungen beim POM zählen die schlagfest ausgerüsteten Blends. Durch Einbringen von thermoplastischen Polyurethan-Elastomeren (TPU) oder vernetzten Kautschuken gelingt es, eine hohe Schlag- und Kerbschlagzähigkeit auch bei tiefen Temperaturen zu erzielen.

Verarbeitung

POM wird am häufigsten durch Spritzgießen, aber auch durch Extrudieren und Hohlkörperblasen verarbeitet.

Die Verarbeitungsbedingungen dafür sind:

Tabelle 2.18   Verarbeitungsbedingungen für Polyacetal [POM]

Verarbeitung	Massetemperatur [°C]	Werkzeugtemperatur [°C]	Spritzdruck [bar]
Spritzgießen	200 bis 210	90 bis 110	800 bis 1200
Extrudieren	180 bis 190		
Hohlkörperblasen	180	90 bis 100	

Bei glasfaserverstärkten POM-Typen muß ein höherer Einspritzdruck gewählt werden; ebenso ist der Anschnittquerschnitt um etwa 20% größer zu wählen. Das Extrudieren wird in der Regel auf Einschneckenmaschinen vorgenommen. Es werden keine Lochscheiben und Siebeinsätze verwendet.

Im Störungsfall ist bei der Verarbeitung von POM Vorsicht geboten.

Es kommt oberhalb von 240 °C und bei zu langem Verweilen bei einer hohen Temperatur zur Zersetzung des Polymeren, was durch einen stechenden Geruch von Formaldehyd sofort wahrgenommen wird. Dabei kann explosionsartig Material durch das sich bildende Formaldehydgas aus Düse und Trichter herausschießen. Im Fall einer Störung ist eine Schutzbrille zu tragen. Außerdem sind die Verarbeitungstemperaturen sofort zu reduzieren; es ist für eine gute Be- und Entlüftung zu sorgen.

Schweißen
Bis auf das HF-Schweißen sind alle Schweißverfahren anwendbar. Beim Reibschweißen darf nur mit relativ geringen Umfangsgeschwindigkeiten gearbeitet werden, weil durch die niedrige Schmelzviskosität von POM ein Wegschleudern von geschmolzenem Material eintreten kann.

Kleben
Das Verbinden durch Kleben mit Haft- und Lösungsmittelklebstoffen ist üblich. Zweikomponentenklebstoffe erfordern eine Vorbehandlung der Oberfläche mit Chromsäure.

Anwendungen
Aus den Eigenschaftsangaben geht hervor, daß POM ein ausgezeichnetes Gleitreibungsverhalten bei geringem Abrieb besitzt. Es bietet sich daher als technischer Werkstoff an. Weiterhin ist POM aufgrund seiner hohen Zähigkeit bei gutem Rückstellvermögen prädestiniert für die Schnapp- und Preßverbindung im Maschinen- und Gerätebau. In folgenden Bereichen wird POM eingesetzt:

Maschinen- und Gerätebau
Zahnräder, Lager, Gleit- und Führungselemente, Gehäuseteile, Federelemente, Ketten, Kurvenscheiben, Laufrollen, Schrauben, Muttern, Lüfterräder, Pumpenteile, Ventilkörper, Steuerelemente.

Elektrotechnik
Isolatoren, Kleinmotorteile, Relaisteile, Spulenkörper, Steckverbindungen, Teile für Telefone, Fernsehgeräte, Radios, Diaprojektoren.

Fahrzeugbau
Schalthebel für Licht und ·Blinker, Gelenkschalen.

Möbelbau
Beschläge, Möbelschlösser, Scharniere, Türgriffe, Gardinenrollen.

Verpackung
Aerosoldosen, Feuerzeugtanks, Gasampullen.

2.14 Fluorpolymere

Fluorhaltige Polymere sind technische Kunststoffe mit außergewöhnlichen Eigenschaften. Neben einer hervorragenden Chemikalien- und Lösungsmittelbeständigkeit besitzen sie einen breiten Temperatureinsatzbereich, ausgezeichnete Gleit- und Reibeigenschaften, antiadhäsives Verhalten, gute mechanische und elektrische Eigenschaften und herausragende Witterungsbeständigkeit. Durch Verstärkungs- und Füllstoffe können bei einigen Polymeren zusätzlich die mechanischen Eigenschaften variiert werden.

1934 gelang es erstmals O. SCHERER und F. SCHLOFFER im I.G.-Werk Höchst, das bereits bekannte Trifluorchlorethylen [PCTFE] zu polymerisieren. 1938 gelang es R. J. PLUNKETT bei Du Pont (USA), das Tetrafluorethylen [PTFE] zu polymerisieren.

Fluorpolymere können heute in zwei Hauptgruppen unterteilt werden: vollfluorierte und teilfluorierte Kunststoffe.

Zu den vollfluorierten Kunststoffen zählen drei technisch wichtige Werkstoffe:

PTFE (Polytetrafluorethylen),
FEP   (fluoriertes Ethylen-Propylen-Copolymer) und
PFA/TFA (modifiziertes TFE mit 5% vollfluoriertem Copolymeren).

2.14.1 Polytetrafluorethylen [PTFE]

Aufbau

PTFE wird im S- und E-Polymerisationsverfahren hergestellt und hat uneingefärbt eine weiße Eigenfarbe. Durch die symmetrische Molekülstruktur entsteht ein linear aufgebautes Polymer mit hoher Kristallinität (53 bis 70%).

Dieser teilkristalline Thermoplast läßt sich nicht nach den herkömmlichen Verfahren verarbeiten! Die Kristallite schmelzen erst ab 327 °C, werden aber nicht flüssig wie andere Thermoplaste; oberhalb von 400 °C findet Zersetzung statt.

Tetrafluorethylen   Polytetrafluorethylen

Eigenschaften

☐ PTFE ist hornartig zäh, hat geringe Härte und Festigkeit und ist nicht kerbempfindlich,
☐ der Reibungskoeffizient ist sehr niedrig,
☐ PTFE neigt leicht zum Kriechen,
☐ es ist kaum benetzbar (antiadhäsiv),
☐ der Gebrauchstemperaturbereich ist sehr breit (−200 bis +300 °C),

☐ PTFE hat niedrige dielektrische Verluste (unabhängig von der Frequenz und der Temperatur) und hohes Isoliervermögen (auch bei hoher Luftfeuchtigkeit) sowie hohe Kriechstromfestigkeit,

☐ keine Wasseraufnahme,

☐ es ist physiologisch unbedenklich,

☐ PTFE wird nur von elementarem Fluor und geschmolzenen Alkalimetallen angegriffen,

☐ es zeigt keine Spannungsrißbildung,

☐ Wetter- und Lichtbeständigkeit sind ausgezeichnet,

☐ PTFE ist unbrennbar.

Verarbeitung

Für Beschichtungen und Imprägnierungen mit PTFE werden Dispersionen verarbeitet. Für die Herstellung von Halbzeugen und Formteilen werden drei verschiedene Verfahren angewandt:

> das Preßsintern bei Temperaturen von etwa 380 °C,
>
> die Pulverextrusion (auch *Ramextrusion*) und
>
> die Pastenextrusion (speziell für Schläuche).

Folien können aus Dispersionen bzw. durch Schälen von gesinterten/ungesinterten Vollstäben hergestellt werden.

Anwendungen

Chemische Industrie
Rohrauskleidungen, Faltenbälge, Ventile, Pumpen, Wärmetauscher, Überzüge, Beschichtungen, Dichtungen für statische und dynamische Belastungen, Laborgeräte.

Maschinenbau
Wartungsfreie Lager, Kolbenringe, Dichtungen.

Fahrzeugbau
Vergaserabdeckungen, Motordichtungen, Dicht- und Gleitringe, Ölabstreifringe, Lager, Kolbenstangenführungen.

Elektrotechnik
Kabel- und Drahtisolierungen, Ankerwicklungen, Transistorsockel, Hochspannungszuleitungen in der Röntgentechnik, Isolatoren in der Starkstrom- und HF-Technik.

Bauwesen
Rohrgleitlager, Brückenauflager, Schiebelager für schwere Lasten, Aufleger für Dachkonstruktionen.

Beschichtungen
Antiadhäsive Beschichtungen für technische Teile und für Haushaltartikel.

2.14.2 Perfluorethylenpropylen-Copolymer [FEP]

Aufbau

FEP ähnelt in seinen wichtigsten Eigenschaften dem PTFE, ist jedoch ein echter Thermoplast und kann ab etwa 360 °C auf allen Verarbeitungsmaschinen für Thermoplaste verarbeitet werden; die Plastifiziereinheiten der Maschinen müssen jedoch korrosionsfest ausgerüstet sein.

$$
\cdots \left[\begin{array}{cccc}
 & & & F \\
 & & & | \\
F & F & F & F-C-F \\
| & | & | & | \\
C-C-C&&&C \\
| & | & | & | \\
F & F & F & F
\end{array} \right]_n \cdots
$$

Eigenschaften

☐ Dauergebrauchstemperatur von −270 bis +205 °C,
☐ sehr niedrige Wasseraufnahme,
☐ physiologisch unbedenklich,
☐ FEP ist nicht brennbar.

Verarbeitung

Spritzgießen von dünnwandigen, komplizierten und komplexen Formteilen.
Blasformen von chemikalienbeständigen und trotzdem durchsichtigen Flaschen.
Extrusionsblasen zu glasklarer Folie bis 120 µm.

Durch Wirbelsintern werden porenfreie, korrosionsfeste Überzüge auf Metallen hergestellt.

Anwendungen

Haupteinsatzgebiet sind Draht- und Kabelummantelungen, Behälterauskleidungen sowie der chemische Apparatebau.

2.14.3 Perfluoralkoxy-Copolymer [PFA/TFA]

Aufbau

PFA/TFA ist ein Mischpolymerisat von TFE und Perfluoralkylvinylether. Die Copolymeren haben die gleichen Eigenschaften wie PTFE und sind die thermoplastische Ergänzung dazu.

Dieses Copolymer wurde 1972 von Du Pont auf dem Markt eingeführt.

$$
\cdots \left[\begin{array}{ccccc}
F & F & & F & F \\
| & | & & | & | \\
C-C-C&&&C-C \\
| & | & | & | & | \\
F & F & O-R & F & F
\end{array} \right]_n \cdots
$$

112

Eigenschaften

☐ Hohe Temperaturbeständigkeit bis +260 °C,
☐ selbstverlöschend.

Verarbeitung

Die Verarbeitung von PFA/TFA geschieht durch Spritzgießen, Extrusionsblasen und Pressen. Die Plastifiziereinheiten müssen aus korrosionsfesten Metallen, die Werkzeuge bzw. Formnester aus nickellegierten Stählen bzw. hartverchromt sein.

Anwendungen

Chemischer Apparatebau, Draht- und Kabelisolation, Halbleitertechnik, Medizintechnik.

2.14.4 Polychlortrifluorethlyen [PCTFE]

Aufbau

PCTFE war der erste im Labor entwickelte Fluorkunststoff; heute hat er nur noch untergeordnete Bedeutung.

$$n \cdot \begin{matrix} F & F \\ | & | \\ C = C \\ | & | \\ Cl & F \end{matrix} \longrightarrow \quad \cdots \begin{bmatrix} F & F \\ | & | \\ C - C \\ | & | \\ Cl & F \end{bmatrix}_n \cdots$$

Chlortrifluorethlyen Polychlortrifluorethlyen

Eigenschaften

☐ Besonders hohe Steifigkeit,
☐ Gebrauchstemperaturbereich −100 bis +150 °C,
☐ beständig gegen energiereiche Strahlung,
☐ sonstige Eigenschaften wie PTFE.

Verarbeitung

PCTFE ist thermoplastisch mit korrosionsfesten Werkzeugen verarbeitbar bei Massetemperaturen von 270 bis 300 °C. Es ist schweißbar und nach entsprechender Vorbehandlung klebbar.

Anwendungen

im Reaktorbereich und im medizinischen Sektor.

2.14.5 Ethylen-Tetrafluorethylen-Copolymer [ETFE]

Aufbau

ETFE ist das erste Fluorpolymer, das durch Glasfasern verstärkt werden kann.

$$\cdots\left[\begin{array}{c} H \quad H \quad F \quad F \\ | \quad\; | \quad\; | \quad\; | \\ C - C - C - C \\ | \quad\; | \quad\; | \quad\; | \\ H \quad H \quad F \quad F \end{array}\right]_n \cdots$$

Eigenschaften

☐ Ähnliche Eigenschaften wie PTFE, jedoch leicht thermoplastisch verarbeitbar,
☐ Gebrauchstemperaturbereich -190 bis $+180\,°C$.

Verarbeitung

Üerwiegend durch Extrudieren bei Massetemperaturen von 260 bis 320 °C und Spritzgießen bei Massetemperaturen von 300 bis 340 °C.

Anwendungen

In der Draht- und Kabelisolation, besonders in der Wire-Wrap-Technik; hochtransparente, witterungsbeständige Dachelemente aus Folien, Zahnräder, Pumpenteile, Laborartikel.

2.14.6 Ethylen-Chlortrifluorethylen-Copolymer [E-CTFE]

Aufbau

E-CTFE ist ein relativ leicht zu verarbeitender Thermoplast mit hohem Molekülgewicht. Die Comonomeren sind im Verhältnis 1:1 im Grundbaustein enthalten.

$$\cdots\left[\begin{array}{c} H \quad H \quad F \quad F \\ | \quad\; | \quad\; | \quad\; | \\ C - C - C - C \\ | \quad\; | \quad\; | \quad\; | \\ H \quad H \quad F \quad Cl \end{array}\right]_n \cdots$$

Eigenschaften

☐ E-CTFE ist hochschlagzäh,
☐ Gebrauchstemperaturbereich -160 bis $+150\,°C$,
☐ gute Barriereeigenschaften,
☐ es ist nicht brennbar.

Verarbeitung

Hauptverarbeitungstechnik ist die elektrostatische Pulverbeschichtung.

Anwendungen

Porenfreie Beschichtungen auf Metallen mit sehr geringer Gas- und Wasserdampfdurchlässigkeit.

114

2.14.7 Polyvinylidenfluorid [PVDF]

Aufbau

PVDF wird seit 1961 in den USA produziert. Dieser hochkristalline Thermoplast hat erst Mitte der siebziger Jahre seine großtechnische Bedeutung erlangt.

```
      F H                    ⎡ F H ⎤
      | |                    | | | |
n ·   C=C      ⟶     ···──┤  C─C  ├──···
      | |                    | | | |
      F H                    ⎣ F H ⎦ₙ
```

Vinylidenfluorid   Polyvinylidenfluorid

Eigenschaften

☐ Die chemischen und physikalischen Eigenschaften sind außerordentlich gut,
☐ PVDF ist zäh, hart, hat eine hohe Festigkeit und Steifigkeit,
☐ der Abriebwiderstand ist sehr gut,
☐ das Langzeitverhalten ist gut,
☐ für selbsttragende Teile (z. B. Rohre) geeignet,
☐ Gebrauchstemperaturbereich von -60 bis $+150\,°C$,
☐ physiologisch unbedenklich,
☐ PVDF ist gegen Chlor und Brom beständig,
☐ es wird von Ketonen/Estern bei hohen Temperaturen angegriffen,
☐ die Spannungsrißbeständigkeit – auch dickwandiger Teile – ist sehr gut,
☐ witterungsbeständig,
☐ es ist selbstverlöschend.

Verarbeitung

PVDF wird im Spritzgieß- und Extrusionsverfahren verarbeitet bei Massetemperaturen von 220 bis 280 °C. Es ist schweiß- und klebbar. Bei der Verarbeitung auftretende Dämpfe müssen abgesaugt werden.

Anwendungen

Chemischer Apparate- und Rohrleitungsbau, gas- und aromadichte Flaschen, Kabelummantelungen, Kabelhüllen im Flugzeugbau, Schrumpfschläuche für elektrische Bauteile, medizinische Instrumente.

2.14.8 Polyvinylfluorid [PVF]

Aufbau

PVF wird im E- und S-Polymerisationsverfahren hergestellt.

```
      H H                    ⎡ H H ⎤
      | |                    | | | |
n ·   C=C      ⟶     ···──┤  C─C  ├──···
      | |                    | | | |
      F H                    ⎣ F H ⎦ₙ
```

Vinylfluorid   Polyvinylfluorid

Tabelle 2.19 Physikalische Eigenschaften der Fluorpolymere

Eigenschaften	Einheit	DIN-Norm	PTFE	FEP	PFA/TFA	PCTFE	ETFE	E-CTFE	PVDF
Dichte	g/cm^3	53479	2,15 bis 2,20	2,14 bis 2,17	2,13 bis 2,17	2,10 bis 2,18	1,7 bis 1,77	1,68 bis 1,7	1,78
Spannung an der Streckgrenze	N/mm^2	53455							50 bis 57
Zugfestigkeit	N/mm^2	53455	20 bis 40	30 bis 35	20 bis 30	30 bis 40	40 bis 50	50 bis 65	50 bis 60
10%-Dehnspannung	N/mm^2	53455	11 bis 12						
E-Modul aus Zugversuch	N/mm^2	53457	750	650	700	1000 bis 2000	1100	1800 bis 2500	2000 bis 3000
Schlagzähigkeit +23 °C / −40 °C	kJ/m^2	53453	o. Br.	−	−	o. Br.	−	−	o. Br. / o. Br.
Kerbschlagzähigkeit +23 °C / −40 °C	kJ/m^2	53453	16	o. Br.	o. Br.	8 bis 9	o. Br.		~ 12 / ~ 4
Kugeldruckhärte 135 N Prüflast/30 S	N/mm^2	53456	27 bis 32	27	30 bis 40	75	31 bis 33	55 bis 65	70
Einsatztemperaturbereich	°C	−	−200/+300	−270/+205	−200/+260	−100/+150	−190/+180	−160/+150	−60/+150
Lineare Wärmedehnzahl (20 bis 100 °C)	1/K	−	$16 \cdot 10^{-5}$	$12 \cdot 10^{-5}$	$12 \cdot 10^{-5}$	$6 \cdot 10^{-5}$	$9 \cdot 10^{-5}$	$8 \cdot 10^{-5}$	$10 \cdot 10^{-5}$
Wärmeleitzahl	W/m · K	−	0,25 bis 0,5	0,23	0,26	0,12	0,24	0,14	0,19
Vicat-Erweichungstemperatur (Verfahren B)	°C	53460	110						140 bis 147
Spez. Durchgangswiderstand	Ω · cm	53482	$> 10^{18}$	$> 10^{18}$	$> 10^{18}$	$> 10^{18}$	$> 10^{16}$	−	$> 10^{15}$
Dielektrischer Verlustfaktor (50 Hz bis 10^6 Hz)	−	53483	$5 \cdot 10^{-5}$ / $7 \cdot 10^{-5}$	$27 \cdot 10^{-5}$	$9 \cdot 10^{-5}$ / $< 5 \cdot 10^{-5}$	$23 \cdot 10^{-3}$	$5 \cdot 10^{-4}$ / $40 \cdot 10^{-4}$	$< 5 \cdot 10^{-3}$	$1,4 \cdot 10^{-2}$ / $18 \cdot 10^{-2}$
Dielektrizitätszahl (10^3 Hz bis 10^6 Hz)	−	53483	2,1	2,1	2,1	2,7	2,6	2,6	9/7,6
Wasseraufnahme	%	53495	keine	0,01	0,03	−	0,03	0,01	< 0,04

Eigenschaften

☐ Dichte 1,38 g/cm³,
☐ PVF ist glasklar,
☐ physiologisch unbedenklich,
☐ die Witterungsbeständigkeit ist gut,
☐ es ist brennbar (langsam abbrennend).
☐ Gebrauchstemperaturbereich −100 bis +150 °C.

Verarbeitung

PVF löst sich in speziellen Lösungsmitteln oberhalb von 110 °C und wird als Gießfolie zu Halbzeug verarbeitet. PVF-Folie ist wärmeimpuls- und HF-schweißbar.

Anwendungen

Als wetterfeste Folie für die Herstellung von Schutzanzügen und für Schutzüberzüge, als Folie für Außenanwendungen, als einseitig klebfähige Folie für dauerhaften Oberflächenschutz von Gewächshäusern und für Straßenschilder.

2.15   Polyamide [PA]

Polyamide werden seit 1937 großtechnisch hergestellt und kamen zuerst als Synthesefasern unter den Handelsnamen Nylon [PA 66] und Perlon [PA 6] auf den Markt. Die höhermolekularen Polyamide eignen sich vorzüglich als Formmassen für das Spritzgießen und Extrudieren zu technischen Formteilen.

Aufbau

Polyamide sind überwiegend teilkristalline Thermoplaste, die durch Polykondensation oder ionische Polymerisation von Caprolactam hergestellt werden.

> Die Polyamidtypen unterscheiden sich durch die zum Aufbau herangezogenen Reaktionspartner. Ihre Kennzeichnung erfolgt durch Zahlenangabe, die sich auf die Anzahl der Kohlenstoffatome zwischen den Fremdatomen (Stickstoff) im Kettenverband bezieht.

Es besteht die Möglichkeit, Polyamide aus zwei verschiedenartigen Molekülbausteinen oder einem Molekülbaustein mit zwei verschiedenen reaktionsfähigen Atomgruppen aufzubauen (Abschnitt 1.2.7). Die PA-Formmassen sind in DIN 16773 hinsichtlich ihrer Einteilung und Bezeichnung beschrieben.

   Die Herstellmethoden für die verschiedenen PA-Typen sind:
1. Polykondensation von Diaminen und Dicarbonsäuren
   für PA 66:

$$H_2N \left[CH_2 \right]_6 NH_2 \quad + \quad HOOC \left[CH_2 \right]_4 COOH$$

   Hexamethylendiamin   Adipinsäure

117

für PA 610:

$$H_2N \underleftbracket{} CH_2 \underrightbracket{}_6 NH_2 \quad + \quad HOOC \underleftbracket{} CH_2 \underrightbracket{}_8 COOH$$

Sebacinsäure

für PA amorph (transparent):

$$H_2N \underleftbracket{} CH_2 \underrightbracket{}_6 NH_2 \quad + \quad HOOC - \langle\!\bigcirc\!\rangle - COOH$$

Terephthalsäure

(Bei der Herstellung von PA amorph wird kein reines Hexamethylendiamin, sondern ein alkylsubstituiertes herangezogen.)

2. Polykondensation von Aminosäuren
   für PA 6:

$$H_2N \underleftbracket{} CH_2 \underrightbracket{}_5 COOH$$

für PA 11:

$$H_2N \underleftbracket{} CH_2 \underrightbracket{}_{10} COOH$$

für PA 12:

$$H_2N \underleftbracket{} CH_2 \underrightbracket{}_{11} COOH$$

3. Polymerisation durch Ringöffnung bei Caprolactam zu PA 6:

$$
\begin{array}{ccc}
 & CH_2 & \\
CH_2 & & CH_2 \\
CH_2 & & CH_2 \\
 & NH - CO &
\end{array}
$$

Während der Polykondensation bzw. Polymerisation bilden sich im Kettenverband die Amidgruppen aus, die sehr stark das Eigenschaftsbild der Polyamide bestimmen.

Beispiel PA 66:

$$\cdots \underleftbracket{}^{H} N-CH_2-CH_2-CH_2-CH_2-CH_2-CH_2-\overset{H}{N}-\overset{\parallel}{\underset{O}{C}}-CH_2-CH_2-CH_2-CH_2-\overset{\parallel}{\underset{O}{C}} \underrightarrow{}_n \cdots$$

Amidgruppe

118

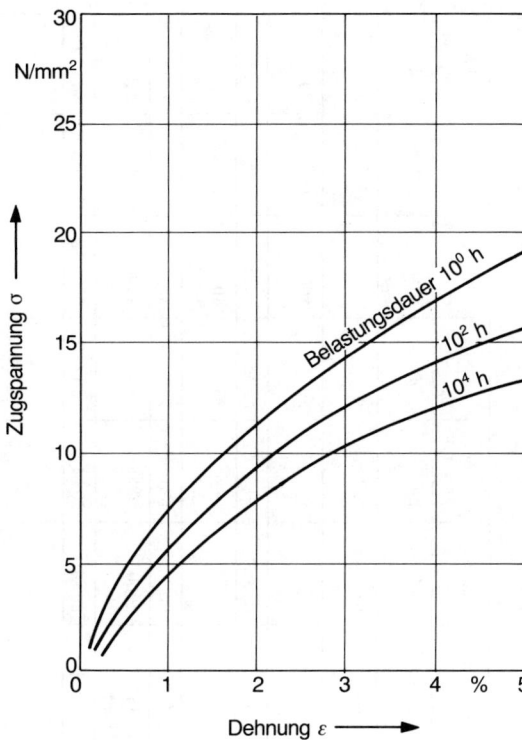

Bild 2.11
Isochrone Spannungs-Dehnungs-Linien
von PA 6 bei 20 °C [1]

N/mm²

Zugspannung σ

Belastungsdauer 10⁰ h
10² h
10⁴ h

Dehnung ε

Beispiel PA 6:

$$\cdots \left[\begin{matrix} H \\ N-CH_2-CH_2-CH_2-CH_2-CH_2-C \\ O \end{matrix} \right]_n \begin{matrix} H \\ N-CH_2- \end{matrix} \cdots$$

Amidgruppe

Eigenschaften

Durch die Häufigkeit der Amidgruppe im Kettenverband werden bestimmte Eigenschaftsmerkmale in gewissen Grenzen verändert.

Je öfter die Amidgruppe im Kettenverband auftritt, desto größer sind die zwischenmolekularen Bindungskräfte und desto mehr Wasser kann vom PA aufgenommen werden. Die Wasseraufnahme verleiht dem PA den zähharten Zustand, was sich durch hohe Schlagzähigkeit, hohe Abriebfestigkeit und gute Gleiteigenschaften bemerkbar macht. Nachteilig für PA ist die Abhängigkeit der mechanischen Eigenschaften und der Maßhaltigkeit vom Feuchtigkeitsgehalt.

PA können dynamisch hoch beansprucht werden und zeigen auch bei Langzeitbeanspruchung kaum Ermüdungserscheinungen. Die hohe Festigkeit der PA nimmt bei langer Belastungsdauer ab, was aus den isochronen Spannungs-Dehnungs-Linien in Bild 2.11 für PA 6 und in Bild 2.12 für PA 610 zu erkennen ist.

119

Tabelle 2.20 Eigenschaften der Polyamide [PA]

Eigenschaften	Einheit	DIN-Norm	PA 6	PA 6, 30% GF	Guß-PA	PA 66	PA 66, 35% GF	PA 610	PA 11	PA 12	PA amorph
Dichte	g/cm³	1306/53479	1,13	1,36	1,14	1,14	1,4	1,08	1,04	1,02	1,12
Spannung an der Streckgrenze	N/mm²	53371/53455	40	100	60	65	160	40	50	45	85
Dehnung an der Streckgrenze	%	53455	200	–	40	150	5	500	500	300	70
Schlagzähigkeit	mJ/mm²	53453	o. Br.	40	o. Br.	o. Br.	40	o. Br.	o. Br.	o. Br.	o. Br.
Kerbschlagzähigkeit	mJ/mm²	53453	25 bis o. Br.	17	33	20	14	13	40	10 bis 20	13
Kugeldruckhärte	N/mm²	53456	70	110	70	90	170	70	50	70	140
E-Modul (aus Zugversuch)	N/mm²	53457	1400	5000	1500 bis 4000	2000	10000	1500	1000	1600	2000
Lineare Wärmedehnzahl	1/K	–	$80 \cdot 10^{-6}$	$30 \cdot 10^{-6}$	$80 \cdot 10^{-6}$	$80 \cdot 10^{-6}$	$20 \cdot 10^{-6}$	$100 \cdot 10^{-6}$	$130 \cdot 10^{-6}$	$150 \cdot 10^{-6}$	$80 \cdot 10^{-6}$
Gebrauchstemperatur ohne mechanische Beanspruchung in Luft kurzzeitig	°C	–	140 bis 180	180 bis 220	140 bis 180	170 bis 200	190 bis 240	140 bis 180	140 bis 150	140 bis 150	130 bis 140
langzeitig	°C	–	80 bis 100	100 bis 130	80 bis 100	80 bis 100	100 bis 130	80 bis 110	70 bis 80	70 bis 80	80 bis 100
Vicat-Erweichungstemperatur (Verfahren B)	°C	53460	180	200	–	200	–	170	–	165	145
Spez. Durchgangswiderstand*	Ω · cm	53482	10^9	10^{11}	10^{11}	10^{11}	10^{11}	10^{13}	10^{13}	10^{13}	10^{13}
Dielektrischer Verlustfaktor*	–	53483	0,3	0,2	0,3	0,2	0,16	0,2	0,06	0,09	0,03
Dielektrizitätszahl*	–	53483	7	6	–	6	5	4	4	4	4
Wasseraufnahme**	%	53459	2,5 bis 3,5	1,6 bis 2,2	2,5 bis 3,0	2,5 bis 3,1	1,5 bis 1,9	1,2 bis 1,6	0,8 bis 1,2	0,7 bis 1,1	2,6 bis 3,4

* Elektrische Werte bei luftfeuchtem PA. ** Wasseraufnahme bei Normalklima.

120

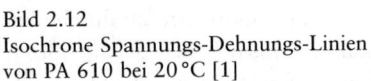

Bild 2.12
Isochrone Spannungs-Dehnungs-Linien
von PA 610 bei 20 °C [1]

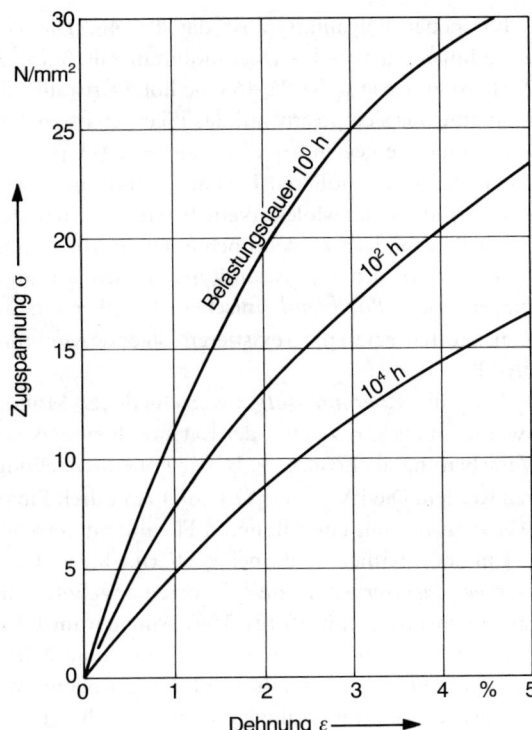

Weitere Eigenschaften von PA sind:

☐ hohes Dämpfungsvermögen,

☐ hohe Formbeständigkeit in der Wärme.

☐ Die elektrischen Eigenschaften werden von der Wasseraufnahme beeinflußt. Im allgemeinen sind sie aber ausreichend kriechstromfest.

☐ Die verschiedenen PA-Typen nehmen unterschiedliche Mengen von etwa 1 bis maximal 3,5 % Wasser auf, PA 66 am meisten und PA 12 am wenigsten.

☐ Die chemische Beständigkeit der PA ist sehr gut. Insbesondere die Benzin-, Öl- und Fettbeständigkeit gestattet den Einsatz im Fahrzeugwesen. Gegen Ester, Alkohole, Ketone, Ether, Chlorkohlenwasserstoffe, Laugen und verdünnte organische Säuren sind sie beständig, unbeständig dagegen bei Einwirkung von Mineralsäuren sowie konzentrierter Ameisensäure bei den Typen PA 6 und 66.

☐ PA sind nicht besonders witterungs- und lichtstabil. Es ist deshalb angebracht, für den Außeneinsatz entsprechende Stabilisatoren einzuarbeiten. Besten Lichtschutz erreicht man durch Einfärben mit Ruß.

Beeinflussung der Eigenschaften der PA durch nachfolgend beschriebene Maßnahmen:
Der *Kristallisationsgrad* ist durch die Verarbeitung bei PA stark durch die Abkühlgeschwindigkeit variierbar (bis 40%). Mit höherem Kristallisationsgrad nimmt die Wasseraufnahme ab, verbessert werden die mechanischen und elektrischen Eigenschaften sowie die Maßhaltigkeit und die Abriebfestigkeit.

121

Ein neuer Polyamidtyp ist das PA 46. Die Polykondensation erfolgt durch den Zusammenbau von 1,4 Diaminobutan mit Adipinsäure. Aufgrund der gleichmäßigen Kettensymmetrie weist PA 46 eine hohe Kristallisationsgeschwindigkeit sowie Kristallinität auf, was sich positiv auf das Eigenschaftsspektrum auswirkt. Die höhere Feuchtigkeitsaufnahme gegenüber den anderen PA-Typen wird hinsichtlich der Dimensionsstabilität durch den höheren Kristallinisationsgrad wieder ausgeglichen. Die hohe Amidgruppenzahl in der Molekülkette bewirkt einen hohen Schmelzpunkt von 295 °C, womit dieser Polyamidtyp zu den hochtemperaturbeständigen Thermoplasten zu zählen ist.

Die verschiedenen Polyamidtypen lassen sich untereinander zu sogenannten «Legierungen» oder *Polyblends* mischen. Darüber hinaus kann man PA auch mit anderen Kunststoffen legieren. So existieren folgende Kombinationen: PA-PE, PA-PET, PA-POM, PA-EP.

Auch die *Cokondensation* verschiedener Monomere läßt Produkte entstehen, die zwar nicht als Spritzgieß- oder Extruderformmassen Verwendung finden, aber über die Verarbeitung als Lösung, z. B. zur Folienherstellung oder Drahtisolierung, herangezogen werden. Die PA 11 und 12 kann man durch Einarbeiten von 10 bis 20 % bestimmter *Weichmacher* mit einer höheren Flexibilität versehen.

Um die Steifheit z. B. bei größerflächigen Gehäuseteilen aus PA zu verbessern, werden *glasfaserverstärkte PA-Sorten* angeboten. In der Regel werden 0,1 bis 0,5 mm lange Glasfasern mit 30 bis 35% Anteilen im PA 6 und PA 66 als Verstärkungsstoff eingesetzt. Darüber hinaus verbessern sich die Wärmeformbeständigkeit, die Zugfestigkeit und Dimensionsstabilität infolge geringerer Wasseraufnahme.

Eigenschaftsveränderungen werden auch erreicht durch *Schmierung* und *Verstärkung* mit pulvrigen Zusätzen.

Für dickwandige Teile (z. B. größere Zahnräder) ist vielfach ein *Tempern* angebracht, um innere Spannungen abzubauen und um eventuell eine Nachkristallisation zur Verbesserung der Eigenschaften vorzunehmen. Dazu legt man die Teile für etwa 10 bis 20 h in ein Spezialöl und erhitzt das Bad auf Temperaturen von 140 bis 170 °C.

Die Wasseraufnahme der PA unter normalen atmosphärischen Bedingungen dauert nach erfolgter Verarbeitung etwa 3 Monate. In dieser Zeit werden die Maße der Teile ständig geringfügig größer. Bei Einbau von PA-Teilen in Geräten, wobei Wert auf

Tabelle 2.21   Verarbeitungshinweise für Polyamide [PA]

Verarbeitung	PA 6	PA 66	PA 610	PA 11, PA 12	PA amorph
Spritzgießen					
Massetemperatur [°C]	230 bis 280	260 bis 320	230 bis 280	210 bis 250	260 bis 290
Spritzdruck [bar]	700 bis 1200	700 bis 1200	700 bis 1200	700 bis 1250	700 bis 1200
Werkzeugtemperatur [°C]	80 bis 90	in besonderen Fällen 120 °C		40 bis 80	70 bis 90
Schwindung [%]	0,5 bis 2,2	0,5 bis 2,5	0,5 bis 2,8	0,5 bis 1,5	0,4 bis 0,6
Extrudieren					
Massetemperatur [°C]	240 bis 300	250 bis 300	230 bis 290	230 bis 290	250 bis 280
Massedruck [bar]	150 bis 300	150 bis 300	150 bis 300	150 bis 350	150 bis 300
Hohlkörperblasen					
Massetemperatur [°C]	250 bis 260	270 bis 290	230 bis 250	200 bis 230	240 bis 255
Werkzeugtemperatur [°C]	80	90	80	70	< 40

122

Paßgenauigkeit gelegt wird, muß man die Wasseraufnahme beschleunigen. Das geschieht durch *Konditionieren*. Die Teile kommen direkt nach der Verarbeitung in warme Wasserbäder und bleiben dort so lange, bis die gewünschte Wasseraufnahme erreicht ist. Dabei wird keine Sättigung angestrebt, sondern nur der Zustand, der unter normalen Bedingungen auch vorliegen würde.

Verarbeitung

PA lassen sich durch *Spritzgießen, Extrudieren* und *Hohlkörperblasen* verarbeiten. In Tabelle 2.19 sind einige Verarbeitungshinweise zusammengefaßt.

Für die genannten Verarbeitungsverfahren ist es notwendig, trockenes Granulat (Feuchtigkeitsgehalt 0,2%) zu verwenden, andernfalls ist eine Trocknung vorzunehmen. Weil PA oberhalb von 80 °C vergilben und oberflächlich verspröden können, ist eine Trocknung im Vakuumtrockenschrank angeraten.

PA lassen sich durch *Kleben* verbinden. Dafür wird eine ganze Reihe von Spezialklebstoffen hauptsächlich auf Lösungsmittelbasis (Ameisensäure) angeboten.

Gußpolyamid
Monomeres Caprolactam schmilzt bei einer Temperatur von 69 °C und hat dann etwa die Viskosität von Wasser. Gibt man dieser Caprolactamschmelze ein abgestimmtes Gemisch von Katalysatoren und Aktivatoren zu, lassen sich bei entsprechender Temperaturführung große dickwandige Formstücke (Halbzeugblöcke) aus PA 6 gießen.

Auch der *Schleuderguß* zur Herstellung von rotationssymmetrischen Hohlstücken und das *Rotationsformen* klein- bis großvolumiger Hohlkörper (5000-l-Tanks) wird angewandt.

Anwendungen

PA sind für Anwendungen im Bereich der Technik aufgrund ihrer hervorstechenden Eigenschaften besonders geeignet. Die ausgezeichneten Gleit- und Notlaufeigenschaften von PA lassen eine Verwendung als Lagerwerkstoff zu. Auch für die Verwendung als Packmaterial ist es gut geeignet. Die geringe Durchlässigkeit für Gase und Dämpfe zeichnet es insbesondere für die Lebensmittelverpackung aus.

Im einzelnen finden die PA Anwendungen in den Bereichen:

Maschinen- und Gerätebau
Zahnräder, Laufrollen, Schrauben, Muttern, Gleitlager, Kugellagerkäfige, Kupplungsteile, glasfaserverstärkte Typen für großflächige, steife Gehäuseteile, Typen mit Graphit für wartungsfreie Lager- und Gleitelemente.

Elektrotechnik
Spulenkörper, Gehäuse für Elektrogeräte (z. B. Handbohrmaschinen), abriebfeste Kabelummantelungen, Kabelstecker und -kupplungen, Blitzlichtgeräte.

Fahrzeugbau
Lüfterräder, Ölfilter, Autoschloßteile, Vergaserteile, Kurbeln, Bremsflüssigkeitsbehälter, Schwimmer für Benzintanks, Öl- und Benzinschläuche.

Möbelbau
Türbeschläge und -klinken, Möbelscharniere, beschichtete Gartenmöbel, Dübel.

Verpackung
Hohlkörper, papierbeschichtete Verpackungstüten, Flach- und Schlauchfolien, insbesondere Verbundfolien für gasdichte Wurst- und Käseverpackungen.

Haushaltsartikel
Küchengeräte und -maschinen, Staubsaugergehäuse.

Sonstiges
Borsten, Seile, Taue, Fischereinetze, Angelschnüre, Puppenhaar.

2.16   Polycarbonat [PC]

Polycarbonat wird seit 1956 großtechnisch – zuerst von Bayer (Leverkusen), zwei Jahre später von General Electric – hergestellt.

Aufbau

Polycarbonat zählt zu den amorphen Thermoplasten, weil der Kristallisationanteil nur bis 5% beträgt. PC-Formmassen sind in DIN 7744 hinsichtlich Einteilung und Bezeichnung genormt.

Hergestellt wird Polycarbonat aus Bisphenol A, einem Produkt aus Phenol und Aceton, und Phosgen nach dem Polykondensationsverfahren. Dabei werden etwa je 120 Bausteine zu einem Kettenverband zusammengebaut.

Bisphenol A   Phosgen

Polycarbonat

Eigenschaften

Der Einbau von Benzolringen in den Kettenverband behindert die Beweglichkeit der Makromoleküle, worauf die hohe Steifigkeit und die hohe Temperaturbeständigkeit zurückzuführen sind.

Darüber hinaus weist Polycarbonat folgende Eigenschaften auf:

☐ hohe Festigkeit, Härte und Zähigkeit,

☐ Temperaturbeständigkeit von −150 bis +135 °C, bei glasfaserverstärkten Typen bis +145 °C,

124

- [ ] glasklare Transparenz,
- [ ] gute elektrische Isoliereigenschaften,
- [ ] geringe Wasseraufnahme.
- [ ] PC ist beständig gegen Benzin, Fette, Öle und aliphatische gesättigte Kohlenwasserstoffe; es ist kurzzeitig kochfest und bei 120 °C sterilisierbar.
- [ ] PC ist unbeständig gegen starke Säuren und Laugen, aromatische und chlorierte Kohlenwasserstoffe und langzeitige Einwirkung von heißem Wasser.
- [ ] PC ist anfällig gegen Spannungsrißbildung. Der Abbau der Eigenspannungen wird durch Tempern bis 120 °C erreicht.
- [ ] Die Witterungsbeständigkeit ist ausgezeichnet.
- [ ] PC brennt, verlöscht aber wieder nach Entfernen der Zündquelle.

Es besteht die Möglichkeit, Bisphenol A mit Chlor- oder Bromatomen an den Benzolringen auszurüsten. Durch Cokondensation dieser halogenierten Bausteine in den Kettenverband erhält man sehr flammfest ausgerüstete Polycarbonate.

Zur Verbesserung der Steifigkeit von PC werden auch glasfaserverstärkte Typen mit einem Glasfaseranteil von 40% angeboten.

Tabelle 2.22   Eigenschaften von Polycarbonat unverstärkt und verstärkt

Eigenschaften	Einheit	DIN-Norm	Standardtyp	30% GV
Dichte	g/cm^3	1306/53479	1,20	1,42
Spannung an der Streckgrenze	N/mm^2	53371/53455	> 60	90
Dehnung an der Streckgrenze	%	53455	> 80	3,5
Schlagzähigkeit	mJ/mm^2	53453	o. Br.	40
Kerbschlagzähigkeit	mJ/mm^2	53453	> 20	8
Kugeldruckhärte	N/mm^2	53456	95	160
E-Modul (aus Zugversuch)	N/mm^2	53457	2200	6000
Lineare Wärmedehnzahl	1/K	–	60 bis 70 · 10^{-6}	25 bis 30 · 10^{-6}
Gebrauchstemperatur ohne mechanische Beanspruchung in Luft				
kurzzeitig	°C	–	–135 bis +145	–135 bis +150
langzeitig	°C	–	–135 bis +135	–135 bis +145
Vicat-Erweichungstemperatur (Verfahren B)	°C	53460	138	145
Spez. Durchgangswiderstand	Ω · cm	53482	> 10^{16}	> 10^{16}
Dielektrischer Verlustfaktor (50 bis 10^6 Hz)	–	53483	0,0008 bis 0,011	0,0001 bis 0,012
Dielektrizitätszahl (50 bis 10^6 Hz)	–	53483	3,0 bis 2,9	3,3
Wasseraufnahme	%	53495	<0,2	<0,2

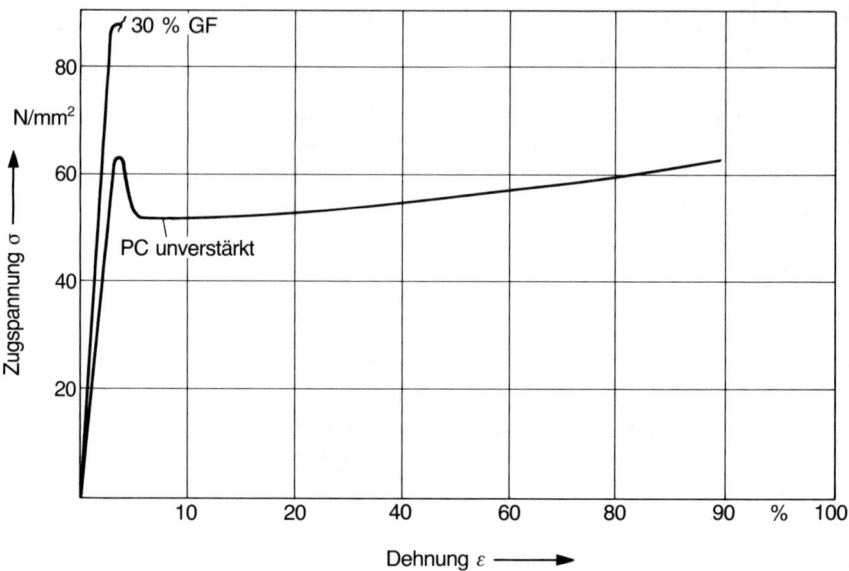

Bild 2.13 Spannungs-Dehnungs-Diagramm von Polycarbonat unverstärkt und mit 30% Glasfaseranteil

Das Spannungs-Dehnungs-Verhalten von PC ist gekennzeichnet durch einen weiten Fließdehnungsbereich. Dieser ist bei glasfaserverstärkten Typen nicht vorhanden (Bild 2.13).

Neben der verbesserten Steifigkeit, Zugfestigkeit und Wärmeformbeständigkeit glasfaserverstärkter PC-Typen erhöhen sich auch Druckfestigkeit und Maßhaltigkeit. Wärmeausdehnung und Brennbarkeit werden reduziert.

Die Lichtdurchlässigkeit von glasklarem PC liegt je nach Dicke der Teile zwischen 80 und 90%. Durch UV-Licht, das absorbiert wird, tritt im Lauf der Zeit eine Vergilbung und Verminderung der Schlagzähigkeit auf. Daher sollte PC im Außeneinsatz mit UV-Stabilisatoren ausgerüstet sein.

Zur Erhöhung der Wärmeformbeständigkeit hat man vom Polykarbonat sogenannte *Cokondensate* entwickelt, bei denen ein Teil des Phosgens durch Anteile von ringförmig aufgebauten Molekülbausteinen ersetzt wurde. Je nach Molekülstruktur und Anteil im Kettenverband sind Vicat-B-Temperaturen bis 205 °C zu erreichen.

Bringt man anteilig schwefelhaltige Ringstrukturen in den Polymerverband ein, dann läßt sich insbesondere die Kerbschlagzähigkeit gegenüber dem Standard-PC wesentlich verbessern.

Verarbeitung

Spritzgießen, Extrudieren, Hohlkörperblasen
Vor der Verarbeitung muß PC getrocknet werden (Feuchtigkeitsgehalt 0,02%) Daher ist die Formmasse mindestens 4 h bei etwa 120 °C und einer Schütthöhe von etwa 2 cm

126

Tabelle 2.23   Verarbeitungsbedingungen für Polycarbonat [PC]

Verarbeitung	Massetemperatur [°C]	Werkzeugtemperatur [°C]	Spritzdruck [bar]
Spritzgießen	270 bis 310	85 bis 120	800 bis 1200
Extrudieren	240 bis 280		
Hohlkörperblasen	240 bis 280		

vorzutrocknen. Auch bei gasdicht verpackten PC-Gebinden ist eine Vorwärmung zu empfehlen. Der Einsatz eines Wärmetrichters auf der Verarbeitungsmaschine ist ratsam, damit das Granulat beim Abkühlen nicht wieder Feuchtigkeit aufnimmt.

Die Verarbeitungstemperaturen liegen – gemessen an den Massenkunststoffen – recht hoch; daher müssen Heizungen und Regler der Verarbeitungsmaschinen bis mindestens 350 °C ausgelegt sein. Beim Spritzgießen ist der Nachdruck so niedrig wie möglich zu wählen, um spannungsarme Teile zu erhalten.

Die *Verarbeitungsschwindung* ist in Fließrichtung geringfügig kleiner als senkrecht dazu und liegt im allgemeinen bei 0,3 bis 0,5%.

Halbzeugverarbeitung

Die spanende Verarbeitung ist problemlos möglich. Sollte Kühlung erforderlich sein, darf keine Ölemulsion, sondern nur Luft oder klares Wasser verwendet werden.

Schweißen kann man PC am besten durch das Heizelementschweißen. Aber auch alle anderen Schweißverfahren sind anwendbar. Eventuell ist ein anschließendes Tempern angebracht.

Kleben läßt sich PC mit Lösungsmitteln, Lösungsmittelklebstoffen und Reaktionsklebstoffen. Bei Lösungsmitteleinsatz ist ein Ausheizen desselben bei höheren Temperaturen erforderlich.

Das Warmformen von Tafeln wird vorgenommen, indem man das Material je nach Wanddicke mehrere Stunden auf Temperaturen von etwa 110 °C vorwärmt. Die Verformungstemperatur beträgt für das Streckziehen mittels Druckluft oder Vakuum 180 bis 210 °C. Auch die Werkzeuge sollten auf höhere Temperaturen (etwa 100 °C) geheizt sein.

Anwendungen

PC wird durch seine hervorragenden Eigenschaften bevorzugt in der Technik sowie im Haushalt eingesetzt.

In den letzten Jahren ist der PC-Verbrauch hinsichtlich der Herstellung von optischen Speichermedien enorm gestiegen.

Hierfür wird ein Typ verwendet, der sich durch leichtes Fließen, hohe Reinheit und hohe optische Qualität auszeichnet.

Optische Speichermedien sind: Compact-Disc, Compact-Disc-Permanentspeicherplatte, Bildspeicher-Compact-Disc.

Eine weitere Verbrauchssteigerung erfährt das PC durch den Einsatz im Kraftfahrzeugwesen, und zwar als Scheinwerfer-Streuscheibe.

Neueste Lackentwicklungen lassen auf lackiertem PC bereits heute Abriebfestigkeiten in einer von Glas bekannten Größenordnung zu.

Maschinen- und Gerätebau
Gehäuseteile, Nockenscheiben, Schreib- und Nähmaschinenteile, Rechner- und Rasierapparatgehäuse, Abdeckhauben, Geräte für den medizinischen Bedarf, Filtertassen, Schaugläser, Lüfterräder.

Elektrotechnik
Steckkontakt- und Klemmleisten, Spulenkörper, Schaltkastengehäuse und -abdeckungen, Leuchtstoffröhrensockel, Schutzschalter, Starkstromstecker und -kupplungen.

Foto- und Phonobereich
Radio- und Fernsehgehäuse, Ferngläser, Telefone, Teile für Film-, Foto-, Radio- und Fernsehgeräte.

Fahrzeugbau
Blinker, Rückleuchten, Heizungsgitter, Belüftungs- und Kühlergrills.

Lichttechnik und Bauwesen
Lichtbänder, -dächer und -kuppeln, Leuchtenabdeckungen, Balkon- und Brückenbrüstungen, Türfüllungen, Sichtscheiben für Telefonzellen und Bushaltestellen, Gartenhausabdeckungen (Doppelstegplatten), Isolierpanzerglas.

Haushaltsartikel
Geschirr, Küchengeräte und -maschinen, Staubsaugergehäuse, Flaschen und Kanister.

2.17 Polyethylenterephthalat [PET]

Polyethylenterephthalate sind als lineare, gesättigte Polyester thermoplastische Kunststoffe, die seit 1966 als Konstruktionswerkstoffe eingesetzt werden.
Die Herstellung erfolgt durch Polykondensation in zwei Stufen:
1. Umesterung von Dimethylterephthalat mit Ethylenglykol bzw. Butandiol-1,4,
2. Polykondensation.
PET wird seit den 50er Jahren des 20. Jh. durch Extrusion zu hochwertigen Spinnfasern (Trevira, Diolen, Dacron) und Folien (Mylar, Hostaphan) verarbeitet.
1966 wurde das PET als Formmasse von Akzo eingeführt. Anfang der siebziger Jahre kam als Weiterentwicklung das PBT auf den Markt und hat seither große Marktanteile im Spritzgießsektor erreicht.

Aufbau
Durch den linearen Aufbau der Kettenmoleküle entsteht ein kristallines Gefüge mit etwa 30 bis 40% Kristallinität. Die Kristallinität kann durch den Einbau geeigneter

128

Comonomere so weit verringert werden, daß auch glasklare Produkte mit amorpher Struktur entstehen.

$$\cdots -\left[O-\underset{\underset{H}{|}}{\overset{\overset{H}{|}}{C}}-\underset{\underset{H}{|}}{\overset{\overset{H}{|}}{C}}-O-\underset{\overset{\|}{O}}{C}-\langle\bigcirc\rangle-\underset{\overset{\|}{O}}{C} \right]_n -\cdots$$

Polyethylenterephthalat

Eigenschaften

☐ PET hat eine für thermoplastische Kunststoffe große Härte, Festigkeit und hervorragende Steifigkeit,
☐ gute Zähigkeit, auch in der Kälte,
☐ günstiges Zeitstandverhalten,
☐ niedrigen Reibungskoeffizient, hohe Abriebfestigkeit,
☐ sehr gute Maßbeständigkeit,
☐ Anwendungsbereich von −40 bis +100 °C,
☐ im teilkristallinen Gefügezustand naturfarbig (weiß),
☐ im amorphen Gefügezustand glasklar (transparent),
☐ gute elektrische Isoliereigenschaften,
☐ hohe Kriechstromfestigkeit,
☐ geringe Wasseraufnahme,
☐ physiologisch unbedenklich,
☐ PET ist beständig gegen Wasser bei Raumtemperatur, verdünnte Säuren, neutrale und saure Salze, Alkohol, Ether, Öle, Fette, perchlorierte, aromatische und aliphatische Kohlenwasserstoffe.
☐ PET ist nicht beständig gegen:
   Alkalien, überhitzten Dampf, Ketone, Phenole, Ester, oxidierende Säuren und Chlorkohlenwasserstoffe,
☐ PET ist spannungsrißbeständig,
☐ witterungs- und heißluftbeständig,
☐ brennbar bei rußender Flamme (es riecht süßlich aromatisch),
☐ gegenüber dem teilkristallinen Gefügezustand sind beim amorphen PET Härte, Steifigkeit und Wärmeformbeständigkeit etwas geringer, die Zähigkeit liegt jedoch dafür höher.

Neben den amorphen und teilkristallinen Grundtypen gibt es verschiedene Sondertypen:
   Zur Erhöhung von Festigkeit, E-Modul und Zeitstandfestigkeit sind glasfaserverstärkte teilkristalline Typen erhältlich.
   Wegen der leichten Brennbarkeit gibt es flammwidrig ausgerüstete Typen.
Polymer-Blends werden eingesetzt zur Verbesserung des Fließverhaltens (PET/Acryl-Polymer). Durch PBT/PET-Hybridtypen wird die schwierigere Verarbeitung des preisgünstigeren PET verbessert.

Tabelle 2.24 Physikalische Eigenschaften von PET/PBT

Eigenschaften	Einheit	DIN-Norm	PET amorph*	PET mit 30% GF	PBT teil-kristallin	PBT mit 30% Mikro-glaskugeln
Dichte	g/cm^3	53479	1,33	1,49	1,31	1,54
Spannung an der Streckgrenze	N/mm^2	53455	55	–	55 bis 66	–
Dehnung an der Streckgrenze	%	53455	4	–	~ 4	–
Schlagzähigkeit bei +23 °C bei −40 °C	kJ/mm^2	53453	o. Br. –	18 –	o. Br. 30 bis o. Br.	30 bis 32 22 bis 25
Kerbschlagzähigkeit bei +23 °C bei −40 °C	kJ/mm^2	53453	4 bis 5 –	8 –	2,5 bis 3,5 2,5 bis 3,5	~ 3,0 ~ 3,0
Kugeldruckhärte H 30	N/mm^2	53456	110	230	130	170
E-Modul (aus Zugversuch)	N/mm^2	53457	2400	6000	2600	4000
Lineare Wärme-dehnzahl	1/K	–	$8 \cdot 10^{-5}$	$4 \cdot 10^{-5}$	$7 \cdot 10^{-5}$	$6 \cdot 10^{-5}$
Gebrauchstemperatur ohne mechanische Beanspruchung in Luft kurzzeitig langzeitig	°C °C	– –	180 100	190 130	170 120	200 120
Vicat-Erweichungs-temperatur (Verfahren B)	°C	53460	180	200	180	195
Spez. Durchgangs-widerstand	Ω · cm	53482	10^{16}	10^{15}	10^{16}	10^{16}
Wärmeleitzahl	W/m · K	–	0,24	0,28	0,25	–
Dielektrischer Verlustfaktor 50 Hz 10^6 Hz	– –	53483	0,02	0,01	0,007 0,012	0,006 0,008
Dielektrizitätszahl (bis 10^6 Hz)	–	53483	3,3	3,6	3,3	3,6
Wasseraufnahme	%	53495	0,9	0,6 bis 0,7	0,5 bis 0,6	0,4 bis 0,5

* Dichte von PET: teilkristallin 1,37 g/cm^3, amorph 1,33 g/cm^3.

Seit 1976 sind für CO_2-haltige Getränkeflaschen spezielle PET-Typen in «bottle-grade»-Qualität als Barrierekunststoffe mit besonders niedriger Durchlässigkeit für Sauerstoff und Kohlendioxid auf dem Markt. Diese Typen mit reduzierter Kristallisationsgeschwindigkeit für die Herstellung von hochtransparenten Getränkeflaschen im Zweistufenverfahren erhält man durch spezielle Verfahrensweisen bei der Polykondensation.

Tabelle 2.25 Gasdurchlässigkeit von Kunststoffen mit Barriereeigenschaften

Gasdurch-lässigkeit gegen	Physikalische Einheit	PAN		PET		PVC	
		nicht orient.	orient.	nicht orient.	orient.	nicht orient.	orient.
Sauerstoff	$\dfrac{cm^3 \cdot mm}{m^2 \cdot d \cdot bar}$	0,3 bis 0,4	0,15 bis 0,25	4 bis 4,5	1,8 bis 3,5	6 bis 7	3 bis 3,5
Kohlendioxid	$\dfrac{cm^3 \cdot mm}{m^2 \cdot d \cdot bar}$	0,6 bis 0,8	0,4 bis 0,5	10 bis 11	5 bis 8	10 bis 11	7,5 bis 9
Wasserdampf bei 20 °C/ 85% rel. F.	$\dfrac{g \cdot mm}{m^2 \cdot d}$	0,5 bis 0,8	0,3 bis 0,5	3	0,9 bis 2	0,8	0,6

> Die mechanischen und optischen Eigenschaften der PET-Flaschen werden weitgehend durch die Verstreckungsverhältnisse und -parameter sowie durch den erreichten Orientierungsgrad bestimmt.

Verarbeitung

Thermoplastische Polyester neigen in Gegenwart von Feuchtigkeit bei hohen Verarbeitungstemperaturen zu hydrolytischem Abbau; die mechanischen Eigenschaften von Formteilen verschlechtern sich dadurch.

Vortrocknung von feucht gewordenem Granulat ist deshalb vor der Verarbeitung unbedingt erforderlich:

Schichtdicke des Granulats 2 bis 3 cm
Trockentemperatur 130 bis 140 °C
Trockendauer 5 bis 7 h

PET wird vorzugsweise zum Spritzgießen verwendet. Durch Extrudieren werden Halbzeuge und vor allem glasklare Flachfolien (Polyesterfolien) mit ausgezeichneten mechanischen Festigkeitseigenschaften gefertigt, die verrottungsfest und resistent gegen Bakterien und Pilze sind.

PET-Fasern und -Drähte werden durch Schmelzspinnen und anschließendes bis zu 6faches Verstrecken zu endlosen hochfesten Fäden und Drähten verarbeitet.

Tabelle 2.26 Verarbeitungsbedingungen für PET

Verarbeitung	PET teilkristallin	PET teilkristallin verstärkt	PET amorph
Spritzgießen			
Massetemperatur [°C]	260 bis 290	260 bis 280	260 bis 270
Werkzeugtemperatur [°C]	140	130	20 bis 30
Spritzdruck [bar]	800 bis 1200	800 bis 1200	800 bis 1200
Schwindung [%]	1,2 bis 2,0	0,3 bis 0,8	0,2 bis 0,4
Extrudieren			
Massetemperatur [°C]	260 bis 280		
Werkzeugtemperatur [°C]	260 bis 270		

Beim Zweistufenverfahren (Spritzblasen) zum Herstellen von PET-Flaschen wird durch Spritzgießen erst ein Vorformling hergestellt, der dann in einem Blasformwerkzeug durch Streckblasen biaxial verformt wird. Die Wanddicke des Vorformlings darf maximal 4 mm betragen. Die Werkzeugtemperatur des Vorformlings muß mit entsprechendem Kühlmittel auf unter 5 °C gekühlt werden. Die biaxiale Verstreckung wird bei Temperaturen von 90 bis 120 °C durchgeführt.

PET-Formmassen sind typisiert (DIN 16779).

Bedrucken, Prägen und Vakuumbedampfen sind möglich.

Anwendungen

Fasern und Bändchen für technische Gewebe, Kunstrasen und Bekleidungsstoffe. Folien als Trägerfolie für Ton- und Videobänder, für Elektroisolationen, auch als Mehrschichtmaterial, für Kaschierungen mit Papier und PE, für Schrumpfpackungen. Glasklare Getränkeflaschen für CO_2-haltige Getränke. Spritzgußformteile für technische Funktionsteile mit geringem Abrieb und guten Gleiteigenschaften, Rollen, Räder, Schaltteile für Büromaschinen, glasklare Funktionsteile, Installations- und Pumpenteile, Ventile, Telefongehäuse.

2.18 Polybutylenterephthalat [PBT]

Die Herstellung des Polybutylenterephthalat erfolgt ähnlich wie die des Polyethylenterephthalat (Abschnitt 2.17).

Aufbau

PBT ist durch seinen Molekülaufbau ein teilkristalliner Thermoplast und weist zahlreiche dem PET verwandte Eigenschaften auf. Die geringeren mechanischen Eigenschaften lassen sich oft durch die problemlosere Verarbeitung ausgleichen.

Polybutylenterephthalat

Eigenschaften

☐ PBT hat eine für thermoplastische Kunststoffe große Härte, Steifigkeit und Festigkeit,

☐ sehr hohe Zähigkeit, auch in der Kälte,

☐ günstiges Gleit- und Verschleißverhalten,

☐ günstiges Zeitstandverhalten,

☐ gutes Fließverhalten, leichte Verarbeitbarkeit,

☐ hohe Wärmeformbeständigkeit,

☐ Anwendungsbereich −60 bis +110 °C, kurzfristig bis +170 °C, verstärkte Typen bis +200 °C,

- PBT ist naturfarbig opak und hat einen hohen Oberflächenglanz,
- die elektrischen Eigenschaften einschließlich der Kriechstromfestigkeit und des dielektrischen Verhaltens sind gut,
- PBT hat eine geringe Wasseraufnahme,
- es ist physiologisch unbedenklich,
- die Beständigkeit entspricht fast der von PET,
- PBT ist nicht beständig gegen aromatische und aliphatische Kohlenwasserstoffe,
- es zeigt keine Spannungsrißanfälligkeit und ist gut witterungsbeständig,
- PBT brennt mit gelb-orangener, rußender Flamme und tropft nicht.

Wegen der Brennbarkeit von PBT sind die meisten Formmassentypen mit Flammschutzmittel ausgerüstet.

Physikalische Eigenschaften von PBT siehe Tabelle 2.24.

Neben den Grundtypen sind zur Verbesserung der mechanischen Eigenschaften faserverstärkte Typen mit unterschiedlichen Verstärkungsstoffen erhältlich. Das Verstärken bei PBT führt gegenüber dem PET zu kürzeren Zykluszeiten, breiterem thermischen Verarbeitungsbereich, schnellerer Rekristallisation und niedrigerem Schmelzbereich.

Ein teilweiser Austausch der Glasfaser durch Glaskugeln bzw. Glimmer ergibt Formmassen mit verbessertem Verzugsverhalten.

Durch Modifizieren von PBT-Formmassen mit Blends oder Pfropfpolymerisaten erhält man höhere Kerbschlagzähigkeit.

Für Blends werden eingesetzt: PC, PA, PTFE, TPE auf Styrol-Dien-Basis.

PBT-Formmassen sind typisiert (DIN 16779).

Verarbeitung

Der Hinweis in Abschnitt 2.17 bezüglich der Feuchtigkeit gilt auch für das PBT.

Eine Vortrocknung von feucht gewordenem Granulat ist erforderlich:

Schichtdicke des Granulats 2 bis 3 cm,

Trockentemperatur etwa 120 °C,

Trockendauer etwa 5 h.

Es werden die gleichen Verarbeitungsverfahren wie beim PET angewandt.

Tabelle 2.27   Verarbeitungsbedingungen für PBT

Verarbeitung	PBT unverstärkt	PBT verstärkt
Spritzgießen		
Massetemperatur [°C]	230 bis 260	250 bis 270
Werkzeugtemperatur [°C]	60	bis 120
Spritzdruck [bar]	800 bis 1200	800 bis 1200
Schwindung [%]	1,0 bis 2,0	0,4 bis 1,3
Extrudieren		
Massetemperatur [°C]	250 bis 280	
Werkzeugtemperatur [°C]	250 bis 270	

Anwendungen

Wegen der leichten Verarbeitung und des sehr guten Verschleißverhaltens werden überwiegend technische Formteile im Spritzgießverfahren aus verstärkten Typen hergestellt.

Fahrzeugbau
Verteilerkästen, Benzinfilter, Tankverschlüsse, Heizungsklappen, Scheinwerfer, Karosserieteile, Zündkerzenstecker.

Elektrotechnik
Lampenfassungen, Miniaturschalter, Spulenkörper, Bürstenhalterbrücken, Schalter, Nockenteile, Telefongehäuse, Kopfhörerbügel, Infrarotlampen, Unterwasserscheinwerfer.

Haushaltsartikel
Haarpflegegeräte, Toasterteile, Fonduegeräte, Kaffeemaschinen, Eierkocher, Staubsaugerteile.

Sonstiges
Programmschaltwalzen, Pumpenteile, Zahnräder, Gleitlager und -elemente.

2.19   Polyphenylenether [PPE]

PPE wird durch Polykondensation hergestellt und wurde durch General Electric Plastic (GEP) im Jahr 1965 unter der Bezeichnung Polyphenylenoxid [PPO] im Markt eingeführt.

Trotz ausgezeichneter physikalischer und chemischer Eigenschaften neigt das Homopolymerisat oberhalb von 100 °C zu beschleunigtem oxidativem Abbau. Deshalb wurde das Homopolymerisat mit PS bzw. PAN modifiziert und ist nur als Polyblend erhältlich.

> In den weiteren Ausführungen ist unter PPE immer das modifizierte PPE zu verstehen.

Aufbau
PPE ist ein amorpher Thermoplast.

134

Tabelle 2.28 Physikalische Eigenschaften von PPE

Eigenschaften	Einheit	Prüfvorschrift	PPE unverstärkt	PPE mit 30% GF
Dichte	g/cm^3	DIN 53479	1,06	1,27
Spannung an der Streckgrenze	N/mm^2	DIN 53455	45 bis 55	–
Dehnung an der Streckgrenze	%	DIN 53455	2 bis 7	–
Reißfestigkeit	N/mm^2	DIN 53455	–	120
E-Modul (aus Zugversuch)	N/mm^2	DIN 53457	2400 bis 2500	9000
Schlagzähigkeit	kJ/m^2	DIN 53453	>15	8 bis 10
IZOD-Kerbschlagzähigkeit bei +23 °C bei −40 °C	J/m	ASTM D256	200 bis 250 140	80 70
Kugeldruckhärte 10 S	N/mm^2	DIN 53456	90 bis 102	140
Lineare Wärmedehnzahl	1/K	–	$6 \cdot 10^{-5}$	$3 \cdot 10^{-5}$
Gebrauchstemperatur ohne mechanische Beanspruchung in Luft kurzzeitig langzeitig	°C °C	– –	~130 ~90	~130 ~90
Vicat-Erweichungstemperatur (Verfahren B)	°C	DIN 53460	120 bis 135	150
Wärmeleitzahl	W/m · K	–	0,16 bis 0,22	0,28
Spez. Durchgangswiderstand	Ω · cm	DIN 53482	10^{17}	10^{17}
Dielektrischer Verlustfaktor (50 Hz bis 10^6 Hz)	–	DIN 53483	$4 \cdot 10^{-4}/9 \cdot 10^{-4}$	$9 \cdot 10^{-4}/15 \cdot 10^{-4}$
Dielektrizitätszahl (bis 10^6 Hz)	–	DIN 53483	2,6	2,9
Wasseraufnahme	%	ASTM D570	0,066	0,06

Eigenschaften

☐ Hohe Steifigkeit und Härte,
☐ hohe Kälteschlagzähigkeit (bis − 40 °C),
☐ hoher Abriebwiderstand,
☐ hohe Dimensionsstabilität und besonders gute Maßbeständigkeit,
☐ gute elektrische Isoliereigenschaften,
☐ sehr geringe Wasseraufnahme,
☐ *heißsterilisierbar*, hohe Hydrolysebeständigkeit,
☐ physiologisch unbedenklich,
☐ PPE ist beständig gegen Alkohol, Netzmittel, Basen, kochendes Wasser, *Detergentien*, Laugen und verdünnte mineralische Säuren,

135

☐ PPE ist nicht beständig gegen Ketone, chlorierte und aromatische Kohlenwasserstoffe,
☐ es neigt wegen der Modifizierung mit PS zur Spannungsrißbildung,
☐ PPE ist witterungsbeständig,
☐ selbstverlöschend.

Zur Verbesserung der mechanischen Eigenschaften gibt es Sondertypen mit 20 bis 30% Glasfaserverstärkung.

Weitere Sondertypen sind:
☐ flammwidrige Ausrüstungen,
☐ galvanisierbare Einstellungen,
☐ treibmittelhaltige Einstellungen, weil PPE gut verschäumbar ist.
☐ modifizierte PPE + PA-Blends und PPE + PBT-Blends

Verarbeitung

Für die Herstellung qualitativ einwandfreier Formteile oder Halbzeuge wird die Vortrocknung des Granulats empfohlen, ansonsten sind Entgasungszylinder einzusetzen. Vortrocknung etwa 2 h bei 110 °C. Durch die gute Verarbeitbarkeit sind das Spritzgießen, Blasformen und auch das Extrudieren geeignete Verarbeitungsverfahren.

Verarbeitungstemperaturen 250 bis 315 °C.

Sondertypen können zu Strukturschaumteilen oder -halbzeugen verarbeitet werden. PPE eignet sich gut für die Weiterbearbeitung: Lackieren, Bedrucken, Metallisieren. Warmformen, Kleben und Ultraschallschweißen sind möglich.

Anwendungen

Fahrzeugbau
Kühlergrills, Radkappen, Zierleisten, Armaturenbretter, Scheinwerfersockel, Leuchtengehäuse, Instrumentengehäuse, Kfz-Spoiler, Lüfterdüsen.

Elektrotechnik
Stromschienen, Phono- und Rundfunkgehäuse, Regelapparaturen, Relaissockel, Computer- und Büromaschinenteile.

Bauwesen
Sonnenkollektoren, Fensterprofile, Armaturenteile, Zählergehäuse und Flügelräder für Wasserversorgungseinrichtungen.

Haushaltsartikel
Teile für Spül- und Waschmaschinen, Gehäuse für Kaffeemaschinen, mikrowellenfeste Lebensmittelverpackungen.

Sonstiges
Kamerateile, sterilisierbare medizinische Geräte, Gehäuse für Projektoren, Schaumplatten für Verpackungen mit direktem Lebensmittelkontakt.

136

2.20 Polysulfon [PSU]

Polysulfon gehört zu den hochwärmebeständigen Thermoplasten und wurde 1965 von Union Carbide im Markt eingeführt.

Die Herstellung erfolgt in einer Mehrstufenkondensationsreaktion aus Bisphenol A und 4,4 Dichlorsulfonylsulfon.

Aufbau

PSU ist ein linear aufgebauter Thermoplast mit amorpher Gefügestruktur und hoher Formbeständigkeit in der Wärme.

Polysulfon

Eigenschaften

□ PSU hat eine hohe Härte, Festigkeit und Steifigkeit,
□ weist Kerbempfindlichkeit auf,
□ zeigt gutes Zeitstandverhalten,
□ hat hohe Wärmeformbeständigkeit,
□ PSU ist transparent mit gelblicher Eigenfarbe (bernsteingelb),
□ es hat sehr gute elektrische Isoliereigenschaften und geringe dielektrische Verluste (auch bei hoher Temperatur und hoher Feuchtigkeit),
□ gute Hydrolysestabilität (sterilisierbar in Heißluft und Dampf),
□ geringe Wasseraufnahme,
□ physiologisch unbedenklich,
□ PSU ist beständig gegen Säuren, Laugen, Benzin, Fett, Öl, Detergentien, Salzlösungen,
□ PSU ist nicht beständig gegen Wasser bei höheren Temperaturen, Ketone, polare organische Lösungsmittel, aromatische und chlorierte Kohlenwasserstoffe,
□ es ist spannungsrißanfällig bei bestimmten Lösungsmitteln,
□ PSU hat eine geringe Witterungsbeständigkeit und ist schwerentflammbar,
□ gute Beständigkeit gegen energiereiche Strahlen.
Für besondere Anwendungen sind faserverstärkte und Galvanotypen erhältlich.

Zur Verbesserung der Kerbschlagzähigkeit sind Polyblends erhältlich:
PSU/ABS-Blend und PSU/SAN-Blend.

Verarbeitung

PSU ist ein hygroskopischer Werkstoff und muß deshalb vor der Verarbeitung vorgetrocknet werden. Vortrocknung etwa 5 h bei 130 °C bis 250 °C je nach Typ.

Alle üblichen Verfahren der Thermoplastverarbeitung sind mit PSU möglich, jedoch müssen die relativ hohen Verarbeitungstemperaturen berücksichtigt werden. Verarbeitungstemperaturen 330 bis 400 °C.

Tabelle 2.29 Physikalische Eigenschaften von PSU

Eigenschaften	Einheit	Prüfvorschrift	PSU-Standard	PSU mit 30% GF	Galvano-typ
Dichte	g/cm³	DIN 53550	1,24	1,45	1,40
Zugfestigkeit	N/mm²	ASTM D638	70	125	90
Schlagzähigkeit	kJ/m²	DIN 53453	o. B.	–	–
IZOD-Kerbschlagzähigkeit +23 °C −40 °C	J/m	ASTM D256	~70 64	96 85	80 –
Kugeldruckhärte 30 S	N/mm²	DIN 53456	140	–	–
E-Modul aus Zugversuch	N/mm²	ASTM D638	2500	–	5000
Lineare Wärmedehnzahl	1/K	–	$5,6 \cdot 10^{-5}$	$2,5 \cdot 10^{-5}$	$4,5 \cdot 10^{-5}$
Gebrauchstemperatur ohne mechanische Beanspruchung an Luft kurzzeitig langzeitig	°C °C	UL UL	200 140 bis 150	240 150	200 140
Wärmeleitzahl	W/m · K	–	0,26	0,32	0,27
Spez. Durchgangs-widerstand	Ω · cm	ASTM D257	$5 \cdot 10^{16}$	10^{17}	–
Dielektrischer Verlustfaktor 60 Hz bis 10^6 Hz	–	ASTM D150	0,0011 bis 0,005	0,019 bis 0,0049	0,0011 bis 0,005
Dielektrizitätszahl (bis 10^6 Hz)	–	ASTM D150	3,10	3,5	3,3
Wasseraufnahme	%	ASTM D570	0,26	0,2	0,26

Weil beim Spritzgießen die hohe Schmelzviskosität leicht zu Orientierungen im Formteil führt, muß eine hohe Werkzeugtemperatur (130 bis 150 °C) eingehalten werden. Die Verarbeitungsschwindung ist richtungsabhängig! Die Formteile müssen wegen der Orientierungen einer Wärmebehandlung im Glyzerinbad bei 160 °C unterzogen werden.

PSU eignet sich für die Weiterbearbeitung: Bedrucken, Metallisieren und Galvanisieren. Warmformen, Kleben und Ultraschallschweißen sind möglich.

Anwendungen

PSU wird wegen seiner guten Wärmeformbeständigkeit und hohen mechanischen Festigkeit für hochbeanspruchte Konstruktionsteile eingesetzt.

Elektrotechnik

Computerteile, Folien für gedruckte Schaltungen, Tageslichtprojektoren, Batteriegehäuse, Drahtisolation, Elektroisolierfolien, elektrische Schalterteile.

Haushaltsartikel

Mikrowellengeschirr, thermisch hochbeanspruchte Formteile in Haushaltsmaschinen.

138

Medizin
Heißluft- und dampfsterilisierbare Geräte.

Sonstiges
Membranen für Umkehrosmose, Hohlkörper für technische Anwendungen, Flugzeug-innenteile, Rohre und Armaturen für den Milchtransport, Melkmaschinenteile, Öl-standsanzeiger, Transportbandrollen.

Zur Polysulfonfamilie gehören weitere Sulfon-Abkömmlinge mit interessanten Eigen-schaften hinsichtlich hoher Wärmebeständigkeit bei geringer Kriechneigung.
 Es sind die Kunststoffe:
  Polyphenylsulfon [PPSU],
  Polyethersulfon [PES]
  und im weitesten Sinne Polyphenylensulfid [PPS].

2.20.1 Polyethersulfon [PES]

Polyethersulfone wurden 1967 durch die Firmen 3M und 1972 durch ICI auf den Markt gebracht.

Aufbau
Polyethersulfone werden nach zwei Verfahren hergestellt:
  Polysulfonylierung bzw. Polyethersynthese.

Polyethersulfon

Eigenschaften
Polyethersulfon zeichnet sich durch folgende Eigenschaften aus:
☐ hohe Zugfestigkeit und Schlagzähigkeit,
☐ hohe Wärmeformbeständigkeit und Thermostabilität,
☐ gute elektrische und dielektrische Eigenschaften bis 200 °C,
☐ hohe Chemikalienbeständigkeit,
☐ flammwidrig, selbstverlöschend,
☐ gesundheitlich unbedenklich.

Verarbeitung

Die Verarbeitung erfolgt durch Spritzgießen und Extrudieren bei Temperaturen ähnlich wie bei PSU. Eine Vortrocknung vor der Verarbeitung ist angeraten. Folien und Tafeln können warmgeformt werden.

Anwendungen

Die Anwendungen liegen im Bereich höherer Temperaturbelastungen, z.B. für Haartrockner, Bügeleisengriffe, Kochtopfgriffe, Lampenfassungen und in der Elektrotechnik für Fernsehbauteile, Kondensatorfolien, Klemmleisten, Träger für gedruckte Schaltungen, Spulenkörper, Zündkerzenentstörstecker, Spotlight-Bauteile.

2.20.2 Polyphenylensulfid [PPS]

Von der Phillips Petroleum Co. wurde PPS 1973 auf den Markt gebracht.

Aufbau

PPS kann sowohl als Thermoplast als auch als Duroplast aufgebaut sein. In thermoplastischer Form ist es wenig verzweigt und daher hochkristallin.

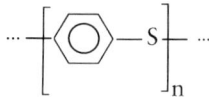

Polyphenylensulfid

Eigenschaften

Die wichtigsten Eigenschaften von PPS sind:
- ☐ Dichte 1,35 g/cm³,
- ☐ hohe Festigkeit, Härte und Steifigkeit,
- ☐ hohe Wärmeformbeständigkeit,
- ☐ gute elektrische Eigenschaften,
- ☐ sehr geringe Wasseraufnahme,
- ☐ hohe Chemikalien- und Oxidationsbeständigkeit,
- ☐ flammwidrig, selbstverlöschend.

Neben dem unverstärkten gibt es auch glasfaserverstärkte und glasfaser-/mineralverstärkte PPS-Typen.

Verarbeitung

PPS kann durch Spritzgießen, Extrudieren und Pressen verarbeitet werden. Die Massetemperatur sollte zwischen 340 und 370 °C, die Werkzeugtemperatur bei 130 °C liegen. Die Werkzeugkavitäten müssen hierbei problemlos entlüftet werden.

Anwendungen

PPS findet im Bereich technischer Anwendungen, wie z. B. für Pumpengehäuse, Lagerbuchsen, Laufräder und für elektrotechnische Teile, die höheren Temperaturen ausgesetzt sind, seinen Einsatz.

140

2.21 Polyetheretherketon [PEEK]

Aufbau

Polyetheretherketon gehört zur Gruppe der hochtemperaturbeständigen Kunststoffe und wird heute häufig für spezielle Anwendungen trotz des hohen Preises eingesetzt. Der chemische Aufbau von PEEK läßt sich wie folgt darstellen:

$$\cdots \left[\begin{array}{c} \langle\bigcirc\rangle - O - \langle\bigcirc\rangle - \overset{\displaystyle O}{\underset{\displaystyle \|}{C}} - \langle\bigcirc\rangle - O \end{array} \right]_n \cdots$$

PEEK ist ein teilkristalliner Werkstoff mit einem maximalen Kristallisationsgrad von 48% und wird durch eine Polykondensationsreaktion hergestellt.

Eigenschaften

Polyetheretherketon hat ein hohes mechanisches Eigenschaftsniveau bei gleichzeitig sehr guter Temperaturbeständigkeit. Durch die Verstärkung mit Glas- oder Kohlefasern lassen sich die Eigenschaften von Polyetheretherketon noch deutlich verbessern. Bei mit Glasfasern (10 oder 20%) oder Kohlefasern (20 oder 30%) verstärktem PEEK sind z. B. die Wärmeformbeständigkeit und die mechanischen Eigenschaften besser als bei verstärktem PPS oder PSU. Die Chemikalienbeständigkeit von PEEK ist sehr gut; es läßt sich lediglich in konzentrierter Schwefelsäure lösen.

Die elektrischen Kennwerte von Polyetheretherketon sind im Vergleich mit anderen Kunststoffen sehr gut.

Tabelle 2.30   Physikalische Eigenschaften von PEEK im Vergleich mit PPS

Eigenschaften	Einheit	Prüfvorschrift	PPS 40% GF	PEEK	PEEK 30% CF
Dichte	g/cm^3	DIN 53479	1,6	1,3	–
Zugfestigkeit	N/mm^2	ASTM D638	130	100	210
Reißdehnung	%	ASTM D638	1	100–150	–
Kerbschlagzähigkeit	J/m	ASTM 256	60–70	78	85
E-Modul (aus Biegeversuch)	N/mm^2	ASTM 638	$1,2 \cdot 10^4$	$3,8 \cdot 10^3$	$1,35 \cdot 10^4$
Gebrauchstemperatur ohne mechanische Beanspruchung in Luft dauernd	°C	–	170	250	250
ISO-Erweichungstemperatur	°C	DIN 53 461	230	280	>320
Wasseraufnahme	%	ASTM 570	<0,05	0,15	0,15

PEEK wird hauptsächlich im Extrusions-, aber auch im Spritzgußverfahren verarbeitet. Ebenso setzt man PEEK zur Herstellung von glas- oder kohlefaserverstärkten Laminaten ein. Diese Laminate besitzen eine bessere Festigkeit und Steifigkeit bei gleichzeitig höherer Chemikalienbeständigkeit als Epoxidlaminate. Die Formmassen müssen stets vorgetrocknet werden (3 h bei 150 °C). Die Massetemperaturen bei der Verarbeitung liegen zwischen 350 °C und 400 °C. Beim Abkühlen muß darauf geachtet werden, daß die Abkühlgeschwindigkeit nicht zu hoch gewählt wird, um eine hinreichende Kristallisation zu ermöglichen. So ist beim Extrudieren eine Luftkühlung am günstigsten, während beim Spritzgießen Werkzeugtemperaturen von 150 bis 160 °C gewählt werden können. Durch Tempern der Teile nach der Verarbeitung (1 h bei 200 °C) werden die besten Eigenschaften der Produkte erreicht.

Anwendungen

Die Hauptanwendungen von PEEK liegen in der Elektrotechnik und Elektronik, z. B. als Drahtisolationsmassen oder als Trägermaterial für gedruckte Schaltungen. In der Luft- und Raumfahrt sowie im militärischen Bereich wird Polyetheretherketon anstelle von metallischen Werkstoffen eingesetzt.

2.22   Celluloseester [CA, CP, CAB]

Die Celluloseester zählen zu den ältesten thermoplastischen Kunststoffen, denn es handelt sich hierbei nicht um rein synthetisch hergestellte Polymere, sondern um abgewandelte Naturstoffe.

Aufbau

Die nicht schmelzbare Polymerkette der Cellulose kann durch Veresterung der am bzw. im Molekülring enthaltenen OH-Gruppen mit Essigsäure (Celluloseacetat [CA]), mit Propionsäure (Cellulosepropionat [CP]) und mit einem Gemisch aus Essig- und Buttersäure (Celluloseacetobutyrat [CAB]) zu thermoplastischen Kunststoffmassen umgebaut werden.

R für CA: $-OCCH_3$
R für CP: $-OCC_2H_5$
R für CAB: $-OCCH_3$ und $-OCC_3H_7$

Tabelle 2.31 Eigenschaften der Celluloseester

Eigenschaften	Einheit	DIN-Norm	CA	CP	CAB
Dichte	g/cm^3	1306/53479	1,27 bis 1,30	1,19 bis 1,23	1,17 bis 1,22
Spannung an der Streckgrenze	N/mm^2	53371/53455	37 bis 38	30 bis 47	21
Dehnung an der Streckgrenze	%	53455			
Schlagzähigkeit	mJ/mm^2	53453	50 bis 80	o. Br.	o. Br.
Kerbschlagzähigkeit	mJ/mm^2	53453	15	6 bis 20	5 bis 35
Kugeldruckhärte	N/mm^2	53456	61 bis 69	41 bis 79	32 bis 76
E-Modul (aus Zugversuch)	N/mm^2	53457	1500 bis 2000		
Lineare Wärmedehnzahl	1/K	–	100 bis 115 $\cdot 10^{-6}$	$130 \cdot 10^{-6}$	115 bis 148 $\cdot 10^{-6}$
Gebrauchstemperatur ohne mechanische Beanspruchung in Luft kurzzeitig langzeitig	°C	– –	80 70	80 bis 120 60 bis 115	80 bis 120 60 bis 115
Vicat-Erweichungs-temperatur (Verfahren B)	°C	53460			
Spez. Durchgangs-widerstand	Ω · cm	53482	10^{13} bis 10^{15}	10^{14} bis 10^{16}	10^{14} bis 10^{16}
Dielektrischer Verlustfaktor (800 Hz bis 10^6 Hz)	–	53483	0,02 bis 0,06	0,009 bis 0,025	0,005 bis 0,021
Dielektrizitätszahl (800 Hz bis 10^6 Hz)	–	53483	4,2 bis 5,5	3,7 bis 4,2	3,2 bis 4,1
Wasseraufnahme	mg/4 d	53472	150 bis 250	40 bis 60	55 bis 75

Dabei werden nicht alle 3 OH-Gruppen je Ring mit den Säuren umgesetzt, sondern etwa nur 2,2 bis 2,8, bezogen auf die Gesamtkette, um kontrolliert schmelzbare Thermoplaste zu erhalten.

Das Triacetat – hier sind alle 3 OH-Gruppen mit Essigsäure verestert – läßt sich nur aus der Lösung verarbeiten.

Eigenschaften

Celluloseester sind amorph und enthalten Anteile von Weichmachern, wodurch die Eigenschaften mit beeinflußt werden. Der Weichmacheranteil ist bei CA am größten (20 bis 30%) und nimmt von CP (10 bis 20%) zu CAB (5 bis 15%) ab.

Die Celluloseester weisen folgende Eigenschaften auf:
- hohe Festigkeit und Zähigkeit,
- hornähnlicher Charakter,
- wenig kratzempfindlich und selbstpolierend,
- geringe elektrostatische Aufladbarkeit,
- hohes akustisches Dämpfungsvermögen,
- hoher Oberflächenglanz,
- hohe Transparenz.

Grundsätzlich kann gesagt werden, daß einige Eigenschaften von CA über CP zu CAB verbessert werden, z. B. Festigkeit, Zähigkeit, Kratzfestigkeit, Wärmeformbeständigkeit, Licht- und Witterungsbeständigkeit sowie Oberflächenglanz.

Die Wasseraufnahme ist bei CA relativ hoch (3%), etwas geringer bei den beiden anderen Celluloseestern. Durch die Wasseraufnahme sind Anwendungen im Bereich der Elektrotechnik und für maßhaltige Teile eingeschränkt.

Die chemische Beständigkeit ist zum Teil bei CA besser als bei CP und CAB, weil es von Tetrachlorkohlenstoff und Benzol nicht angegriffen wird.

Beständig sind sie alle gegen Benzine, Öle und Fette, unbeständig gegen Alkohole, chlorierte Kohlenwasserstoffe, Ketone, anorganische Säuren und Laugen.

Auch glasfaserverstärkte Typen sind auf dem Markt, wodurch sich die Streckspannung und die Grenzbiegespannung erhöhen.

Wie erwähnt, sind die Eigenschaften vom Grad der Veresterung und vom Weichmacheranteil abhängig. Auf dieser Basis hat man in der DIN 7742 die CA- und in der DIN 7743 die CAB-Massen typisiert:

CA-Typen z. B. 431, 432, 433, 434, 435,

CAB-Typen z. B. 411, 412, 413. CP ist bisher noch nicht typisiert worden.

Verarbeitung

Die Verarbeitungsbedingungen für Spritzgießen, Extrudieren und Hohlkörperblasen sind:

Tabelle 2.32   Verarbeitungsbedingungen für Celluloseester

Verarbeitung	Massetemperatur [°C]	Werkzeugtemperatur [°C]	Spritzdruck [bar]
Spritzgießen	180 bis 230	40 bis 50	800
Extrudieren	165 bis 210		
Hohlkörperblasen	165 bis 200	50 bis 60	

Vor der Verarbeitung ist die Feuchtigkeit durch Trocknen zu beseitigen. Beim Extrudieren empfiehlt es sich, mit Entgasungszylindern zu arbeiten.

Zum Kleben werden Lösungsmittelklebstoffe, aber auch Zweikomponentenklebstoffe eingesetzt.

Aus Folien und Tafeln lassen sich durch Warmformen diverse Verpackungs-, Behälter- und Abdeckteile herstellen. Für Tafeln ist eine Vortrocknung vorzunehmen. Die Materialtemperatur sollte 180 bis 200 °C betragen, um klare spannungsfreie Formteile zu erhalten.

Anwendungen

Die Anwendungsbeispiele sind sehr vielfältig und reichen von technischen Teilen bis zu Modeschmuck.

Maschinen- und Gerätebau
Maschinengehäuse, Bedienungsknöpfe, Hör- und Sprechmuscheln von Telefonappara-
ten, Mikrofongehäuse, Werkzeuggriffe, korrosionsfeste Überzüge auf Metallteilen
(CAB).

Lichttechnik
Lampenabdeckungen, Reklameschilder.

Verpackung
Blister- und Skinverpackungen, Benzinbehälter, Behälter für Bohnerwachs und Feuer-
zeugbenzin.

Haushalt, Büro usw.
Bürstenteile, Frisierhauben, Schirmgriffe, Spielzeug, Besteckgriffe, Schuhspanner, Bril-
lengestelle, Kämme, Haarspangen, Toilettenartikel, Zeichengeräte, Kugelschreiberge-
häuse, Puppen, Knöpfe, Zahnbürstenstiele.

2.23   Thermoplastgruppen – weitere Thermoplaste

Die verschiedenen Thermoplaste, die im einzelnen schon beschrieben wurden, sollen
hier noch einmal in Gruppen zusammengefaßt werden.

Sehr anschaulich läßt sich das durch eine Pyramidenklassifizierung (Bild 2.14) darstellen.

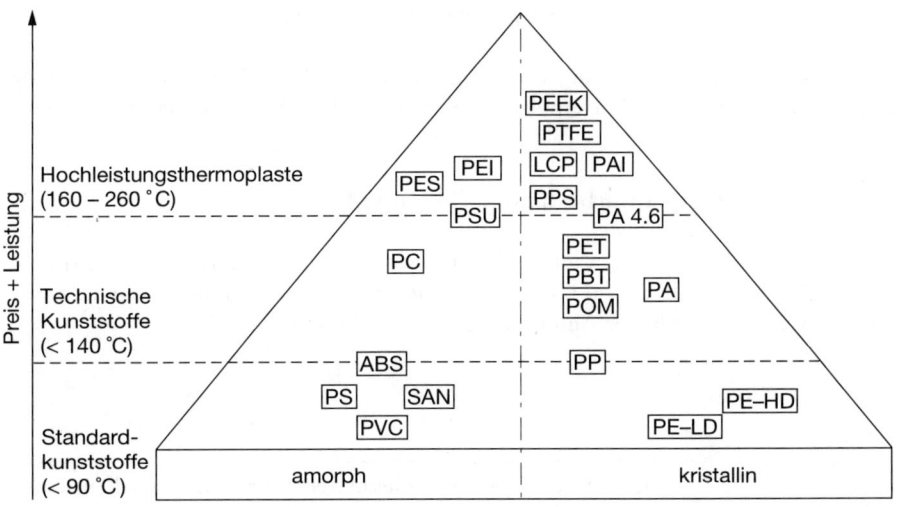

Bild 2.14   Einteilung wichtiger Thermoplaste nach ihrer Gebrauchstemperatur

Die Hauptkriterien stellen die Gebrauchstauglichkeit in den verschiedenen Temperaturbereichen und das Leistungsprofil dar. Hierbei gilt, daß mit komplizierter werdenden Polymerstrukturen die Leistungsfähigkeit, aber auch der Preis der Polymeren steigt. Daneben haben auch die Herstellmengen einen gewissen Einfluß auf den Preis.

Die Pyramide spiegelt somit neben den Temperaturbereichen auch die Tendenz von Anforderungsprofil, Menge und Preis wider.

2.23.1   Standardkunststoffe

Zu dieser Gruppe gehören Kunststoffe (Thermoplaste), die in großen Mengen erzeugt und verarbeitet werden. Die Preise sind relativ niedrig und die Verarbeitung unkompliziert. Die Anwendungen liegen hauptsächlich im kurzlebigen Gebrauch, d.h. im Bereich der Verpackungen und für billige Bedarfsgegenstände.

. Eine Ausnahme macht hierbei das PVC. Aufgrund seiner langen Haltbarkeit ohne Beeinträchtigung der Eigenschaften ist PVC für das Bauwesen besonders geeignet.

Im allgemeinen zählen zu den Standardkunststoffen die Polyolefine (Polyethylen PE und Polypropylen PP), die Polystyrole PS, Styrol-Acrylnitril SAN und Styrol-Butadien SB) sowie Polyvinylchlorid hart und weich (PVC-U und PVC-P).

2.23.2   Technische Kunststoffe

Diese Kunststoffe (Thermoplaste) werden nach dem Englischen auch als «engineering plastics» bezeichnet und finden in allen Bereichen der Technik, insbesondere im Maschinenbau und in der Elektrotechnik/Elektronik, ihre Anwendung. Die Temperaturbeanspruchung liegt hier bei etwa bis zu 140 °C.

Neben der erhöhten Temperaturbeständigkeit sind auch die mechanischen Eigenschaften gegenüber den Standardkunststoffen verbessert. Für bestimmte Anwendungen – insbesondere dort, wo auf hohe Steifigkeit Wert gelegt wird – sind glasfaser- oder mineralstoffverstärkte Typen im Einsatz.

In dieser Gruppe sind u.a. die Thermoplaste Polyamid PA, Popycarbonat PC, Polybutylenterephthalat PBT, Polyethylenterephthalat PET und Polyoximethylen POM zu finden.

2.23.3   Hochtemperaturbeständige Thermoplaste

Für technische Anwendungen mit noch extremeren Beanspruchungen wurden Spezialkunststoffe entwickelt, die im Hinblick auf die Temperaturbeständigkeit und das Leistungsniveau ein sehr hohes Anforderungsprofil aufweisen.

Aufbau

Die thermische Beständigkeit einer makromolekularen Verbindung wird entscheidend von der chemischen Struktur des Polymeren geprägt.

146

Tabelle 2.33   Namen, Strukturen und Temperaturbeständigkeiten spezieller Kunststoffe

Name, Kurzzeichen Struktur	Maximale Gebrauchs- temperaturen
Polyamidimid [PAI]	240 °C
Polyetherimid [PEI]	170 – 180 °C
Polyethersulfon [PES]	180 °C
Polysulfon [PSU]	160 °C
Polyphenylensulfid [PPS]	240 °C
Polyetheretherketon [PEEK]	250 – 260 °C

Auch die Verminderung der Kettenbeweglichkeit spielt eine wesentliche Rolle. Sie wird z. B. erreicht durch den Einbau sperriger und starrer aromatischer oder heterozyklischer Ringverbindungen. Damit meint man den Einbau von Benzolringen oder anderen Ringsystemen in die Kette, die neben dem Kohlenstoff zusätzlich mit anderen Elementen, z. B. Stickstoff oder Sauerstoff, ausgestattet sind.

Beispiel:

Heterozyklisches Ringradikal mit Stickstoff bei einem Polyimid

Das Aneinanderbauen von Ringen führt zu sogenannten Leiterpolymeren, die sich durch sehr hohe Temperaturbeständigkeit bis 400 °C bei hoher Standfestigkeit auszeichnen.

Wie aus Tabelle 2.33 zu ersehen ist, sind bei Ringstrukturen die Moleküle sehr kompliziert aufgebaut.

Daneben besitzen die Fluorkunststoffe außergewöhnliche Temperaturbeständigkeitswerte. So hat das Polytetrafluorethylen (PTFE) einen Gebrauchstemperaturbereich von −200 bis +300 °C. Die Kohlenstoffkette ist vollkommen mit Fluoratomen umgeben, wodurch äußerst starke Hauptvalenzbindungen untereinander entstanden sind.

Eigenschaften

Den hochtemperaturbeständigen Thermoplasten (HT-Thermoplasten) sind nachfolgende Eigenschaften gemeinsam:

☐ hohe Temperaturbeständigkeit über 160 °C,
☐ sehr gute mechanische Eigenschaften,
☐ gute elektrische Eigenschaften,
☐ sehr hohe Chemikalienbeständigkeit,
☐ inhärent, d.h. ohne Zusatz von Flammschutzmittel schwer entflammbar und geringe Rauchgasdichte.

Die gute Chemikalienbeständigkeit und die Schwerentflammbarkeit sind auf den oben beschriebenen ringförmigen Aufbau der Monomeren zurückzuführen. Das kann man sich so vorstellen, daß die chemischen Bindungen in den HT-Thermoplasten erheblich stabiler und besser abgeschirmt sind.

Verarbeitung

Dominierendes Verarbeitungsverfahren für die HT-Thermoplaste ist das Spritzgießen. Eine Vortrocknung wegen vorhandener Wasseraufnahme muß unbedingt erfolgen. Neben den schon bei einigen HT-Thermoplasten genannten Verarbeitungsbedingungen soll hier nochmals eine zusammenfassende und detaillierte Übersicht der Verarbeitungsparameter für das Spritzgießen aufgezeigt werden (Tabelle 2.34).

148

Tabelle 2.34   Verarbeitungsparameter für das Spritzgießen von HT-Thermoplasten

Thermoplast	Zylinder-temperatur °C	Masse-temperatur °C	Werkzeug-wand-temperatur °C	Spritzdruck bar (spez.)	Einspritz-geschwind.	Nachdruck bar (spez.)	Staudruck bar (spez.)	Schnecken-drehzahl min⁻¹	Schwindung	
									unver-stärkt %	verstärkt längs/quer %
PAI	330...370	350	220...230	bis 3000	sehr schnell	1500...2000	30... 50	hoch	0,8...1,0	0,0...0,7
PEK/PEEKK	350...420	380...430	180...210	700...1400	hoch	400...1000	20...100	50...100	0,5...1,5	0,5...1,1
PEEK	330...390	350...400	160...190	700...1400	hoch	400...1000	50...100	50...100	0,8...1,1	0,0...0,8
PPS	310...340	320...345	140...150	500...1400	mittelhoch	500...1000	0... 50	40...100	(1,2)	0,1...1,0
LCP	280...390	280...390²⁾	80...160	300...1000	hoch	300... 700	0... 50	50...100	0,0...0,8	0,0...0,7
PEI	350...425	350...425	65...175	700...1400	hoch	500...1200	40...120	50...100	0,7	0,2...0,4
PES	330...380	340...380	140...190	–	mittelhoch	–	0... 50	30...100	0,5...0,9	0,1...0,7
PSU	320...380	320...380	120...180	–	hoch	–	0... 50	60...100	0,4...0,9	0,1...0,7

Anwendungen

Aus den oben beschriebenen Eigenschaften lassen sich leicht die Gründe angeben, warum und wofür HT-Thermoplaste eingesetzt werden:

☐ Substitution anderer Werkstoffe (z.B. Metalle, Duroplaste, Keramik, Glas oder anderer Thermoplaste),

☐ Branchentrends zu höheren Temperaturen (z.B. Kfz-Motorenraum, höhere Packungsdichte in der Elektronik → Miniaturisierung),

☐ neue Sicherheitsanforderungen,

☐ Verwirklichung neuer Konstruktionsideen.

Anwendungen finden sie deshalb fast in allen Bereichen von der Elektronik über Fahrzeug-, Maschinen- und Apparatebau, Luft- und Raumfahrt bis zur Medizintechnik. Das Marktvolumen ist noch sehr gering und macht mengenmäßig gerade 1% des Weltmarktes aus. Die Produkte sind aber interessant, weil sie mit hohen Wachstumsraten aufwarten können und in viele innovative Anwendungen gehen.

2.23.4 Polyblends

> Polyblends sind Mischungen verschiedener Thermoplaste zum Erzeugen neuer Kunststoffmaterialien mit bisher nicht vorhandenen Eigenschaftsprofilen.

Das Vermischen fertiger Polymere ineinander, so daß Einphasigkeit vorliegt, ist vielfach nicht möglich. Durch Phasenkoppelung auf physikalisch-chemischem Weg gelang es aber, Kombinationen aufzubauen, die sich als definierbare Polyblends aufgrund ihres günstigen Preis-Leistungs-Verhältnisses am Markt behaupten konnten.

Als älteste Polyblends dieser Art können SB und ABS bezeichnet werden. In letzter Zeit sind einige neuere Produkte dazugekommen. Dabei wurde nicht nur die Fortent-

Tabelle 2.35   Neuentwickelte Blends und ihre Anwendungsmöglichkeiten

Blend	Anwendungsgebiete
PP + Elastomerkomponente	schlag- und stoßgefährdete Außenteile am Pkw
PA + Elastomerkomponente	Stoßfängerteile und Spoiler im Kraftfahrzeugwesen, Skischuhe, Werkzeuggriffe, Beschläge
PPE + PS	siehe PPE (Abschnitt 2.19)
PPE + PA	für hohe Anforderungen bezüglich Chemikalienbeständigkeit und Wärmeformbeständigkeit
PC + ABS	Armaturenbretter für Pkw, Kotflügel, Haushaltgeräte, Büromaschinengehäuse
PC + PET oder PBT schlagzähmodifiziert	Automobilteile, Schutzhelme für Motorradfahrer
PET und PBT + Elastomerkomponente	Maschinen- und Kraftfahrzeugbau, hochbelastbare Sportgeräte

wicklung mechanischer und thermischer Eigenschaften angestrebt, sondern auch andere interessante Eigenschaften wie Chemikalien- und Witterungsbeständigkeit, Oberflächenglanz und Brandeigenschaften berücksichtigt.

In Tabelle 2.35 sind einige neuere Polymer-Blend-Entwicklungen und deren bevorzugte Anwendungen aufgelistet.

2.23.5   Thermoplastische Elastomere

Im Gegensatz zu den Elastomeren, die chemisch zu einem weitmaschigen Raumnetzmolekül verknüpft sind, besitzen die thermoplastischen Elastomere in Teilbereichen physikalische Vernetzungspunkte (starke Nebenvalenzkräfte oder Kristallite), die in der Wärme aufgehoben werden.

Die Vorteile der thermoplastischen Elastomere gegenüber den vulkanisierten Elastomeren liegen darin, daß die Verarbeitung wesentlich vereinfacht ist (keine Mastikation und Vulkanisation) und die Abfälle wieder eingeschmolzen werden können.

Nachteilig sind die etwas schlechteren gummielastischen Eigenschaften gegenüber den echten Elastomeren, wodurch die Anwendungsmöglichkeiten eingeschränkt sind.

Bild 2.15
Morphologiemodelle von
Blockcopolymeren und
Elastomerlegierungen –
Strukturprinzipien

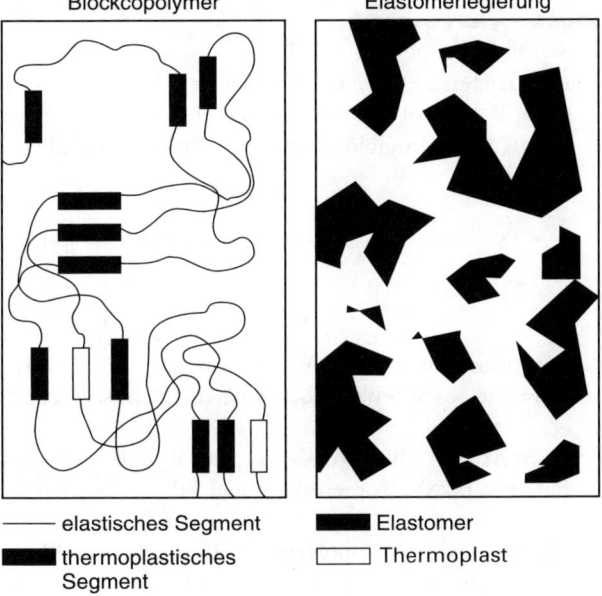

Blockcopolymer

Elastomerlegierung

—— elastisches Segment

▮▮ thermoplastisches Segment

▮▮ Elastomer

☐ Thermoplast

151

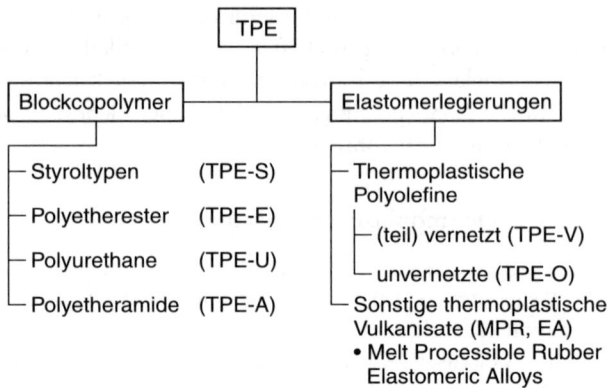

Bild 2.16
Einteilung der
TPE-Stoffklassen nach
morphologischen
Gesichtspunkten

Aufbau und Einteilung

Die meisten thermoplastischen Elastomere sind Zweiphasensysteme, die sich aus einer elastischen und einer thermoplastischen Hartphase zusammensetzen. Diese verschiedenen Phasen können im gleichen Makromolekül (Blockcopolymere) oder aber als unverträgliche Phasenverteilung von Elastomeren und umgekehrt bei Elastomerlegierungen vorliegen (Bild 2.15).

Durch ihren spezifischen Aufbau lassen sich nahezu unbegrenzte Varianten von TPEs herstellen. Diese Tatsache und eine Vielzahl von Begriffen und Abkürzungen verhindert bisher eine einheitliche Klassifizierung. Die nachstehende Einteilung bezieht sich auf den chemisch-morphologischen Aufbau der TPEs (Bild 2.16).

Blockcopolymere

a) Styrolblockcopolymere TPEs

Kennzeichnend für diese Gruppe ist ihr Dreiblock-Aufbau aus zwei thermoplastischen Polystyrol-Endblöcken und einem elastomeren Mittelblock. Das Massenverhältnis von Mittelblöcken zu den Polystyrol-Endblöcken beträgt durchschnittlich 70 : 30.

$$\left[CH-CH_2\right]_n \left[CH_2-CH=CH-CH_2\right]_m \left[CH-CH_2\right]_n$$

Hartsegment   Weichsegment   Hartsegment

Aufbau eines SBS-Blockcopolymeren (Weichsegment Polybutadien)

Nach Art des Mittelblocks werden folgende Styrolblockcopolymere unterschieden: Butadien (SBS)-, Isopren (SIS)- und Ethylen/Butylen (SEBS)-Typen.

b) Thermoplastische Copolyester, Polyetherester (TPE-E)

Thermoplastische Copolyester sind abwechselnd aus harten Polyestersegmenten und

152

weichen Polyetherkomponenten aufgebaut. Je nach Länge der harten und weichen Segmente ist ein breiter Härtebereich einstellbar.

$$\left[O-(CH_2)_4-O-\underset{O}{\overset{\|}{C}}-\underset{}{\bigcirc}-\underset{O}{\overset{\|}{C}}\right]_n \left[O-[(CH_2)_4-O]_z-\underset{O}{\overset{\|}{C}}-\underset{}{\bigcirc}-\underset{O}{\overset{\|}{C}}\right]_m$$

                  Hartsegment   Weichsegment

c) Thermoplastische Polyurethane (TPE-U) (vgl. Abschnitt 4.8.2)
Blockcopolymere des Polyurethans werden durch Polyaddition von Diolen und Diisocyanaten synthetisiert. Je nach eingesetztem Diol (-R-) als Ausgangsmonomer unterscheidet man zwischen Polyester-, Polyether- und chemisch kombinierten Polyester-/Polyethertypen.

$$\left[O-R-O\right]_m \left[\underset{O}{\overset{\|}{C}}-NH-X-NH-\underset{O}{\overset{\|}{C}}-O-(CH_2)_4-O-\underset{O}{\overset{\|}{C}}-NH-X-NH-\underset{O}{\overset{\|}{C}}\right]_n$$

Weichsegment   Hartsegment

d) Polyether-Polyamid-Blockcopolymere (TPE-A)
Blockcopolymere auf Basis Polyether(ester)-Polyamid entstehen durch Einfügen von flexiblen Polyether(ester)gruppen in Polyamidmolekülketten. Die Polyether(ester)-Blöcke bilden die weichen und elastischen Segmente, während die harten Polyamid-Blöcke die Funktion der thermoplastischen Hartphase übernehmen.

$$\left[\underset{O}{\overset{\|}{C}}-(CH_2)_{11}-NH\right]_n \left[\underset{O}{\overset{\|}{C}}-(CH_2)_4-\underset{O}{\overset{\|}{C}}-O-(CH_2)_4-O\right]_m$$

        Hartsegment   Weichsegment

Elastomerlegierungen

Elastomerlegierungen sind Polymerblends, die Thermoplast- und Elastomeranteile enthalten. Die Herstellung erfolgt durch intensives Vermischen der Ausgangskomponenten, meist unter Zusatz von Vernetzungsmitteln. Dabei treten die unterschiedlichsten Mischungsverhältnisse zwischen harter und weicher Phase auf, wobei die weiche Phase entweder unvernetzt (TPE-O) oder mehr oder weniger vernetzt vorliegt (TPE-V). Je feiner die Verteilung und je höher der Vernetzungsgrad der Elastomerteilchen, um so ausgeprägter sind die elastischen Eigenschaften des resultierenden TPE. Das Eigenschaftsbild dieser Blends hängt wesentlich vom Anteil, vom Vernetzungsgrad und von der Dispergierung der Kautschukteilchen ab. Durch diese Blendtechnologie sind die verschiedensten Kombinationen herstellbar. Bestimmte Eigenschaften können damit regelrecht «maßgeschneidert» werden.

a) EPDM/PP-Blends

Die Gruppe der Blends mit Polyolefinen ist am weitesten verbreitet. Für die Kautschukphase werden in der Regel EPDM-Terpolymere eingesetzt, als Polyolefin wird meist Polypropylen verwendet. Bei überwiegendem PP-Anteil stellt der Thermoplast die kontinuierliche Phase dar. Bei sehr hohem Elastomergehalt kann sich die Struktur auch umkehren, so daß PP-verstärkte EPDM-Blends resultieren. Daher deckt diese Klasse von Elastomerlegierungen einen großen Härtebereich ab.

b) NR/PP-Blends (thermoplastischer Naturkautschuk)

In ähnlicher Weise wie EPDM kann auch NR mit PP und auch mit PP/PE-Gemischen zu einem thermoplastisch verarbeitbaren Naturkautschuk (TPNR) compoundiert werden. Die dynamische Vernetzung von NR erfolgt in Gegenwart von Peroxiden oberhalb von 170 °C.

c) weitere Blends mit speziellem Eigenschaftsprofil
- ☐ NBR/PP-Blends,
- ☐ IIR/PP-Blends,
- ☐ EVA/PVDC-Blends,
- ☐ NBR/PVC-Blends.

Eigenschaften

TPE-Werkstoffe verdrängen bisher hauptsächlich weiche Thermoplaste wie LDPE, Weich-PVC u. a. Sie gewinnen aber auch in den klassischen Anwendungsbereichen für Elastomerwerkstoffe zunehmend an Bedeutung, da sie gegenüber diesen neben der Recyclierbarkeit weitere Vorteile aufweisen:
- ☐ thermoplastische Verarbeitbarkeit,
- ☐ kurze Zykluszeiten (keine Vernetzung während der Formgebung),
- ☐ einfache Farbgebung (auch bei hellen bzw. intensiven Farben),
- ☐ niedrige Dichte.

Diesen Vorteilen stehen auch Nachteile gegenüber, die bei der Anwendung und Konstruktion von Produkten aus TPE-Werkstoffen beachtet werden müssen:
- ☐ geringe Temperaturbelastung, da selbst eine kurzfristige Erwärmung über den Erweichungspunkt die äußere Gestalt irreversibel schädigt,
- ☐ begrenzter Anwendungsbereich, bedingt durch z.T. geringe Dauerwärmeformbeständigkeit (Relaxationsprozesse, «Kriechen»),
- ☐ ungenügend Medienresistenz im Vergleich zu Gummiqualitäten aus Spezialelastomeren (z.B. VMQ, FVMQ, FPM),
- ☐ hoher Materialpreis.

Einen Vergleich der wesentlichen Eigenschaften der verschiedenen TPE-Klassen bietet Tabelle 2.36.

Verarbeitung

Im Gegensatz zur Kautschukverarbeitung liegt bei der Verarbeitung von TPE-Werkstoffen kein Kalt-warm-Prozeß, sondern ein Warm-kalt-Prozeß zugrunde.

154

Tabelle 2.36   Eigenschaften von TPE-Klassen im Vergleich

Eigenschaft	TPE-O	TPE-V	MPR	TPE-S	TPE-U	TPE-E	TPE-A
Dichte [g/cm³]	0,89 – 1,0	0,90 – 1,0	1,20 – 1,30	0,90 – 1,0	1,10 – 1,34	1,05 – 1,39	1,01 – 1,20
Shore-Härte [A/D]	50 A – 75 D	40 A – 50 D	55 A – 80 A	10 A – 75 D	70 A – 90 D	35 D – 75 D	65 A – 72 D
untere Temperaturgrenze [°C]	–60	–60	–40	–70	–50	–65	–40
obere Temperaturgrenze [°C]	120	135	125	100	135	150	170
Druckverformungsrest [C.S. bei 100 °C]	–	+/++	○	– [+/++]	○/+	○	○/+
Beständigkeit gegenüber KW	–	○/++	+/++	–	○/++	+/++	+/++
Beständigkeit gegenüber wäßrigen Medien	+/++	+/++	○/+	+/++	○/+	–/–	○/+
Preisniveau [DM/kg]	3 – 7	7 – 15	7 – 10	3 – 13	10 – 13	10 – 13	13 – 25

++ = sehr gut,   + = gut,   ○ = mittelmäßig,   – = schlecht

Die meisten TPE-Materialien lassen sich aufgrund ihres rheologischen Verhaltens nicht auf den herkömmlichen Gummimaschinen verarbeiten.

Berücksichtigt man vor allem bei weichen, hochelastischen TPE-Materialien das ausgeprägte strukturviskose Schmelz- bzw. Erweichungsverhalten, so können bei der TPE-Verarbeitung die typischen Thermoplastverfahren wie Spritzguß, Extrusion, Hohlkörper-Blasformen und Tiefziehen angewendet werden.

Besonders bei der Verbundtechnologie in Form von Hart-weich-Kombinationen spielen die TPEs eine inzwischen bedeutende Rolle (Tabelle 2.37).

Tabelle 2.37   Kombinierbarkeit von TPE mit Thermoplasten im Mehrkomponenten-Spritzgießverfahren (nach JAROSCHEK und PFLEGER, 1994)

Thermoplaste / TPE-Klasse	PP	PA	PS	ABS	POM	PC	PET	PBT	PVC
TPE-S	++	+[1]	+	+	–	–	–	–	–
TPE-O	++	+[1]	–	–	–	–	–	–	–
TPE-A	–	+	–	–	–	–	–	–	–
TPE-U	–	+	–	+	+	+	–	+	+
TPE-E	–	+[2]	–	–	–	–	+	+	–

++ = sehr gute Haftung,   + = Haftung,   – = keine Haftung

[1] = Spezialtypen der EMS-Chemie, Domat/Schweiz
[2] = nur Polyetheresterelastomere

155

Anwendung

Verglichen mit anderen Werkstoffklassen wie Gummi oder Kunststoffe sind die Wachstumsraten von TPE deutlich höher.

Tabelle 2.38 gibt den bisherigen und künftigen Verbrauch weltweit wieder, aufgeteilt nach verschiedenen Regionen.

Für Styrolblockcopolymere werden neben den klassischen Einsatzgebieten Schuhe, Klebstoffe und Bitumenmodifizierung deutliche Zuwächse im Kabelbereich erwartet. Auch die neuen thermomechanisch stabileren SEBS-Compounds werden verstärkt in bisher typische Anwendungen für vernetzte Elastomere eindringen (Tabelle 2.39).

Tabelle 2.38   Der Weltmarkt für TPE (in tausend Tonnen, nach RADER 1993)

Jahr	Amerika	Europa und Afrika	Japan und Asien	weltweit
1980	116	134	69	319
1985	181	189	90	460
1990	267	274	126	667
1995	393	383	204	980
2000	547	572	320	1439

Tabelle 2.39
Einsatz verschiedener TPE-Klassen nach Anwendungsgebieten (in tausend Tonnen – 1991)

Anwendung	TPE-S	TPE-O	TPE-V	TPE-U	TPE-E	TPE-A	Gesamt
Auto	6	62	6	2	1	2	79
Draht & Kabel	0	5	1	2	1	0	9
Schuhbereich	47	0	0	7	1	1	56
Polymermodifizierung	11	3	3	–	–	–	18
Schläuche	0	2	2	2,5	1	1	8,5
Allgem. mechanische Anwendungen	1	6,5	5	4,5	1,5	1	19,5
Bitumenmodifizierung	30	0	0	0	0	0	30
Bauwesen	–	0	2,5	–	0	0	3
Klebstoffe	16	0	0	11	–	0	27
Medizin	0	0	0	1	–	0	1
Filme, Folien	0	0	0	1	–	0	1
Andere	5	–	–	–	2	–	8
Gesamt	117	79	20	31	8	5	260

– = vernachlässigbar,   Zahlen auf 500 Tonnen gerundet

156

Das wichtigste Marktsegment für TPE-O wird auch in Zukunft der Automobilbereich sein. Besonders viel verspricht man sich in dieser Klasse von der neuen Generation der reaktormodifizierten Typen. Innerhalb von zehn Jahren haben sich die je Automobil eingesetzten Mengen an TPE-Werkstoffen nahezu verdoppelt.

Zusammenfassend kann man schlußfolgern, daß der zukünftige Einsatz von TPE-Werkstoffen wesentlich abhängen wird:

☐ von der Weiter- und Neuentwicklung geeigneter Rohstoffe mit Verbesserungen in thermischer Beständigkeit, Verformungsverhalten und Betriebsmittelresistenz,

☐ von der Akzeptanz der kautschukverarbeitenden Industrie, in neue Fertigungstechnologien zu investieren,

☐ von der Bereitschaft der Endabnehmer von Produkten aus TPE, überzogene Forderungen und Spezifikationen mit den TPE-Verarbeitern neu zu definieren,

☐ und letztlich von der Recyclingfähigkeit von TPE-Bauteilen als wichtiger Bestandteil der Kreislaufwirtschaft in der Automobilproduktion.

2.23.6 Flüssigkristalline Kunststoffe

Um das mechanische Eigenschaftsniveau der Thermoplaste anzuheben und damit weitere Anwendungsgebiete zu erschließen, werden seit Beginn der technischen Kunststoffanwendungen Verstärkungs- und Zuschlagstoffe (z. B. Glasfasern, mineralische Füllstoffe) eingesetzt. Eine neuere Möglichkeit der Eigenschaftsverbesserung bei Thermoplasten bieten die flüssigkristallinen Polymere (Liquid Crystalline Polymers, LCP). Flüssigkristalle bilden alle Substanzen, die stabförmige steife Moleküle enthalten, mit einer streng parallelen Ausrichtung (nematische Mesophase). Diese Orientierung bleibt auch in der Schmelze bzw. in der Lösung erhalten. Man nennt dies mesomorphe Strukturen (Mesophasen), die zwischen der perfekten Ordnung in Kristallen und der völligen Unordnung in isotropen Flüssigkeiten liegen. Diese Mesophasen sind nicht räumlich beliebig ausgedehnt, sie bilden begrenzte Domänen. Nematisch mesogene Strukturen bilden z. B. Benzol-, Diphenyl-, Naphthalin- oder Benzoxazolderivate.

Flüssigkristalline Polymere entstehen, wenn mesogene Einheiten zu einem Makromolekül zusammengefügt werden (Hauptketten-LCPs). Der Nachteil dieser Hauptketten LCPs ist, daß ihre Schmelzpunkte in der Regel über den Zersetzungstemperaturen liegen, d. h., es können keine verarbeitungsfähigen Schmelzen gebildet werden. Diese so entstehenden Polymere können lediglich gelöst werden. Lösungen mit flüssigkristallinen Bereichen nennt man lyotrope LCPs. Aus den Lösungen können Fasern gesponnen werden, die ungewöhnlich hohe Steifheiten aufweisen. Das erste kommerzielle Hauptketten-LCP war ein vollaromatisches Polyamid – die Aramidfaser.

Zur Herabsetzung des Schmelzpunktes werden die mesogenen Einheiten mit aromatenhaltigen Polymeren kombiniert, so z. B. mit aromatischen Polyestern, Polyestercarbonaten, Polyesteramiden o. ä. Die so erhaltenen Polymere heißen thermotrope LCPs. Man nennt sie auch Copolyester.

Der große Vorteil der thermotropen LCPs gegenüber den bekannten Hochleistungskunststoffen sind ungewöhnliche Kombinationen von physikalischen Eigenschaften, wie

sehr hohe Zugfestigkeit,
sehr hoher Elastizitätsmodul,
sehr hohe Kerbschlagzähigkeit,
sehr niedriger Wärmeausdehnungskoeffizient (vergleichbar mit Stahl oder Keramik).

Da die Hauptketten der thermotropen LCPs hauptsächlich aus aromatischen Elementen bestehen, erhält man hohe Chemikalienbeständigkeiten und Schwerentflammbarkeit.

Bei der Verarbeitung der LCPs (Spritzgießen, Extrudieren) werden die mesomorphen Domänen in Fließrichtung orientiert. Es entstehen Fibrillen oder Fasern aus parallel angeordneten Stabmolekülen. Diese Orientierung wird bei der Abkühlung eingefroren und es entsteht eine Faserverstärkung aus der gleichen Substanz, deshalb die Bezeichnung selbst- oder eigenverstärkte Polymere.

Durch die so entstehenden Strukturen sind die Eigenschaften der LCPs anisotrop, was nicht immer vorteilhaft ist. Durch Zugabe von Zuschlagstoffen – z. B. Kurzfasern, Mineralien, Graphit – wird die Anisotropie gemildert.

Weil die Schmelze der LCPs eine Molekülordnung aufweist, besitzen sie eine deutlich niedrigere Schmelzwärme gegenüber konventionellen Polymeren. Beim Abkühlen muß dementsprechend weniger Wärme abgeführt werden. Das ergibt sehr kurze Zykluszeiten und erhöht die Wirtschaftlichkeit der Verarbeitung.

Nematische LCPs haben eine für die Verarbeitung vorteilhafte niedrige Schmelzviskosität. Das hat jedoch geringe Fließnahtfestigkeit zur Folge. Hier muß durch konstruktive Maßnahmen entgegengewirkt werden, indem die Fließnähte in weniger beanspruchte Bauteilregionen gelegt werden.

Auf die guten mechanischen Eigenschaften der LCPs wurde bereits hingewiesen. Von Bedeutung ist, daß die Eigenschaften auch bei extremer Kälte (Weltraum) und extremer Wärme (Motorraum im Kfz) gut sind. Dauergebrauchstemperaturen liegen bei 200° bis 240 °C. Temperaturschocks werden gut vertragen. Alle Eigenschaften der LCPs hängen weitgehend von der chemischen Zusammensetzung ab.

Zur Verbesserung der Eigenschaften von technischen Kunststoffen (z. B. PA, PBT, PET, PC, PES) werden Blends mit LCPs hergestellt. Dabei richtet sich die Auswahl des LCP nach der chemischen Struktur der zu verstärkenden Thermoplaste, um gute Haftung der Blendkomponenten zu erzielen und die Verarbeitungstemperaturen in gleiche Bereiche zu legen.

Auch Blends mit verschiedenen LCP-Typen haben sich in speziellen Anwendungsgebieten bewährt.

Die LCPs haben in den letzten Jahren einen festen Platz unter den Hochleistungspolymeren eingenommen; wenn auch ihr Marktanteil noch relativ gering ist, so betrug der weltweite LCP-Compound-Verbrauch 1994 etwa 5000 t. Für die nächsten Jahre rechnet man mit Wachstumsraten von mehr als 25%.

Die Hauptanwendungen liegen in der Elektrotechnik und Elektronik, im Kommunikationsbereich, im Kraftfahrzeug sowie in der Luft- und Raumfahrt. Weitere

Anwendungen zeichnen sich ab bei 3D-Leiterformkörpern, Umhüllungen elektronischer Bauteile sowie in der Medizin- und Feinwerktechnik.

Eine «Eigenverstärkung» kann auch mit linearen hochmolekularen Stoffen – wie z. B. PE-HD – erreicht werden, wenn durch bestimmte Strömungsverhältnisse in engen Kapillaren und durch Anwendung bestimmter Schmelztemperaturen und hoher Drücke eine streng parallele Kettenorientierung möglich ist.

2.24   Elektrisch leitfähige Kunststoffe

Kunststoffe sind aufgrund ihrer Struktur in der Regel elektrische Isolatoren und finden vielfach auch für derartige Zwecke Verwendung. Es stellt sich deshalb die Frage, warum man daran interessiert ist, leitfähige Polymere zu entwickeln, wenn doch klassische Leiterwerkstoffe (Metalle) hier dominieren. Die Antwort liegt im Eigenschaftsprofil der Kunststoffe begründet, da man sich bestimmte Vorteile gegenüber den Metallen zunutze machen kann. Als Beispiele können angegeben werden:

☐ geringe Dichte,
☐ leichte Verarbeitung,
☐ gute Korrosionsbeständigkeit,
☐ optische Transparenz.

Aus diesen Gründen werden elektrisch leitfähige Kunststoffe u.a. zur Vermeidung von elektrostatischen Aufladungen, zur Abschirmung gegenüber elektromagnetischen Wellen und zur Erreichung von definierten Leitfähigkeiten eingesetzt.

Zur Herstellung von elektrisch leitfähigen Kunststoffen werden heute 2 unterschiedliche Wege beschritten. Zum einen können Kunststoffe mit leitfähigen Zusätzen ausgerüstet werden und zum anderen sind selbstleitende, sog. intrinsisch leitfähige Kunststoffe entwickelt worden. Während gefüllte leitfähige Polymere schon in einer Vielzahl von Anwendungen anzutreffen sind, befinden sich intrinsisch leitfähige noch in der Entwicklungsphase. Daher werden hier nur die leitfähigen Kunststoffe näher beschrieben.

Aufbau
Als Basismaterialien für gefüllte elektrisch leitfähige Kunststoffe dienen je nach Anforderungen verschiedene Thermoplaste, die mit leitfähigen Zusätzen gefüllt werden, wie z. B. die Kunststoffe:

☐ Acrylnitril-Butadien-Styrol (ABS), Polyamid (PA), Polybutylenterephthalat (PBT), Polycarbonat (PC), Polyoximethylen (POM), Polyethylen (PE), Polyphenylenether (PPE), Polypropylen (PP), Polyvinylchlorid (PVC), Styrol-Butadien (SB).

Als leitfähige Füllstoffe werden eingesetzt:

☐ Leitfähigkeitsruß, Grafit, Metallplättchen oder Flocken (Cu, Al), metallisierte Glasfasern oder Glaskugeln, Kohlenstoff- sowie neuerdings Edelstahlfasern.

Eigenschaften
Da für die Leitfähigkeit der Formmasse allein der Füllstoff verantwortlich ist, kann die Leitfähigkeit nur dann erreicht werden, wenn sich die einzelnen Partikel an den Grenzflächen berühren und somit sog. Füllstoffpfade bilden (Perkolationsnetzwerk, Bild 2.17).

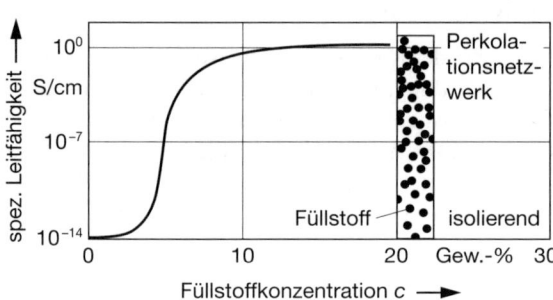

Bild 2.17
Prinzipieller Verlauf
der Leitfähigkeit
eines gefüllten Kunststoffs

Als besonders vorteilhaft haben sich deshalb auch aufgrund der Preiswertigkeit langfasrige Edelstahlfasern erwiesen (bis 10 mm), da sich der Leitpfad besser einstellen läßt als mit pulverförmigen Füllstoffen. Sie kommen als Masterbatch, d.h. als 10 mm lange Granulatkörner mit einem Faseranteil von 50...60 Gewichts-% in den Handel. Nach der Einarbeitung in das Fertigteil liegt der Anteil dann etwa bei 6...10 %.

Die Steuerung der Leitfähigkeit ist durch unterschiedliche Füllstoffmengen kaum möglich, da der Übergang von der Isolation zur Leitfähigkeit in einem sehr begrenzten Bereich stattfindet und schon geringste Konzentrationsschwankungen zu Veränderungen der Leitfähigkeit führen. Dagegen ist nach Erreichen eines Plateauwertes durch Erhöhung des Füllstoffgehalts keine wesentliche Veränderung der Leitfähigkeit mehr möglich (Bild 2.17). Daraus läßt sich erkennen, daß die Höhe der Leitfähigkeit nur durch die Art des Füllstoffs erzielt werden kann (Tabelle 2.40).

Tabelle 2.40   Typische Leitfähigkeiten von Compounds mit verschiedenen Füllstoffen

Füllstoffe im Polymeren	σ (S/cm)	Nachteil
Ruß	0,01...0,1	schwarze Eigenfarbe
Al-Plättchen	1...50	Verarbeitung schwierig
Stahlfasern	1...50	Verarbeitung schwierig
C-Fasern	0,1...10	kostenintensiv

Die mechanischen Eigenschaften von gefüllten leitfähigen Polymeren werden entsprechend der Art und Menge der Zuschlagstoffe mehr oder minder stark beeinflußt. Generell nimmt mit der Erhöhung des Füllgrades der Elastizitätsmodul zu, wobei jedoch in der Regel eine Abnahme der Festigkeit, der Reißdehnung und der Schlagzähigkeit zu verzeichnen ist.

Verarbeitung

Einen erheblichen Einfluß haben Füllstoffe auf die Verarbeitungseigenschaften. So wird die Fließfähigkeit stark gemindert, außerdem wird durch Zusätze wie Glasfasern, Glaskugeln sowie metallische Plättchen und Fasern der Verschleiß an Maschinen und Werkzeugen deutlich erhöht.

Die gleichmäßige Verteilung der Zuschläge gestaltet sich in vielen Fällen als schwierig. Es sind deshalb nur bewährte Misch- und Knetaggregate einzusetzen. Darüber hinaus hat das Verarbeitungsverfahren selbst einen hohen Einfluß auf die Leitfähigkeit. Nur im Preßverfahren lassen sich isotrope (in alle Richtungen gleiche Eigenschaften) Leitfähigkeiten erreichen, während beim Spritzgießen und Extrudieren die gefüllten Kunststoffe anisotrope elektrische Eigenschaften aufweisen. Beim Spritzgießen ist es deshalb besonders wichtig, die Werkzeuge so zu optimieren, daß möglichst geringe Fließgeschwindigkeiten (Orientierungen) auftreten.

Anwendungen

Eine zukunftsträchtige Anwendung gefüllter elektrisch leitender Polymere ist die Abschirmung von elektromagnetischen Wellen. Zu diesem Zweck werden möglichst hohe Leitfähigkeiten gefordert. Die maximal erreichbare Leitfähigkeit liegt, bedingt durch die Übergangswiderstände zwischen den Einzelteilchen, bei 50 S/cm (Einheit der Leitfähigkeit) (Tabelle 2.40).

Von dieser Größe ist die Schirmwirkung eines Werkstoffes abhängig und erreicht z.B. bei einer 4 cm dicken Platte mit einer Leitfähigkeit von 1 S/cm eine Abschwächung

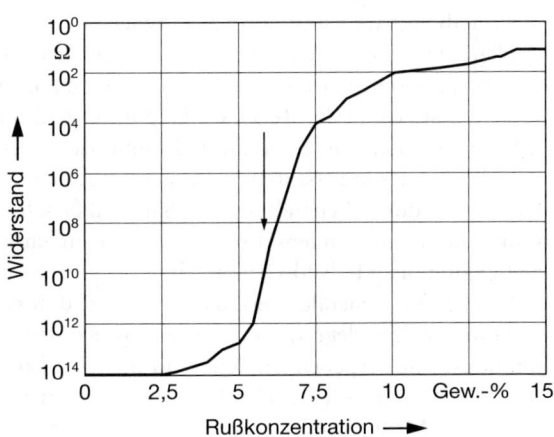

Bild 2.18
Änderung des Widerstandes
in Abhängigkeit
der Rußkonzentration

des Störsignals von 40 dB (Schallpegel in Dezibel). Das ist für weniger anspruchsvolle Forderungen ausreichend. Für spezielle Anwendungen werden aber höhere Schirmwerte verlangt, so daß dann nur noch wenige leitfähig ausgerüstete Polymere Verwendung finden. Nach heutigen Erkenntnissen scheinen sich dafür mit Aluminiumplättchen oder Edelstahlfasern gefüllte Kunststoffe am besten zu eignen. Ist hiermit immer noch kein ausreichendes Ergebnis zu erzielen, müssen Oberflächenbeschichtungen mit dünnen Metallschichten, z.B. auf elektrochemischem Wege (Galvanisieren, vgl. Abschnitt 2.9.4) vorgenommen werden.

In vielen Bereichen der Technik spielt eine permanent antielektrostatische Ausrüstung von Polymeren eine immer bedeutendere Rolle. Da Kunststoffe mit Leitruß im Plateaubereich zu hohe Leitfähigkeiten aufweisen und somit oft besondere Erdungsmaßnahmen notwendig machen, beschreitet man 2 Wege, um zu einer definierten Leitfähigkeit zu gelangen:

a) genaueste Dosierung des Leitrußes im Anstiegsbereich (Bild 2.18),
b) Verwendung von Füllstoffen mit niedriger Leitfähigkeit, wie z.B. spezielle Pigmentmischungen.

In einigen Anwendungsbereichen (z.B. Verpackungen oder Schaltfolien) werden antielektrostatische Werkstoffe mit Transparenz gefordert. Das ist durch die Zugabe der bisher beschriebenen Füllstoffe nicht möglich. Trotzdem sind Lösungswege erreichbar: z.B. durch Zugabe von organischen Salzen, Beschichtungen mit extrem dünnen Metallfolien oder Aufbringen von in Polymerlösung dispergiertem Leitruß auf die Oberfläche.

2.25 Biologisch abbaubare Kunststoffe

Durch die öffentliche Diskussion bei den Verpackungskunststoffen hinsichtlich der Umweltproblematik hat die kunststofferzeugende Industrie Versuche unternommen, biologisch abbaubare Kunststoffe zu entwickeln.

Hierbei wurden 2 Arten von Kunststoffen kreiert. Die einen werden durch Synthese von organischen Grundstoffen, die anderen aus pflanzlichen Rohstoffen hergestellt. Erstere bestehen in der Regel aus Copolyester, die sich in technischen Kompostieranlagen in Wasser, Kohlendioxid und Biomasse zersetzen. Ausgangsmaterial für die andere Art von Biokunststoffen ist zumeist modifizierte Stärke aus Kartoffeln oder Mais. Diese wird durch Behandlung mit Säure über Glucose (Zucker) in Milchsäure überführt. Durch Polykondensation entsteht Polymilchsäure, die in ihren physikalischen Eigenschaften dem Polyethylen ähnelt.

Das hervorstechende Merkmal hierbei ist, daß sich dieses Material sehr bald in seine Bestandteile zerlegt, wobei eine neutrale Kohlendioxidbilanz über den gesamten Produktionszyklus gegeben ist. Während des Wachstums der Pflanze wird Kohlendioxid über das Blattgrün (Photosynthese) aufgenommen, das bei der Kompostierung exakt in gleicher Menge wieder freigesetzt wird.

162

Bisher haben diese **Bio-Kunststoffe** aber nur ein Nischendasein geführt, denn die Lebensmittelindustrie meidet diese Kunststoffe für Verpackungszwecke, da ein nachvollziehbares Sammel- und Verwertungssystem fehlt.

Ein Recycling, wie es bei den herkömmlichen Kunststoffen existiert, kann aus verständlichen Gründen nicht funktionieren. Daher müßte hier ein eigener Entsorgungsweg aufgebaut werden, der aber flächendeckend aus logistischer Sicht beim Abfall nicht so schnell einführbar ist.

Vorbemerkung zum Kapitel 3

Die Werkstoffgruppe der Duroplaste zeichnet sich dadurch aus, daß die ihr zuzurechnenden Kunststoffe aufgrund ihrer engmaschigen Vernetzung der Makromoleküle unschmelzbar und weitgehend unlöslich sind. Gemeinsam mit Verstärkungs- und Zuschlagstoffen entstehen Formstoffe bzw. Formteile, die sich u. a. durch gute Temperaturbeständigkeit und ein hohes Niveau der mechanischen und elektrischen Eigenschaften auszeichnen.

Weniger als die Hälfte der duroplastischen Harze wird als Formmasse im Sinne der Kunststoffverarbeitung eingesetzt, der größere Teil findet Verwendung als wesentliche Stoffkomponente bei Holzwerkstoffen, Lacken, Klebstoffen und Bindemitteln in der Gießereitechnik, bei Schleifscheiben, Brems- und Kupplungsbelägen.

Neben den «klassischen» härtbaren Formmassen (PF-, UF-, MF- und MP-Harze) haben die sog. Polymerisations- und Polyadditionsharze (UP-, DAP- und EP-Harze) an Bedeutung gewonnen.

Die Wiederverwertung von Duroplastabfällen (sowohl aus der Verarbeitung als auch Rücklauf-Formteile) ist nach speziellen Aufbereitungsverfahren entgegen der allgemein noch herrschenden Meinung durchaus möglich. Es entstehen hochwertige Zuschlagstoffe.

Der Anteil der Duroplaste am Gesamtkunststoff-Verbrauch hat sich in den letzten Jahrzehnten weltweit bei 20% eingependelt.

164

3 Duroplaste

3.1 Phenol-Formaldehyd [PF]

Die ersten synthetisch hergestellten Kunststoffe – abgesehen von den abgewandelten Naturstoffen – waren die härtbaren Polykondensate. Diese Duroplaste werden aus Grundeinheiten mit mindestens drei funktionellen Gruppen aufgebaut, was zu einer räumlichen Vernetzung führt.

Duroplaste sind deshalb in der Regel hart, spröde und nicht mehr schmelzbar. Aus diesem Grund werden ihnen bereits beim Kunststoffhersteller geeignete Füllstoffe zugesetzt, die die Sprödigkeit herabsetzen und sie vielseitiger einsetzbar machen.

«Füllstoffe» sind hier nicht in erster Linie füllende, streckende Stoffe, sondern es sind eigenschaftsverbessernde Zuschlagstoffe.

Aufbau

Die ersten vollsynthetischen Kunststoffe überhaupt waren die Phenoplaste, die aus Phenol, Kresol und Xylenol mit Formaldehyd durch Polykondensation hergestellt wurden (entwickelt 1907 von L. H. BAEKELAND, der die neuen Stoffe in Anklang an seinen Namen «Bakelite» nannte).

| Phenol | Formaldehyd | Phenolform-aldehyd | Wasser |

Die chargenweise technische Polykondensation von Phenol mit Formaldehyd führt je nach dem molaren Verhältnis der Komponenten, den eingesetzten Katalysatoren und der Art der Entwässerung von Zwischenprodukten zu unterschiedlichen technischen Harzen, deren Hauptgruppen bereits BAEKELAND unterschieden und wie folgt bezeichnet hat:

Novolake

Novolake werden aus Phenol und Formaldehyd (Mol-Verhältnis[1] etwa 1:0,8) bei saurer Reaktionsführung hergestellt. Dabei entstehen harte, schmelzbare lineare Harze

---

[1] Ein Mol eines Stoffes sind soviel Gramm, wie dessen Molekülgewicht beträgt.

mit etwa 12 durch CH$_2$-Brücken verknüpften Phenolen. Diese Harze sind nicht eigenhärtend. Durch Zusatz von Hexamethylentetramin (kurz «Hexa» genannt), das bei höherer Temperatur in Formaldehyd und Ammoniak aufgespalten wird, werden sie warm härtbar. Das Gemisch Novolak und Hexa ist als Harzmatrix für lagerstabile Schnellpreßmassen geeignet.

Resole

Bei alkalischer Reaktionsführung mit einem Überschuß von Formaldehyd gegenüber dem Phenolanteil werden die sogenannten Resole gebildet. Diese sind löslich, aber nicht lagerstabil. Sie sind eigenhärtend; bei Raumtemperatur kondensieren sie langsam, bei höheren Temperaturen rascher. Niedrig kondensierte Resole (Molverhältnis Phenol/Formaldehyd bis 1:2) sind wasserlöslich, sie werden in Wasser gelöst als Flüssigharze geliefert. Höher kondensierte Resole (Phenol/Formaldehyd unter 1,5:2) werden im allgemeinen als Festharze geliefert.

Bei Resolen und Novolaken spricht man nach der Herstellung des Harzes vom sogenannten A-Zustand (Resol-Zustand). Beim Aushärten durchlaufen beide Systeme dann den B-Zustand (Resitol-Zustand). Hier sind die Harze noch schmelzbar und mit bestimmten Lösungsmitteln quellbar, aber nicht mehr löslich. Im C-Zustand (Resit-Zustand) liegen dann ausgehärtete, unschmelzbare und unlösliche Phenolharze vor.

Eigenschaften

Weil die duroplastischen Harze in der Regel mit Füll- und Verstärkungsstoffen eingesetzt werden, wird das Eigenschaftsbild nur in Verbindung mit diesen beschrieben.

Der hohe Vernetzungsgrad der PF-Formstoffe und die Zugabe von Verstärkungsstoffen führen zu folgenden Eigenschaften:

□ hohe Festigkeit, Steifigkeit und Härte,
□ je nach Verstärkungsstoff hohe Zähigkeit, auch in der Kälte,
□ geringe Kriechneigung,
□ hohe Formbeständigkeit in der Wärme (+ 150 °C),

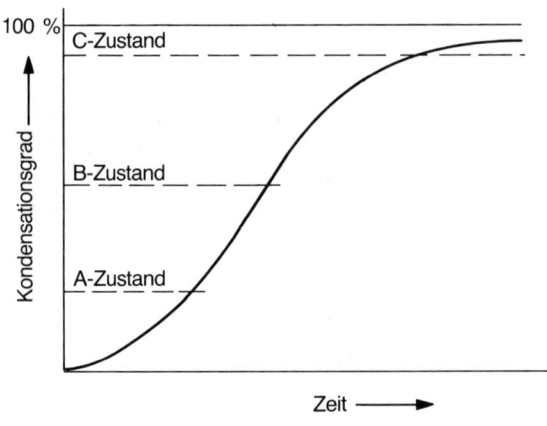

Bild 3.1
Verlauf einer Polykondensation bei eigenhärtenden Resolen [3]

166

Tabelle 3.1   Einfluß von Harzsorte, Füll- und Verstärkungsstoff auf die Produkteigenschaften [3]

Harz Verstärkerart Verstärkerform	Festig-keit	Wärme-bestän-digkeit	Maß-haltig-keit	elektrische Eigen-schaften	Kriech-strom-festigkeit	helle Far-ben mög-lich	Preis
Harzbasis							
PF	O	+	+	−	−	−	+
UF	O	−	−	+	O	+	+
MF, MP	O	−	−	+	+	+	−
UP	O	+	+	+	+	+	−
EP	O	+	+	+	+	−	−
Verstärkerart							
Glimmer	−	+	+	+	+	−	−
Glas	+	+	+	+	+	+	−
Holz	−	−	−	−	−	−	+
Cellulose	+	−	−	−	−	+	−
Verstärkerform							
Pulver	−	O	O	O	O	O	+
Faser							
Schnitzel	+	O	O	O	O	O	−
Bahn, Matte	+	O	+	O	O	O	−

O   geringer Einfluß
+   positiver Einfluß
−   negativer Einfluß

☐ schwer entflammbar,
☐ elektrische Isolationseigenschaften nicht so gut wie MF und UF, relativ großer dielektrischer Verlustfaktor (0,3 bis 0,5), deshalb gut geeignet für HF-Vorwärmung,
☐ beständig gegen organische Lösungsmittel, Öle, Fette, Benzin, Alkohol, Benzol und Wasser,
☐ nicht beständig gegen starke Säuren und Laugen, heißes Wasser,
☐ nur in dunklen Farbtönen einstellbar (nicht lichtecht),
☐ Eigengeruch,
☐ Berührung mit Lebensmitteln unzulässig.
PF-Formmassen sind wie alle Duroplast-Formmassen typisiert (DIN 7708, Bl. 2). In Tabelle 3.2 sind wichtige physikalische Eigenschaften von PF Typ 31 mit UF Typ 131 und MF Typ 152 verglichen.

Je nach Art des Füllstoffs werden bei den Duroplast-Formmassen die Typen durch 2- bzw. 3stellige Zahlen gekennzeichnet. Bei Formmassen mit speziellen Eigenschaften wird der Typbezeichnung eine weitere Ziffer angehängt, die durch einen Punkt abgesetzt wird, z.B. 31.5. Dabei bedeuten (vgl. DIN 7708, Bl. 2):
    .5   elektrisch hochwertiger als der Grundtyp
    .9   ammoniakfrei

167

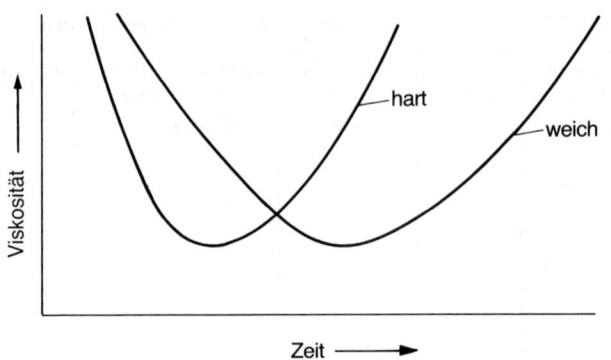

Bild 3.2
Fließhärtungsverlauf einer
PF-Formmasse

Tabelle 3.2   Physikalische Eigenschaften von PF, UF und MF

Eigenschaften	Einheit	DIN-Norm	PF Typ 31	UF Typ 131	MF Typ 152
Dichte	g/cm^3	53479	1,4	1,5	1,5
Biegefestigkeit	N/mm^2	53452	70	80	80
Zugfestigkeit	N/mm^2	53455	25	30	30
Schlagzähigkeit	kJ/m^2	53453	6	6,5	7
Kerbschlagzähigkeit	kJ/m^2	53453	1,5	1,5	1,5
Kugeldruckhärte	N/mm^2	53456	250 bis 320	260 bis 350	260 bis 410
E-Modul (aus Biegeversuch)	N/mm^2	53457	6000 bis 8000	6000 bis 10000	8000 bis 10000
Lineare Wärme-dehnzahl	1/K · 10^{-6}	–	30 bis 50	40 bis 50	30 bis 50
Gebrauchstemperatur ohne mechanische Be-anspruchung in Luft kurzzeitig langzeitig	°C	– –	 140 110	 100 70	 110 80
Martens-Temperatur	°C	53458	125	100	120
Spez. Durchgangs-widerstand	Ω · cm	53482	10^{10}	10^{11}	10^{11}
Dielektrischer Verlustfaktor (800 Hz)	–	53483	0,3	0,3	0,3
Dielektrizitätszahl (10^3 Hz)	–	53483	6 bis 9	6 bis 9	6 bis 10
Wasseraufnahme	mg/4 d	53472	150	300	200

168

Fließverhalten
Die Kenntnis des Fließverhaltens der Phenolharzformmassen ist eine wichtige Voraussetzung für das Beurteilen und Festlegen optimaler Verarbeitungsbedingungen. Das Fließvermögen ist abhängig vom Harzgehalt der Masse, dem Kondensationsgrad des Harzes, vom Feuchtigkeitsgehalt und den eingesetzten Gleitmitteln. Man unterscheidet sogenannte weich-, mittel- und hartfließende Typen. Bild 3.2 zeigt das Fließverhalten einer harten und einer weichen Formmasse. Die Verarbeitungszeit einer weichen Formmasse ist größer als die einer harten.

Verarbeitung

Formmassen
PF-Formmassen werden wie die meisten duroplastischen Formmassen durch Pressen, Spritzpressen oder Spritzgießen unter Einwirkung von Wärme und Druck verarbeitet. Die Verarbeitungstemperaturen liegen dabei zwischen 140 und 180 °C. Beim Pressen oder Spritzgießen von Formmassen müssen die bei der Polykondensation entstehenden Spaltprodukte entweichen können, soweit nicht der Preßdruck eine Blasenbildung verhindert bzw. die Füllstoffe Feuchtigkeit aufnehmen. Neben diesen wichtigen Verarbeitungsverfahren gibt es noch eine große Vielfalt weiterer Formgebungs- und Anwendungsmöglichkeiten:

Gießharze
PF-Gießharze werden in offene Werkzeuge gegossen; die Härtung erfolgt drucklos in der Wärme oder bei Raumtemperatur durch Zusatz eines Katalysators. Sogenannte PF-Edelkunstharze stehen in Form von Platten, Blöcken, Stangen, Rohren und Profilen zur Verfügung.

Schichtpreßstoffe
Mit Phenolharzlösungen getränkte Bahnen aus Papier oder Geweben werden in mehreren Lagen bei Temperaturen von etwa 150 °C unter hohem Druck zu Platten gepreßt oder zu Rohren gewickelt.

Hartfaserplatten
Ein Holzfaserbrei wird mit einer 2- bis 5%igen Harzlösung getränkt. Nach dem Trocknen erfolgt das Pressen der Fasermasse.

Leime und Klebstoffe
PF-Leime dienen beispielsweise zur Herstellung von Sperrholz (Heißpressen der beschichteten Tafeln).
Des weiteren dienen PF-Harze in Verbindung mit z. B. Polyvinylacetat, Polyvinylchlorid oder Polyvinylacetal als hochfeste Klebstoffe.

Schaumstoffe
Flüssige Phenolresole können durch verdampfendes Kondensationswasser, durch Schaumigschlagen des Harzes oder durch Zusatz von Treibmitteln (Leichtbenzin oder

Frigen) zu festen, sprödharten Schaumstoffen verarbeitet werden. Das Vorschäumen erfolgt bei Temperaturen von 50 bis 60 °C oder bei Raumtemperatur. PF-Schaumstoffe haben eine niedrige Wärmeleitfähigkeit, hohe Formbeständigkeit in der Wärme, sind schwerentflammbar und selbstverlöschend.

Anwendungen

Formmassen
Steckdosen, Schaltergehäuse, Spulenträger, Zahnräder, Pumpenteile, Griffe, Autoteile, Bügeleisengriffe, Pfannenstiele, Herdleisten.

Schichtpreßstoffe
Isolierteile in der Elektrotechnik, Trägermaterial für gedruckte Schaltungen, Zahnräder, Lager, Spulenkörper, Laufrollen.

Darüber hinaus wird Phenolharz eingesetzt als Bindemittel (z. B. bei Brems- und Kupplungsbelägen, Schleif- und Trennscheiben), als Lackharz und als korrosionsbeständiger Oberflächenschutz. Erwähnt werden sollen hier auch die Kaltpreßmassen, die bei Raumtemperatur und Drücken von 100 bis 500 bar zu Formkörpern gepreßt werden. Anschließend wird bei Temperaturen von 80 bis 140 °C ausgehärtet.

3.2 Harnstoff-Formaldehyd [UF]

Bis 1920 waren von den technisch verwendbaren synthetischen Duroplasten nur die Phenolharze interessant. Sie hatten den Nachteil, daß sie bei Lichteinwirkung nachdunkelten und daher nur in dunklen Einfärbungen hergestellt wurden. Ende der zwanziger Jahre kamen dann als wichtige Ergänzung die lichtechten Harnstoff-Formaldehydharze auf den Markt.

Aufbau

Die Herstellung von UF erfolgt durch eine Polykondensation von Formaldehyd mit Harnstoff. Dabei entstehen dünnflüssige Harze mit einem Harzgehalt von etwa 60 bis 65%. Diese Harze haben bei kühler Lagerung eine Beständigkeit von etwa 3 Monaten. Bei weiterer Entwässerung entstehen feinpulverige Harze.

$$\cdots -CH_2 \rule{1cm}{0.4pt} N \rule{0.5cm}{0.4pt} \cdots$$
$$\vert$$
$$C = O$$
$$\vert$$
$$\cdots \rule{1cm}{0.4pt} N - CH_2 \rule{1cm}{0.4pt} \cdots$$

Harnstoff-Formaldehydharz

Eigenschaften

Das Eigenschaftsbild von UF ist ebenfalls stark abhängig von Füllstoffart und -größe. Im einzelnen liegen folgende Eigenschaften vor:

☐ hohe mechanische Festigkeit, Steifheit und Oberflächenhärte,
☐ hoher Oberflächenglanz,
☐ sehr gute elektrische Eigenschaften,
☐ empfindlich gegen hohe Feuchtigkeit,
☐ höhere Schwindung als PF-Formmassen, Neigung zur Spannungsrißbildung,
☐ geringere Maßbeständigkeit als Formstoffe aus PF-Typ 31 (Nachschwinden bei Trockenheit und Wärme, Quellen bei Feuchtigkeitseinwirkung),
☐ nicht zugelassen für Formteile, die mit Lebens- und Genußmitteln in Berührung kommen.

UF ist beständig gegen Lösungsmittel, Öle, Fette, schwache Säuren und Laugen; nicht beständig ist es gegen starke Säuren und Laugen sowie kochendes Wasser.

Verarbeitung

Die Verarbeitung erfolgt wie bei PF in der Regel durch Pressen, Spritzpressen und Spritzgießen.

Die Verarbeitungstemperaturen liegen dabei zwischen 140 und 150 °C. UF hat eine höhere Schwindung als PF, deshalb neigen UF-Formmassen zu Spannungsrißbildung.

Anwendungen

Hellfarbige Verschraubungen bei Kosmetikverpackungen, Stecker, Lichtschalter, Leuchtensockel usw. Harnstoff-Formaldehydharze und die eng dazugehörenden Melamin-Formaldehydharze haben außerdem große Bedeutung erlangt als Lackharze, Leim und Klebstoffe, Isolierstoffe, Schichtpreßstoffe und Schaumstoffe.

3.3 Melamin-Formaldehyd [MF]

MF-Harze kamen als weitere wichtige Gruppe Ende der 30er Jahre des 20. Jh. auf den Markt. Sie vereinten gewissermaßen die Vorteile der Phenoplaste mit denen der Harnstoff-Formaldehyd-Formmassen.

Aufbau

Die Herstellung von MF erfolgt durch eine Polykondensation von Formaldehyd mit Melamin. Der Ablauf der Kondensation ist ähnlich wie der der Harnstoffharze (Abschnitt 3.2).

$$\cdots - CH_2 - N - CH_2 - \cdots$$

Melamin-Formaldehydharz

Eigenschaften

Die wichtigste Einsatzform des reinen MF-Harzes sind farblose Leimharze. Damit werden naßfestes Papier, Sperrholz und Spanplatten hergestellt.

Auch bei den MF-Formmassen kommen organische und anorganische Stoffe als Harzträger zum Einsatz. Wie bei den UF-Formmassen werden daraus Formstoffe in weißen bzw. hellen Farbtönen hergestellt. MF-Harze haben folgende Eigenschaften:

☐ hohe Oberflächenhärte und Kratzfestigkeit,
☐ hoher Oberflächenglanz,
☐ hohe Kriechstromfestigkeit,
☐ gute Wärmebeständigkeit,
☐ Feuchtigkeitsbeständigkeit,
☐ nicht geeignet für dauernden Kontakt mit kochendem Wasser,
☐ hohe Nachschwindung wie bei UF-Formmassen, deshalb Neigung zu Rißbildung,
☐ Typ 152.7 ist für die Herstellung von Bedarfsgegenständen nach dem Lebensmittelgesetz zugelassen.

MF ist beständig gegen Lösungsmittel, Öle, Fette, schwache Säuren und Laugen (grundsätzlich ist es chemikalienbeständiger als UF-Formstoffe). Es ist erhöht heißwasserbeständig. Nicht beständig ist es gegen starke Säuren und Laugen.

Verarbeitung

Die Verarbeitung erfolgt analog der der UF-Formmassen. Die Verarbeitungstemperaturen liegen zwischen 120 und 165 °C.

Anwendungen

MF-Formmassen werden vor allen Dingen dann eingesetzt, wenn die Eigenschaften der billigeren UF-Formmassen nicht ausreichen. Dies ist in der Elektrotechnik der Fall, wenn vor allem höhere Kriechstromfestigkeit und höhere Beständigkeit gegen Feuchtigkeit und Wärme verlangt werden.

Weitere Einsatzgebiete sind: Elektroinstallationsmaterial, Geräte, Gehäuse, Eß- und Trinkgeschirr, Griffe für Kochgefäße und Bügeleisen; ferner Leime und Bindemittel, dekorative Schichtpreßstoffplatten für Möbel (z. B. Küchenmöbel).

3.4 Melamin-Phenol-Formaldehyd [MP]

Das Eigenschaftsbild der PF-, UF- und MF-Formmassen ist unterschiedlich. Es liegt deshalb nahe, ähnlich wie bei den thermoplastischen Copolymeren (z. B. ABS), auch bei diesen Kunststoffen die Eigenschaften durch Cokondensation auszugleichen und zu verbessern. Ein erfolgreiches Beispiel sind die MF/PF-Formmassen (MP-Formmassen).

Eigenschaften

Die kennzeichnenden Eigenschaften der aus MP hergestellten Formstoffe gegenüber den PF- und MF-Formstoffen sind:

☐ bessere elektrische Eigenschaften als PF, jedoch etwas ungünstiger als MF,

☐ MP ist ebenfalls hellfarbig; jedoch nicht so farbstabil wie MF,

☐ bei MP ist die Nachschwindung wesentlich geringer als bei MF, deshalb kaum Spannungsrißbildung,

☐ MP ist für Berührung mit Lebensmitteln nicht zugelassen.

MP-Formmassen sind beständig gegen Wasser (kalt und kochend), schwache Laugen, Alkohole, Benzol, Benzin, Mineralöl und Fette.

Nicht beständig ist es gegen starke Säuren und Laugen.

Tabelle 3.3 Physikalische Eigenschaften von MP-Formmassen Typ 181 und Typ 182

Eigenschaften	Einheit	DIN-Norm	MP Typ 181	MP Typ 182
Dichte	g/cm³	53479	1,6	1,6
Biegefestigkeit	N/mm²	53452	80	70
Zugfestigkeit	N/mm²	53455	30	30
Schlagzähigkeit	mJ/mm²	53453	7	4
Kerbschlagzähigkeit	mJ/mm²	53453	1,5	1,2
Kugeldruckhärte	N/mm²	53456	250 bis 280	230 bis 330
E-Modul (aus Biegeversuch)	N/mm²	53457	6000 bis 7000	6000 bis 8000
Lineare Wärme-dehnzahl	$1/K \cdot 10^{-6}$	–	15 bis 30	15 bis 30
Gebrauchstemperatur ohne mechanische Beanspruchung in Luft kurzzeitig langzeitig	°C	– –	110 80	130 100
Martens-Temperatur	°C	53458	120	120
Spez. Durchgangs-widerstand	$\Omega \cdot cm$	53482	10^{10}	10^{10}
Dielektrischer Verlustfaktor (800 Hz)	–	53483	0,2	0,2
Dielektrizitätszahl (10^3 Hz)	–	53483	6 bis 15	6 bis 15
Wasseraufnahme	mg/4 d	53472	150	120

In Tabelle 3.3 sind wichtige physikalische Eigenschaften von zwei MP-Formmassen verglichen.

Verarbeitung

Die Verarbeitung erfolgt analog wie bei den vorher beschriebenen Formmassen (PF, MF).

Anwendungen

Elektroinstallationsmaterial, Gehäuse, Griffe, Schraubverschlüsse u. ä.

3.5   Ungesättigte Polyesterharze (UP-Harze)

Ungesättigte Polyesterharze als Lösungen von ungesättigten Polyestern (UP) in reaktiven (ungesättigten) Lösungsmitteln wurden erstmals 1937 in den USA auf den Markt gebracht (Ellis-Foster-Company). Die Kombination mit verstärkenden Glasfasern wurde technisch 1942 bei der United States Rubber Company durchgeführt. Die Einführung der UP-Harze auf dem deutschen Markt erfolgte 1952.

Die große Bedeutung der UP-Harze beruht auf den vielfältigen Kombinationsmöglichkeiten mit verstärkenden textilen Fasern und anderen Zuschlagstoffen, wodurch Werkstoffe mit einem ungewöhnlich hohen mechanischen Eigenschaftsniveau entstehen.

Aufbau

Ungesättigte Polyester (UP) erhält man durch Veresterung (Polykondensation) von gesättigten und ungesättigten 2wertigen organischen Säuren (Dicarbonsäuren) mit 2wertigen Alkoholen (Diolen).

Aufgrund der Säuredoppelbindung sind UP weiter reaktionsfähig. Um die Reaktivität zu verändern, kann man z. B. das Verhältnis gesättigte Säuren/ungesättigte Säuren ändern oder längerkettige Alkohole verwenden. Löst man die ungesättigten Polyester in einem reaktionsfähigen (ungesättigten) Monomer (z. B. Styrol), dann entsteht das ungesättigte Polyesterharz.

> Ungesättigte Polyesterharze sind aufgrund der in beiden Komponenten enthaltenen Doppelbindungen in der Lage, durch Zufuhr von Energie (Wärme, Licht und/oder Reaktionsmittel) chemisch zu festen Formstoffen zu vernetzen.
>
> Harze, die zu solchen Vernetzungen in der Lage sind, nennt man Reaktionsharze. Die Vernetzungsreaktion ist eine Copolymerisation.

174

Die nachstehende Übersicht zeigt wichtige Ausgangsstoffe zur Bildung von ungesättigten Polyestern bzw. Polyesterharzen.

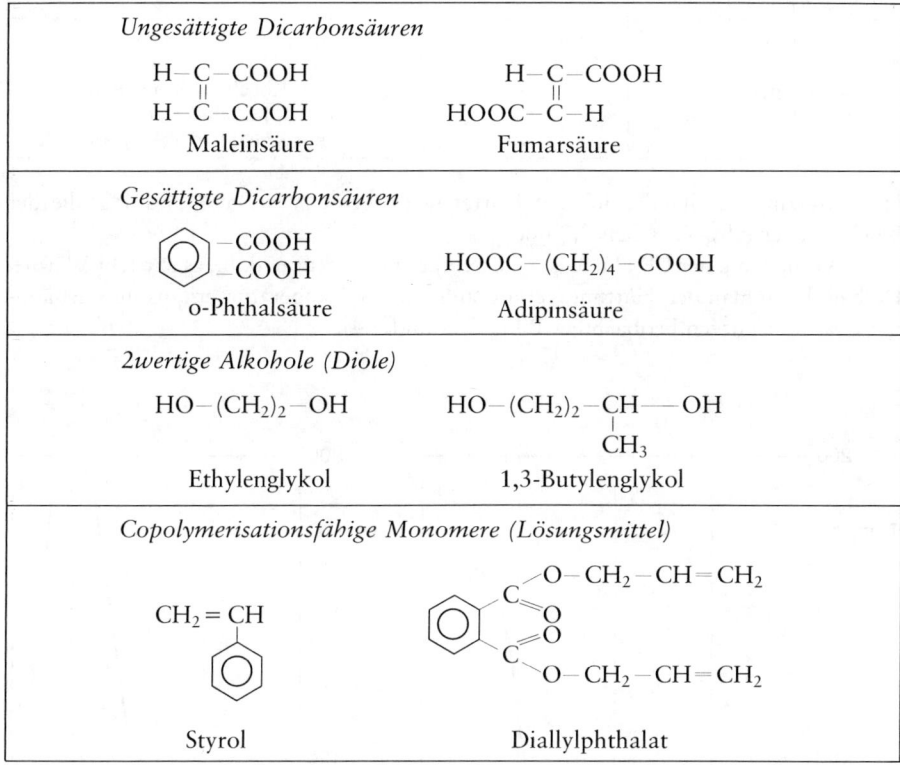

Ungesättigte Dicarbonsäuren	
H—C—COOH ‖ H—C—COOH Maleinsäure	H—C—COOH ‖ HOOC—C—H Fumarsäure
Gesättigte Dicarbonsäuren	
—COOH —COOH o-Phthalsäure	HOOC—(CH₂)₄—COOH Adipinsäure
2wertige Alkohole (Diole)	
HO—(CH₂)₂—OH Ethylenglykol	HO—(CH₂)₂—CH——OH CH₃ 1,3-Butylenglykol
Copolymerisationsfähige Monomere (Lösungsmittel)	
CH₂=CH Styrol	Diallylphthalat

Je mehr Doppelbindungen im Polyestermolekül enthalten sind, desto engmaschiger ist die Vernetzung und umgekehrt. Engmaschige Vernetzung bedeutet Verbesserung des E-Moduls, der Härte sowie der Wärme- und Chemikalienbeständigkeit; weitmaschig vernetzte Harze dagegen weisen größere Flexibilität und Schlagzähigkeit auf.

Härtung

Die Vernetzung der ungesättigten Polyesterharze nennt man Härtung, die dazu erforderlichen Reaktionsmittel sind organische Peroxide und Beschleuniger. Folgende Härtungsverläufe sind möglich.

> Kalthärtung (etwa 15 bis 20 °C)
>   UP-Harz + Härter + Beschleuniger
>
> Warmhärtung (> 70 °C)
>   UP-Harz + Härter + Wärme

175

Folgende Übersicht zeigt wichtige Reaktionsmittel für UP-Harze:

Härter (organische Peroxide)	Warmhärtung	Kalthärtung
Benzoylperoxid	> 70 °C	mit Aminbeschleunigern (z. B. Dimethylanilin)
Methylethylketon-peroxid	> 80 °C	mit Kobaltbeschleunigern (z. B. Kobaltoktoat)
Cyclohexanonperoxid	> 90 °C	mit Kobaltbeschleunigern

Die Zusatzmengen handelsüblicher Härter liegen etwa zwischen 2 und 4%, die der Beschleuniger etwa zwischen 0,5 und 1%.

Die Vernetzung der UP-Harze ist eine exotherme Reaktion, d. h., es entsteht Wärme. Deshalb kann man den Härtungsverlauf anhand des Temperaturverlaufs in sogenannten Reaktionskurven beobachten (Bilder 3.3 und 3.4).

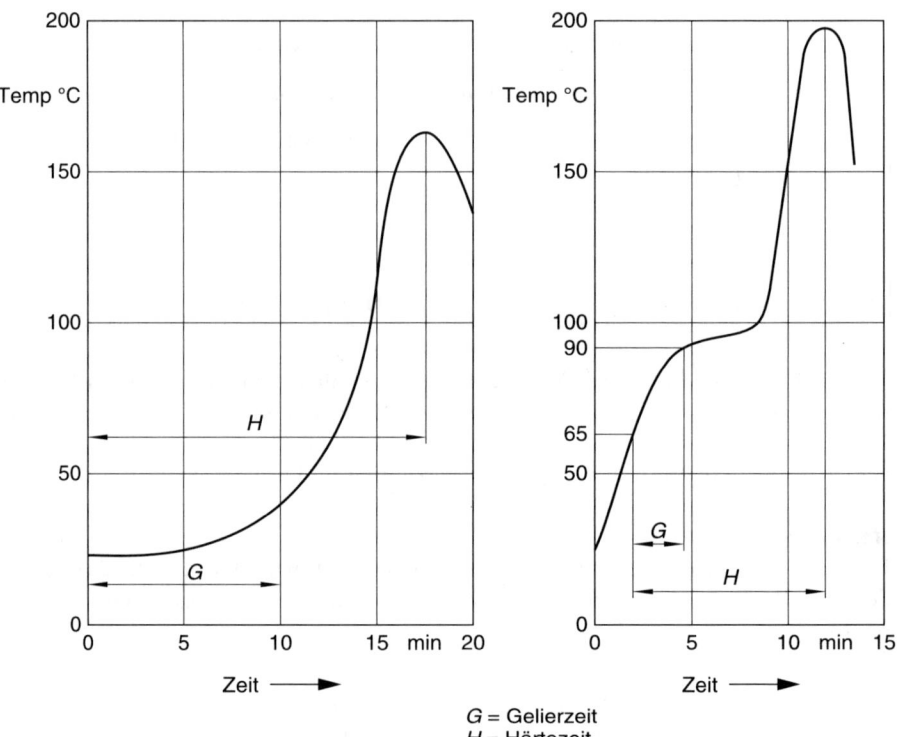

G = Gelierzeit
H = Härtezeit

Bild 3.3
Reaktionskurve für UP-Harze bei Kalthärtung (schematisch)

Bild 3.4
Reaktionskurve für UP-Harze bei Warmhärtung (schematisch)

176

Bei der Vernetzung der UP-Harze tritt eine Volumenschwindung bis zu 9% auf. Nachschwindungen sind unerheblich.

Durch Zusatz von thermoplastischen Polymeren in feinverteilter Form zum UP-Harz kann die Volumenschwindung stark reduziert bzw. völlig kompensiert werden (Low-Profile-Harze, Low-Shrink-Harze).

Durch Verstärkungsfasern und Zuschlagsstoffe wird die Volumenschwindung erheblich herabgesetzt.

Nach Erreichen der Temperaturspitze ist die Härtung der UP-Harze nicht abgeschlossen. Bei Kalthärtungen soll unmittelbar nach der Härtung eine Temperung durchgeführt werden, besonders dann, wenn Chemikalienbeständigkeit gefordert wird oder Anforderungen des Lebensmittelgesetzes zu erfüllen sind.

Bei kaltgehärteten normalreaktiven Harzen empfehlen sich folgende Nachhärtebedingungen:

80 °C	4 bis 5 Stunden
60 °C	8 bis 10 Stunden
50 °C	12 bis 16 Stunden

Ist eine Nachhärtung bei gehobenen Temperaturen nicht durchführbar, so sollen die Teile 1 bis 2 Wochen bei mindestens 20 °C gelagert werden.

Beim Umgang mit Peroxiden und Beschleunigern ist der direkte Kontakt mit der Haut, insbesondere mit Schleimhäuten und den Augen, zu vermeiden, weil diese Stoffe ätzend wirken.

Während die Härtung von UP-Harzen mit UV-Licht seit langem bekannt ist, sind seit einigen Jahren sogenannte normallichthärtende Harze auf dem Markt. Diese Harze absorbieren längerwelliges (sichtbares) Licht, das aus normalen Lichtquellen gewonnen werden kann. Die Lichtenergie wird ausgenutzt, um die im Harzansatz enthaltenen Härter zur Reaktion zu bringen. Besondere Bedeutung haben die lichthärtenden UP-Harze als Reparatur- und Spachtelmassen, weil nur noch mit einer Materialkomponente gearbeitet werden muß.

UP-Harztypen

UP-Harze kommen in unterschiedlicher Form zum Einsatz. Eine Übersicht gibt die Zusammenstellung in Bild 3.5.

Je nach Wahl der Ausgangs- bzw. Zuschlagstoffe werden Spezialtypen angeboten, z.B. im Hinblick auf
☐ mechanische Eigenschaften,
☐ Wärme- und Chemikalienbeständigkeit,
☐ Flexibilität,
☐ Brandverhalten,
☐ Witterungs- und Lichtbeständigkeit.

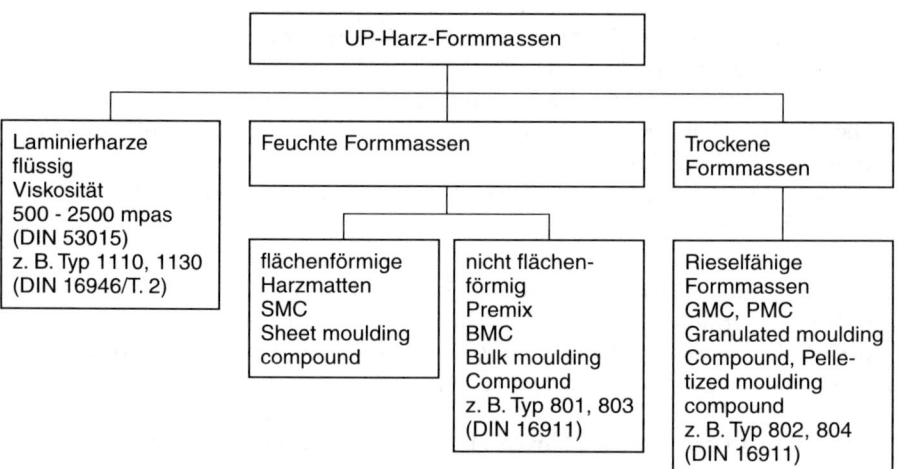

Bild 3.5 Übersicht über UP-Harz-Formmassen

Werden anstelle der ungesättigten Polyesterharze Vinylesterharze (VE-Harze) verwendet, so erhält man Formstoffe, die dynamisch (auch schlagartig) hoch belastbar sind.

Besondere Bedeutung haben die sogenannten umweltfreundlichen UP-Harze. Durch Zusatz von Paraffinen, Wachsen o.ä. bildet sich bei der Verarbeitung der UP-Harze eine styrolundurchlässige Haut. Dadurch wird die Styrolverdunstung um mehr als 50% herabgesetzt.

Eigenschaften

UP-Harz-Formstoffe enthalten bei technischen Einsätzen fast immer Faserverstärkungen und/oder Zuschlagstoffanteile. Textile Fasern aus Glas, Aramid (Polyamid mit aromatischen Segmenten im Molekül) oder Kohlenstoff verleihen den Formstoffen insbesondere ein hohes mechanisches Eigenschaftsniveau.

Den Hauptanteil an Verstärkungsfasern bilden heute Glasfasern, die im Schmelzspinnverfahren aus alkaliarmen Silikatmischungen hergestellt werden. Glasfaserverstärkungen kommen in unterschiedlicher Form zum Einsatz:

☐ Glasfaserstränge aus parallel liegenden Spinnfäden (Rovings),
☐ Glasfasermatten aus Faserschnitzeln oder Endlosfasern,
☐ Glasfasergewebe aus Garnen oder Rovings in unterschiedlicher Bindung,
☐ Glasfaser-Abstandgewebe.

Im übrigen kann man folgendes allgemeines Eigenschaftsbild aufzeigen:

☐ Temperaturbeständigkeit bis etwa 90 °C,
☐ gute elektrische Eigenschaften,
☐ gute Chemikalien- und Witterungsbeständigkeit (Voraussetzung: gute Aushärtung und Nachhärtung).

Weitere Eigenschaften sind in Tabelle 3.4 zusammengestellt.

Wie stark die mechanischen Eigenschaften der UP-Harze von der Faserverstärkung abhängen, zeigen die Bilder 3.6 und 3.7.

178

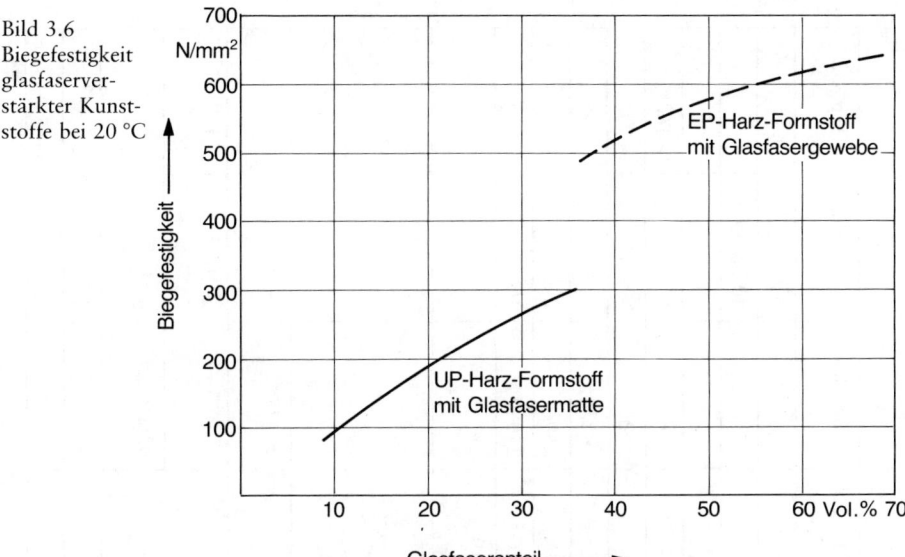

Bild 3.6
Biegefestigkeit
glasfaserver-
stärkter Kunst-
stoffe bei 20 °C

EP-Harz-Formstoff
mit Glasfasergewebe

UP-Harz-Formstoff
mit Glasfasermatte

Biegefestigkeit

Glasfaseranteil

Auch das Langzeitverhalten wird durch die Faserverstärkung wesentlich verbessert, wie die isochronen Spannungs-Dehnungs-Linien in Bild 3.8 zeigen.

Ein besonderer Vorteil der Faserverstärkung liegt darin, daß man Festigkeiten und Moduln richtungsabhängig gestalten und eine Abstimmung auf die tatsächliche Belastung herbeiführen kann.

Verarbeitung

Die in Bild 3.5 rechts dargestellten Preßmassen werden nach dem Preß- und Spritzgießverfahren verarbeitet; während sich für die flüssigen Laminierharze eigenständige

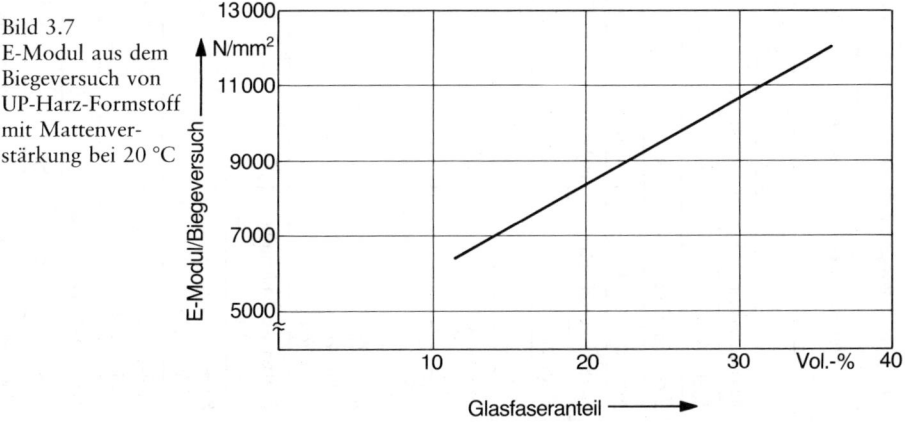

Bild 3.7
E-Modul aus dem
Biegeversuch von
UP-Harz-Formstoff
mit Mattenver-
stärkung bei 20 °C

E-Modul/Biegeversuch

Glasfaseranteil

179

Tabelle 3.4 Physikalische Eigenschaften von UP-Harz-Formstoffen

Eigenschaften	Einheit	DIN-Norm	UP-GF 1110 25% Matte	UP-GF 1120 35% Matte	UP-GF 1120 55% Gewebe	Typ 801	Typ 802	Typ 832
Dichte	g/cm^3	53479	1,37	1,50	1,75	1,8	2,0	1,8
Reißfestigkeit	N/mm^2	53455	80	130	250	25 bis 30	30 bis 40	80
Reißdehnung	%	53455	1,3	3,5	3,5			
Biegefestigkeit	N/mm^2	43452	160	175	470	> 60*	> 55*	> 160*
Schlagzähigkeit	mJ/mm^2	53453	100	125	300	> 22*	> 4,5*	> 70*
Kerbschlagzähigkeit	mJ/mm^2	53453	84	110	290	> 22*	> 3*	> 60*
Kugeldruckhärte	N/mm^2	53456		250	250	160	240	
E-Modul	N/mm^2	53457	9540	10800	18400	13000	10000	12000
Lineare Wärmedehnzahl	1/K	VDE 0304	$30 \cdot 10^{-6}$	$35 \cdot 10^{-6}$	$17 \cdot 10^{-6}$			
Gebrauchstemperatur ohne mechanische Belastung in Luft kurzzeitig langzeitig	°C	– –	50	50	50			
Martens-Erweichungstemperatur	°C	53458	57	55	55	> 125*	> 140*	
Spez. Durchgangswiderstand	$\Omega \cdot$ cm	53482	$2 \cdot 10^{15}$	10^{15}	10^{15}	$> 10^{12}$	$> 10^{12}$*	$> 10^{14}$*
Dielektrischer Verlustfaktor	–	53483	0,004	0,005	0,006	0,02**	0,01**	–
Dielektrizitätskonstante	–	53483	3,5	3,8	4,4	4,1**	4,7**	–
Wasseraufnahme	%	53495	0,55	–	–	–	–	–

* Typwerte nach DIN 16913. ** bei 10^6 Hz.

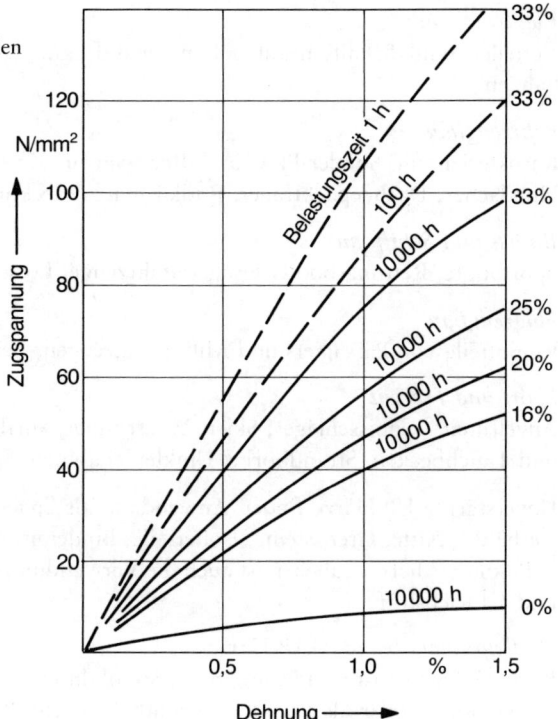

Bild 3.8
Isochrone Spannungs-Dehnungs-Linien
von UP-Harz-Formstoffen mit
Mattenverstärkung bei 20 °C

Glasvolumenanteil

Verfahren entwickelt haben. Diese Laminierverfahren gestatten eine äußerst vielseitige Formgebung und reichen vom Handlaminieren über Injektionsverfahren, Schleudern und Profilziehen bis hin zu den voll mechanisierten Wickelverfahren. Von großer Bedeutung ist bei allen Verfahren, daß bei der Formgebung keine hohen Drücke erforderlich sind, weil bei der Härtung (Copolymerisation) keine Nebenprodukte entstehen wie bei den Polykondensationsharzen.

Anwendung
Aufgrund ihrer hervorragenden mechanischen Eigenschaften werden UP-Harze mit Faserverstärkung häufig für tragende Bauteile sowohl im Hochbau als auch im Fahrzeug-, Flugzeug- und Maschinenbau eingesetzt. Wichtige Einsatzgebiete sind:

Bauwesen
Lichtplatten, Lichtkuppeln, Bauprofile, Trennwände, Sanitärzellen, Wasch- und Duscheinheiten, Fassaden, Rahmen für Spezialfenster, Lichtschächte, Ferienhäuser, Leuchttürme; Schalungen im Betonbau.

Behälter- und Rohrleitungsbau
Tanks für Getränke, Heizöl oder Chemikalien, Silos für Nahrungs- und Futtermittel, Galvanik- und Beizbäder, Behälter für landwirtschaftliche Maschinen, Chemieapparate und -rohre, Kanalschächte, Abwasserkanäle.

181

Elektrotechnik
Verteiler- und Schaltschränke, Lampenabdeckungen, Schalthebel, Gehäuse, Kabelbahnen.

Fahrzeugbau
Karosserien für Sonder-Pkw und Rennwagen, Karosserieteile, Stoßfänger, Spoiler, Hubdächer, Dachgepäckträger, Radkästen, Abdeckungen; Kabinen für Seilbahnen.

Boots- und Schiffbau
Sportboote, Rettungsboote, Fischereifahrzeuge, Lotsenboote, Rettungsinseln.

Flugzeugbau
Rumpfteile von Passagier- und Militärflugzeugen, Leitwerkteile, Innenausstattungen.

Sport und Freizeit
Angelruten, Tennisschläger, Skier, Wasserskier, Surfbretter, Schwimmbecken, Sauna- und Tauchbecken, Strandkörbe, Umkleidekabinen, Sportgeräteteile.

Unverstärkte UP-Harze finden Anwendung als Spachtel- und Reparaturmassen, Fensterbänke, Kitte, Grenzsteine, Isolierteile, Bindemittel für «Polymerbeton» u. a.

Besonders hervorzuheben ist auch die Verwendung der UP-Harze als Reaktionslacke und als Klebstoffe.

Diallylphthalatharze (DAP-Harze)
Bei DAP-Harzen ist als Lösungsmittel Styrol durch Diallylphthalat ersetzt. Dieses kann als Monomer oder als Präpolymer (enthält bereits Peroxid) eingesetzt werden. DAP-Harze können nur warm gehärtet werden. Sie dienen hauptsächlich zur Herstellung von rieselfähigen Formmassen. DAP-Harze vernetzen sehr engmaschig und haben gute Temperaturbeständigkeit und hohe elektrische Werte.

3.6   Siliconharze

Aufbau
Siliconharze gehören zur Stoffklasse der Polymeren, deren Grundgerüst alternierend aus Silizium- und Sauerstoffatomen besteht (Abschnitt 4.15). Besonders hervorzuheben ist die ausgezeichnete Wärmebeständigkeit.

Duroplastische Siliconharze werden aus mono-, di-, tri- oder tetrafunktionellen Einheiten aufgebaut. Durch entsprechende Variationen können in den Polykondensationsprozessen die unterschiedlichsten Strukturen entstehen, die ein breites Eigenschaftsspektrum ermöglichen.

$$
\begin{array}{ccccc}
 & \vdots & & \vdots & \\
 & O & & O & \\
CH_3 & | & & | & \\
| & O & & O & \\
\cdots - Si - O - & Si & - O - & Si & - O - \cdots \\
| & | & & | & \\
O & CH_3 & & O & \\
\vdots & & & \vdots &
\end{array}
$$

182

Neben den Methylsiloxanen werden für besondere (lacktechnische) Anforderungen auch Methylphenylsiloxane eingesetzt.

Die Formmassen werden aus Siliconharzpulver mit anorganischen Füllstoffen (z. B. Kieselsäure und Glasfasern) hergestellt. Die Formmassen sind nicht genormt.

Eigenschaften

- [ ] Dichte 1,86 bis 1,9 g/cm^3,
- [ ] hohe Oberflächenhärte,
- [ ] hohe Wärmebeständigkeit (250 bis 300 °C),
- [ ] gute elektrische Isoliereigenschaften,
- [ ] gutes dielektrisches Verhalten über einen breiten Temperatur- und Frequenzbereich,
- [ ] sehr geringe Wasseraufnahme,
- [ ] physiologisch unbedenklich,
- [ ] beständig gegen Methanol, Glykol, Fette, Öle, Meerwasser, Ameisensäure, verdünnte Mineralsäuren und Laugen;
- [ ] weniger beständig gegen Aromaten, Ester, Ketone, zahlreiche Lösungsmittel, aromatische Kohlenwasserstoffe sowie konzentrierte Säuren und Laugen,
- [ ] witterungsbeständig (vergleichbar den EP-, PF- und UP-Harzen).

Die Formmassen haben eine begrenzte Lagerfähigkeit (bei 25 °C und in verschlossenen, atmungsaktiven Gebinden etwa 12 Monate).

Wegen des breiten Eigenschaftsspektrums können die Silicon-Harze für die unterschiedlichsten Anwendungen zum Einsatz kommen; sie sind neben den Festharzen als Harzlösungen und Harzemulsionen erhältlich.

Neuere Entwicklungen sind flüssige, lösungsmittelfreie Harze, die mit geeigneten Katalysatoren bei Luftfeuchtigkeit aushärten (Einkomponentensystem).

Verarbeitung

Die Siliconharz-Formmassen werden hauptsächlich im Spritzpreßverfahren verarbeitet und dabei in Kondensationsreaktionen dreidimensional vernetzt.

Verarbeitungshinweise

Härtetemperatur	150 bis 200 °C
Druck	30 bis 70 N/mm^2
Schwindung	0,2 bis 0,9%
Härtezeit	1 bis 4 min
Nachhärtung zum Erzielen optimaler Eigenschaften bei	200 °C

Anwendungen

Hauptanwendung der Siliconharze sind Lacke für die Elektro- und Elektronikindustrie
- [ ] zum Imprägnieren von Elektroisolationen an Transformatoren und Motoren, als Rohstoff für hochtemperaturbeständige Isolierlacke,

□ zum Einbetten empfindlicher Halbleiter- und Elektronikteile sowie von Spulenkörpern,

□ für Schutzanstriche und Bautenschutzmittel,

□ als Bindemittel für Glasfasergewebeschichtstoffe und Glühlampensockelkitte,

□ Formmasse für Formteile in der E-Technik,

□ zur Modifizierung elastischer und witterungsbeständiger Epoxid-, Alkyd- und Acrylharzlacke,

□ als Trennmittel in der lebensmittel- und kunststoffverarbeitenden Industrie

3.7 Polyimide [PI]

Polyimide kamen 1963 erstmals auf den Markt und haben seitdem trotz des hohen Preises ein breites Einsatzgebiet gefunden. Diese Entwicklung ist in erster Linie auf die hohe Temperaturbeständigkeit zurückzuführen. Diese wiederum basiert auf der Imidgruppierung.

Imidgruppe

In der Klasse der hochtemperaturbeständigen Kunststoffe spielen die Polyimide eine wichtige Rolle.

Aufbau

Polyimide sind durch Polykondensations- oder Polyadditionsreaktionen herstellbar. Die Polykondensate sind als Duroplaste und Thermoplaste verfügbar, die Polyaddukte dagegen nur als Duroplaste.

Bei den thermoplastischen Polyimiden liegen die Schmelztemperaturen oft oberhalb der Zersetzungstemperaturen, so daß eine thermoplastische Verarbeitung – z. B. Spritzgießen – nur sehr schwer durchführbar, wenn nicht unmöglich ist. Die Strukturformel aus Diaminen und Dianhydriden:

In etwa gleicher Weise ließen sich weitere Produkte aufzeigen, die jedoch alle ähnliche chemische Strukturen und Eigenschaften besitzen.

184

Eigenschaften

Polyimide zeigen folgendes allgemeines Eigenschaftsbild:

☐ hohe mechanische Festigkeiten über einen sehr breiten Temperaturbereich (-240 bis 360 °C),

☐ gutes Gleitverhalten und hohe Abriebfestigkeit,

☐ hohe Thermostabilität,

☐ gute elastische Eigenschaften,

☐ die Chemikalienbeständigkeit ist befriedigend, die Strahlenbeständigkeit sehr gut,

☐ die Witterungsbeständigkeit ist nicht gut, daher sollen Polyimide nicht im Außeneinsatz angewendet werden,

☐ Polyimide sind selbstverlöschend und zeigen geringe Rauchentwicklung.

Verarbeitung

Die meisten Polyimidtypen werden als Harze oder Compounds geliefert, die – wie es bei Duroplasten üblich ist – verarbeitet werden können. Einige Polyimide können spritzgegossen oder extrudiert werden. Die Massetemperatur beträgt dabei 350 °C, die Spritzdrucke sind sehr hoch. Die Zykluszeiten sind – bedingt durch die hohen Temperaturen – relativ lang. Es ist grundsätzlich schwierig, porenfreie Polyimidformstoffe herzustellen.

Bedingt dadurch, daß Polyimide sehr schwierig zu verarbeiten sind, können sie auch als Halbzeuge bzw. Formteile von einigen Rohrstoffherstellern bezogen werden.

Anwendungen

Luft- und Raumfahrt
Bauteile für Strahltriebwerke, Flugzeugnasen, Turbinenschaufeln, Lacke für Flugzeugrümpfe und als Schäume zur Schallisolierung von Triebwerken.

Elektrotechnik
Spulenkörper, elektronische Verbindungselemente, Kabelisolation, Trägermaterial für gedruckte Schaltungen.

Automobil- und Maschinenbau
Kolbenringe, Ventilsitze, Lager, Dichtungen, Gleit- und Führungsschienen bei Büromaschinen.

185

3.7.1 Abgewandelte Polyimide

Wegen der schwierigen Verarbeitbarkeit und zur Verbesserung bestimmter Eigenschaften wurden verschiedene Werkstoffmodifikationen entwickelt. Die wichtigsten sind:

Polybismaleinimid [PBI]

Der Vorteil dieses Werkstoffes liegt in der leichteren Verarbeitbarkeit (Werkzeugtemperaturen 220 bis 250 °C) und in größerer Porenfreiheit der Erzeugnisse. Die Hauptanwendungsgebiete von Polybismaleinimid liegen überall da, wo gute mechanische und elektrische Eigenschaften bei Temperaturen bis zu 250 °C gefordert werden.

Polyesterimide

Das Einsatzgebiet von Polyesterimiden liegt hauptsächlich im Drahtlacksektor bei Anwendungstemperaturen bis 230 °C.

Polyetherimide [PEI]
Durch den Einbau von Ethergruppierungen in das Molekül wird beim Polyetherimid eine Flexibilisierung erreicht, die die Verarbeitung erheblich erleichtert.

Polyetherimide verhalten sich wie amorphe Thermoplaste mit guten mechanischen, thermischen und elektrischen Eigenschaften (Dauergebrauchstemperatur 170 °C). Sie lassen sich durch Spritzgießen, Extrudieren und Blasformen verarbeiten. Die Anwendungen von Polyetherimiden sind in der Elektronik-, Automobil-, Fernmelde-, Luft- und Raumfahrtindustrie zu sehen.

186

Polyamidimide [PAI]

Erzeugnisse aus Polyamidimiden können durch Pressen, Extrudieren oder durch spanende Bearbeitung aus Halbzeug hergestellt werden.

Polyimidimide werden für tragende Bauteile bis zu Temperaturen von 260 °C eingesetzt. Beispiele sind Pumpen, Ventile, Zahnräder und elektronische Bauteile.

Häufig verwendete Füllstoffe zur Verbesserung des Gleitverhaltens sind PTFE und Graphit.

3.8 Epoxidharze (EP-Harze)

Nach Vorarbeiten durch P. SCHLACK (I.G.-Farben-Industrie) erkannte der Schweizer P. CASTAN (De Trey AG, Zürich) 1938 die hervorragenden Eigenschaften der Epoxidharze, die auf der Reaktionsfähigkeit der Ethylenoxid- oder Epoxidgruppe

beruhen.

Etwa 1946 kamen die ersten großtechnisch hergestellten EP-Harze (Ciba AG, Basel) als Klebstoffe, Gieß- und Lackharze auf den Markt.

Aufbau

Die heute am meisten eingesetzten EP-Harze sind Umsetzungsprodukte aus Epichlorhydrin und Bisphenol A (Diphenylolpropan).

Epichlorhydrin   Bisphenol A

Epoxidharz

187

Die so entstehenden linearen EP-Harz-Moleküle sind durch die endständigen Epoxid-gruppen und die an der Kette hängenden Hydroxylgruppen sehr reaktionsfreudig.

Die Länge der Molekülketten ist vom Mol-Verhältnis Epichlorhydrin:Bisphenol A abhängig. Wenn ein Mol eines Harzes den Wert «n» für das eingeklammerte Glied erhalten soll, so sind dazu $n+1$ Mol Bisphenol A und $n+2$ Mol Epichlorhydrin erforderlich.

Bei $n < 1$ liegen flüssige, bei $n > 2$ feste Epoxidharze vor.

Zur Kennzeichnung der EP-Harze wird u. a. das Epoxidäquivalent(-gewicht) ange-geben; das ist die Menge Harz in g, die ein Mol Epoxidgruppen enthält. Die Angabe der Epoxidäquivalente ist zur Ermittlung des Harz-Härter-Verhältnisses wichtig.

Neben den Bisphenol-A-Harzen gibt es zunehmend Spezialharze, die z. B. auf der Basis Novolake, Amine, halogenierte Phenole oder Cycloaliphaten aufbauen.

Härtung

Epoxidharze können sowohl bei Raumtemperatur (Kalthärtung) als auch bei höherer Temperatur – bis 200 °C – (Warmhärtung) vernetzt werden. Als Härter für Kalthär-tungen kommen aliphatische und cycloaliphatische Amine in Frage. Nachfolgend ist eine aminische EP-Harzhärtung vereinfacht dargestellt:

Gebräuchliche aliphatische Amine sind: Ethylendiamin, Diethylentriamin, Triethylen-tetramin u. a.

Die mit aliphatischen Aminen gehärteten EP-Harz-Formstoffe haben hohe Schlag-zähigkeit, ansonsten jedoch nur ein mittleres mechanisches Eigenschaftsniveau und geringe Wärmeformbeständigkeit.

Für die Warmhärtung der EP-Harze eignen sich aromatische Amine und Säureanhy-dride. Gebräuchliche Säureanhydride sind z. B. Phthalsäure- oder Maleinsäureanhy-drid; gebräuchliche aromatische Amine sind z. B. m-Phenylendiamin oder Diaminodi-phenylmethan. Die warmgehärteten EP-Harz-Formstoffe haben deutlich bessere mechanische thermische, chemische und elektrische Eigenschaften.

188

Gebrauchsdauer und Härtezeiten hängen – abgesehen von Beschleunigern – wesentlich von der Temperatur ab, wie nachfolgend am Beispiel einer Phthalsäureanhydridhärtung gezeigt wird.

Härtetemperatur [°C]	Gebrauchsdauer [min]	minimale Härtungszeit [h]
110	60 bis 90	16
130	35 bis 45	11
150	15 bis 20	5

Die Zusatzmengen der Härter sind:
- ☐ bei aliphatischen Aminen   11 bis 25%
- ☐ bei aromatischen Aminen   15 bis 35%
- ☐ bei Säureanhydriden   30 bis 150%

Daran erkennt man, daß es sich hier nicht wie bei den UP-Harzen um katalytische Härtungen handelt, sondern daß die Härter echter Werkstoffbestandteil sind. Aus diesem Grund sind die Mischungsverhältnisse sehr genau einzuhalten.

In geringem Umfang werden bei EP-Harzen auch katalytisch wirkende Härter – z. B. tertiäre Amine oder Borfluorid – in Zusatzmengen von 2 bis 10% verwendet.

Die Härtungsreaktionen können auch bei EP-Harzen durch Beschleuniger (z. B. Ethylenglykol bei Aminen oder tertiäre Amine bei Säureanhydriden) und bei Aminhärtungen durch Inhibitoren (z. B. Carbonsäureester) beeinflußt werden.

> Beim Umgang mit EP-Harzen und den Reaktionsmitteln ist der unmittelbare Kontakt mit der Haut und mit Schleimhäuten sowie den Augen zu vermeiden. Das gilt besonders für zykloaliphatische und modifizierte Harze sowie für aliphatische Amine und Anhydridhärter.

EP-Harztypen
Die Typenvielfalt ist mit der der UP-Harze vergleichbar (Abschnitt 3.5). Es sind flüssige Gieß- und Laminierharze sowie feste Formmassen für das Pressen oder Spritzgießen als Granulat oder in Stäbchenform auf dem Markt. Vielfältig ist auch die Auswahl an Zuschlag- und Verstärkungsstoffen.

Wie bei den UP-Harzen gibt es auch hier anwendungsorientierte Spezialausrüstungen zur Verbesserung des Brandverhaltens, der Flexibilität, der Chemikalienbeständigkeit u. a.

Eigenschaften
Das Eigenschaftsbild der EP-Harz-Formstoffe hängt sehr stark davon ab, ob es sich um reine Gießharzformstoffe oder um gefüllte bzw. faserverstärkte Werkstoffe handelt (Abschnitt 3.5). Für Faserverstärkungen gilt das gleiche wie für UP-Harze.

Darüber hinaus können das Eigenschaftsbild bzw. bestimmte Eigenschaften in überaus vielfältiger Weise durch die Art der Harze, der Härter und die Harz-Härter-

189

Kombinationen beeinflußt werden, so daß es sehr schwierig ist, ein allgemein gültiges Eigenschaftsbild zu beschreiben. Generell können folgende Aussagen gemacht werden:

☐ Je nach Zuschlag- bzw. Verstärkungsstoffen liegt ein sehr hohes mechanisches Eigenschaftsniveau vor,

☐ die thermischen Eigenschaften sind gut, hängen aber stark vom Härtungssystem ab, wie die folgenden Martenszahlen zeigen:

Härtung mit aliphatischen Aminen	40 bis 80 °C
Härtung mit Säureanhydriden	70 bis 120 °C
Härtung mit aromatischen Aminen	120 bis 150 °C

☐ die elektrischen Eigenschaften sind sehr gut,

☐ geringe Härtungsschwindung,

☐ die Chemikalien- und Witterungsbeständigkeit hängt ebenfalls sehr vom Härtungssystem ab:

Alkalienbeständigkeit	besonders gut bei amingehärteten Systemen,
Säurebeständigkeit	bei anhydridgehärteten Systemen am besten,
Lösungsmittelbeständigkeit	besonders gut bei Härtungen mit aromatischen Aminen,
Witterungsbeständigkeit	bei anhydridisch gehärteten Systemen am besten,

☐ die Wasseraufnahme ist abhängig von den Harz-Härter-Systemen.

☐ EP-Harze haben ein sehr gutes Haftvermögen auf nahezu allen Werkstoffen, daher auch Hauptanwendungen als Klebstoffe und Lacke.

Das gesamte Eigenschaftsniveau ist bei warmgehärteten EP-Harz-Formstoffen immer deutlich besser als bei kaltgehärteten.

Weitere Einzelheiten sind in Tabelle 3.5 zusammengestellt.

Isochrone Spannungs-Dehnungs-Diagramme eines glasgewebeverstärkten und eines anorganisch gefüllten EP-Harz-Formstoffs sind in Bild 3.9 dargestellt.

Die Abhängigkeit der mechanischen Eigenschaften vom Verstärkungsfasergehalt stellt sich bei EP-Harz-Laminaten in ähnlicher Weise dar wie bei den Polyestern. Der Verbund Matrix/Verstärkungsfaser ist bei EP-Harzen wegen des guten Haftvermögens von Hause aus gut, was einen merklichen Einfluß auf die Chemikalien- und Wasserbeständigkeit und damit auch auf das Alterungs- und Langzeitverhalten hat.

Verarbeitung

Feste Formmassen werden nach dem Preß-, Spritzpreß- oder Spritzgießverfahren verarbeitet. Bei den flüssigen Gieß- und Laminierharzen können grundsätzlich die gleichen Formgebungsverfahren wie bei UP-Harzen angewendet werden. Besondere Bedeutung bei EP-Harzen haben das Wickeln und das Herstellen von Deckschichten bei Sandwichbauteilen. Wichtig sind auch die Beschichtungsverfahren für hochgefüllte EP-Harzmassen für Bodenbeschichtungen und Behälterauskleidungen.

Zur Herstellung von Schutzüberzügen und Isolierungen werden reine EP-Harze vielfach in speziellen Tauch- und Tränkverfahren verarbeitet.

190

Tabelle 3.5   Physikalische Eigenschaften von EP-Harz, EP-Standard-Flüssigharz und EP-Form-masse

Eigenschaften	Einheit	DIN-Norm	EP-Harz mit 60% Glas-fasergewebe, amingehärtet	EP-Standard-Flüssigharz, anhydrid-gehärtet, ungefüllt	EP-Form-masse Granulat, minimal gefüllt
Dichte	g/cm^3	53479		1,17	1,8
Reißfestigkeit	N/mm^2	53455	369	92	60
Reißdehnung	%	53455	3 bis 4		
Biegefestigkeit	N/mm^2	53452	591	149	100 bis 110
Schlagzähigkeit	mJ/mm^2	53453	123	20	9 bis 11
Kerbschlagzähigkeit	mJ/mm^2	53453	62		2 bis 3
Kugeldruckhärte	N/mm^2	53456		181	150
E-Modul	N/mm^2	53457			13000
Lineare Wärmedehnzahl	1/K	VDE 0304		$58 \cdot 10^{-6}$	$24 \cdot 10^{-6}$
Gebrauchstemperatur ohne mechanische Beanspruchung in Luft kurzzeitig langzeitig	°C	– –	140 90 bis 100	110 80	140 80 bis 100
Martens-Erweichungs-temperatur	°C	53462		116	120 bis 130
Spez. Durchgangs-widerstand	$\Omega \cdot$ cm	53482	$1,9 \cdot 10^{14}$	10^{17}	10^{14}
Dielektrischer Verlustfaktor	–	53483	0,018 (50 Hz)	0,003 (50 Hz)	0,04 (10^6 Hz)
Dielektrizitätskonstante	–	53483	5,3 (50 Hz)	3,3 (50 Hz)	4,5 (10^6 Hz)
Wasseraufnahme	%	53495	0,24		10 mg (DIN 53472)

Anwendungen

Elektrotechnik, Elektronik
Schalter- und Relaisteile, Meßwandler, Kondensatoren, Gehäuse, Hochspannungsiso-latoren; Schutzumhüllungen für empfindliche elektronische Baugruppen, Trägermate-rial für gedruckte Schaltungen.

Maschinen- und Fahrzeugbau
Hochfeste Maschinenelemente wie Wellen, Gelenke, Pleuel; Ventilatorflügel; Eingie-ßen von Verankerungen, Untergießen von Kranbahnschienen, Werkzeuge, Lehren, Modelle; Fahrzeugwände, Sitze.

Flugzeugbau
Rumpfteile, Leitwerke, Rotorblätter, Türen, Gepäckablagen.

Chemische Industrie
Rohre, Behälter, Apparate.

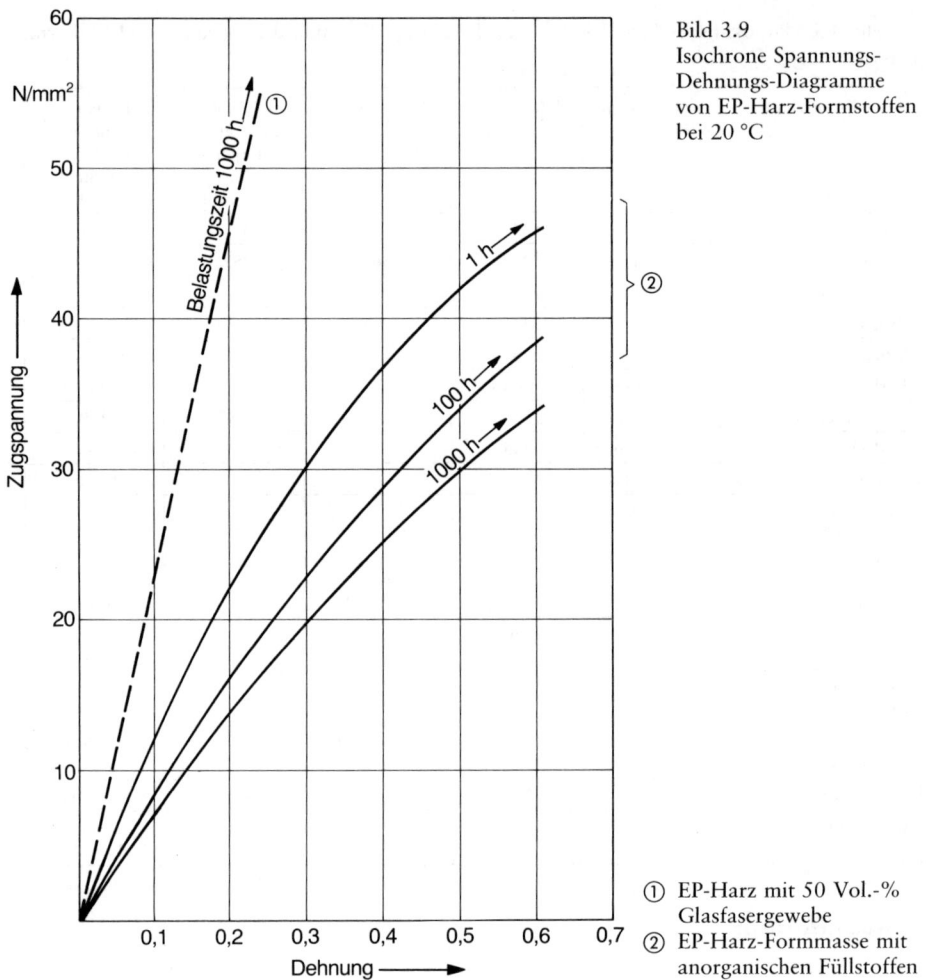

Bild 3.9
Isochrone Spannungs-
Dehnungs-Diagramme
von EP-Harz-Formstoffen
bei 20 °C

① EP-Harz mit 50 Vol.-%
   Glasfasergewebe
② EP-Harz-Formmasse mit
   anorganischen Füllstoffen

Bauwesen
Sandwichteile für Fassaden und Wände, Bodenbeschichtungen, Bauwerksanierungen.

Sport, Freizeit
Rennboote, Fahrradrahmen, Skier, Hockeyschläger, Tennisschläger, Stäbe für Stab-hochsprung.

Klebstoffe und Lacke

192

3.9 Vernetzte Polyurethane

Aufbau

Duroplastische Polyurethane werden durch Polyadditionsreaktionen von Isocyanaten und Polyolen hergestellt. Als Beispiel läßt sich hier die Additionsreaktion von einem Diol mit einem Diisocyanat zu einem linearen Polyurethan anführen (Bild 3.10).

Die hier dargestellte Reaktion führt zu einem linearen Polyurethan. Für eine Vernetzung sind weitere reaktive Gruppen im Polyol notwendig, damit neben einer Verlängerung der Ketten auch Querverbindungen geschaffen werden und somit ein dreidimensionales Netzwerk entstehen kann. Auf die Darstellung dieser komplexen Reaktionsmechanismen soll an dieser Stelle verzichtet werden. Die Ausgangsprodukte für die Herstellung von PUR sind außerordentlich vielfältiger Art und führen zu zahlreichen Anwendungen, allen voran die PUR-Schaumstoffe.

Aber auch andere Einsatzgebiete erschließen dieser Werkstoffgruppe einen sehr breiten Markt. Die wesentlichen Anwendungen von Polyurethanen sind:

☐ Weichschaumstoffe,
☐ Hartschaumstoffe,
☐ Integralschaumstoffe,
☐ vernetzte und thermoplastische Elastomere (Abschnitt 4.8),
☐ Gießharze,
☐ Lacke und Klebstoffe,
☐ lineare Polyurethane.

Isocyanate

Für die PUR-Chemie sind die Isocyanate zu großer Bedeutung gelangt. Es sind niedermolekulare Substanzen, die in reiner Form gewonnen werden.

Die Reaktionsmittel zum Vernetzen von Isocyanaten, z. B. Polyester und Polyether, sind höhermolekulare Stoffe. In Tabelle 3.6 sind die wichtigsten Isocyanate und ihre Anwendungsgebiete dargestellt.

Bild 3.10
Bildungsreaktion von PUR
(linear)

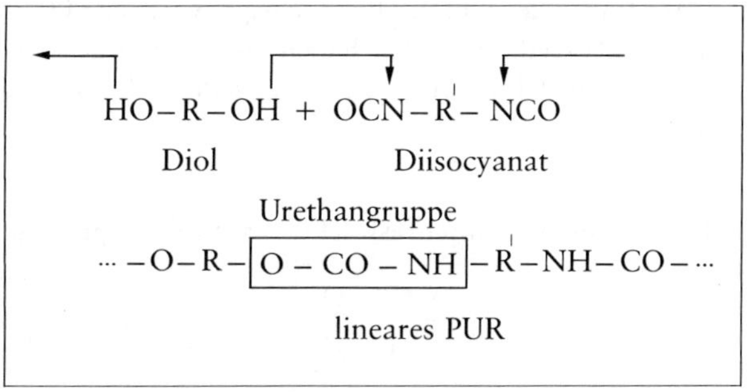

Tabelle 3.6 Wichtige Isocyanate und ihre Einsatzgebiete [3]

Produkt Diisocyanate	Kurz- bezeichnung	hauptsächliche Verwendung
Diisocyanattoluol (80% 2,4- und 20% 2,6-Isomeres)	TDI 80	Weich- und Hartschaumstoffe, teilweise Elastomere
Diisocyanattoluol (65% 2,4- und 35% 2,6-Isomeres)	TDI 65	Weichschaumstoffe
1,5-Diisocyanatnaphthalin	NDI	Elastomere
4,4′-Diisocyanatdiphenylmethan	MDI	Elastomere
1,6-Diisocyanathexan	HDI	Elastomere (nicht vergilbend)
«rohes» Diisocyanattoluol	rohes TDI	Hartschaumstoffe
polymeres («rohes») Diisocyanat- diphenylmethan	polym. MDI	Hartschaumstoffe, harte Struk- turschaumstoffe, mit TDI für Kaltschaumstoffe
modifizierte Diisocyanattoluol	mod. TDI	Kaltschaumstoffe
modifizierte 4,4′-Diisocyanat- diphenylmethane	mod. MDI	Elastomere, halbharte und harte Strukturschaumstoffe

Die Strukturformeln für Isocyanatisomere:

1,2,4-Diisocyanattoluol   1,2,6-Diisocyanattoluol

Polyole

Polyole sind die Reaktionspartner der Isocyanate. Sie besitzen mindestens 2 reaktive Hydroxylgruppen (OH-Gruppen). Ihre chemische Struktur und die Molekülgröße beeinflussen wesentlich die Eigenschaften der daraus hergestellten Polyurethane.

Die Forderung nach technisch und wirtschaftlich einsetzbaren Stoffen erfüllen die Polyester und Polyetherpolyole.

Das Molekülgewicht der Polyole liegt zwischen 400 und 6000. Polyurethane auf der Basis von Polyetherpolyolen haben zwar etwas geringere mechanische Eigenschaften als solche auf Polyesterbasis, besitzen jedoch die wesentlich bessere Hydrolysebeständigkeit.

Polyester

Polyester weisen in ihrem Molekülaufbau die typischen Estergruppierungen auf.

$$-O-\overset{\overset{\textstyle O}{\|}}{C}-\qquad \text{Estergruppierung}$$

Polyester für die Herstellung von PUR erreichen Molekülgewichte von 2000.

In Tabelle 3.7 werden wichtige Polyesterpolyole für die Herstellung von Poly-urethanen vorgestellt.

194

Polyether

Polyether sind Polymerisationsprodukte von Epoxiden; sie weisen Ethergruppierungen in ihrem Molekülaufbau auf.

$$- R_1 - O - R_2 - \qquad \text{Ethergruppierung}$$

Für die PUR-Chemie sind die Umsetzungsprodukte des 1,2-Propylenoxids am wichtigsten. Polyether haben Molekülgewichte von 300 bis 8000. Die Funktionalität beträgt 2 bis 8.

In Tabelle 3.8 werden die wichtigsten Polyetherpolyole für die Herstellung von Polyurethan vorgestellt.

Zusatzstoffe

Zum Erreichen bestimmter Eigenschaften ist die Verwendung von Zuschlagsstoffen unerläßlich. Wichtige Zuschlagsstoffe sind: Beschleuniger, Reaktionsverzögerer, Vernetzer und/oder Kettenverlängerer, oberflächenaktive Zusatzstoffe, Schaumstabilisatoren, Treibmittel und Wasser, Füllstoffe, Farbmittel und Pigmente, Flammschutzmittel und Stabilisatoren (Alterungsschutzmittel).

Eigenschaften

Aus der Vielfalt der Ausgangsstoffe läßt sich ersehen, daß man hier «Werkstoffe nach Maß» schaffen kann. Neben den chemischen Kombinationsmöglichkeiten tragen physikalische Strukturen im makromolekularen Aufbau wesentlich zur Differenzierung der mechanischen Eigenschaften bei. Man spricht von einer Segmentierung in sogenannte Hart- und Weichsegmente, wobei die unpolaren Kettenreste der Polyole die Weichsegmente und die stark polaren Urethangruppen die Hartsegmente bilden (Bild 3.11).

In den Hartsegmenten bilden sich Wasserstoffbrücken, die bei mechanischen Beanspruchungen gelöst und sofort wieder neu gebildet werden können. Dadurch verteilen sich auftretende Spannungen gleichmäßig und führen zu hervorragenden Werten der Bruchdehnung, Weiterreißfestigkeit, Bruchfestigkeit und bleibenden Verformung. Die Anteile der Hart- bzw. Weichsegmente werden durch die Kombination der Ausgangsprodukte festgelegt.

Aus diesen Ausführungen läßt sich erkennen, daß für die Polyurethane kein Eigenschaftsbild aufzeigbar ist wie bei anderen Werkstoffgruppen, deshalb werden die Polyurethane nach Anwendungsgebieten vorgestellt.

3.9.1 PUR-Schäume

Das Aufschäumen wird durch zwei Möglichkeiten erreicht:
☐ Durch Zusatz von Treibmitteln, die chemisch oder physikalisch zur Gasbildung führen.
  Ein chemisches Treibmittel im Ausgangszustand ist fest oder flüssig und zerfällt unter Einwirkung der Reaktionswärme in gasförmige Bestandteile.

195

Tabelle 3.7 Wichtige Polyester für PUR-Kunststoffe [3]

Verwendungszweck	Aufbau	Ausgangsprodukte	OH-Zahl	mittl. Mol-Gewicht	verwendetes Polyisocyanat	Verarbeitung
Elastomere für technische Artikel	linear	Adipinsäure, Kohlensäure, Ethylenglycol, Butandiol-1,4; Hexandiol-1,6 u. a.	55	2000	NDI MDI TDI	z. T. als Präpolymere, Vernetzung mit Glykolen oder Diaminen im Gießverfahren, thermoplastisch spritzgieß- und extrudierbar
Weichschaumstoffe	schwach verzweigt	Adipinsäure, Diethylenglykol, Trimethylolpropan	50 bis 60	1800 bis 2000	TDI 80 TDI 65	im Direktverfahren
Halbhartschaumstoffe	stark verzweigt	Adipinsäure, Phthalsäure, Diethylenglykol, Triol	200 bis 220	–	TDI 80 TDI 65	als Abmischkomponente mit schwach verzweigten Polyestern im Direktverfahren
halbharte Strukturschaumstoffe für Schuhsohlen	linear	Adipinsäure Diethylenglykol	55	2000	MDI	als Präpolymer Vernetzung mit Glykolen

Tabelle 3.8   Polyether für PUR-Kunststoffe [3]

Anwendung	Startkomponenten	Typ des Monomeren	OH-Zahl-bereich	verwendetes Polyisocyanat	Verarbeitung
Weichschaumstoffe	Wasser, Propylenglykol Glycerin, Trimethylpropan	Propylenoxid Ethylenoxid	28 bis 56	TDI 80 TDI 65 TDI 80/polym. MDI mod. TDI	im Direktverfahren für gewöhnliche Polyetherschaumstoffe, im Direktverfahren für Kaltschaumstoffe
Hartschaumstoffe	Trimethylolpropan, Glycerin, Pentaerythrit, Sucrose, Sorbit, aliphatische und aromatische Diamine, Stärkehydrolysate	Propylenoxid Ethylenoxid	350 bis 880	polym. MDI rohes TDI TDI 80	im Direktverfahren im Direktverfahren als Präpolymere
flexible Struktur-schaumstoffe	Propylenglykol, Trimethylol-propan, Glycerin	Propylenoxid Ethylenoxid	28 bis 35	polym. MDI mod. MDI	im Direktverfahren, Vernetzung mit Glycolen und Alkanolaminen
harte Struktur-schaumstoffe	Wasser, Trimethylolpropan, Glycerin, aliphatische Di-amine	Propylenoxid Ethylenoxid	28 bis 800	polym. MDI mod. MDI	im Direktverfahren im Direktverfahren
Elastomere für tech-nische Artikel für Dichtungen und Sportbahnbeläge	Butandiol-1,4	Tetrahydrofuran	56 bis 200	TDI 80	als Präpolymeres mit Diamin-vernetzung im Gießverfahren im Direktverfahren mit Füll-stoffen und Glykolvernetzern im Gießverfahren
	Wasser, Propylenglykol, Trimethylolpropan	Propylenoxid	50 bis 120	TDI 80	

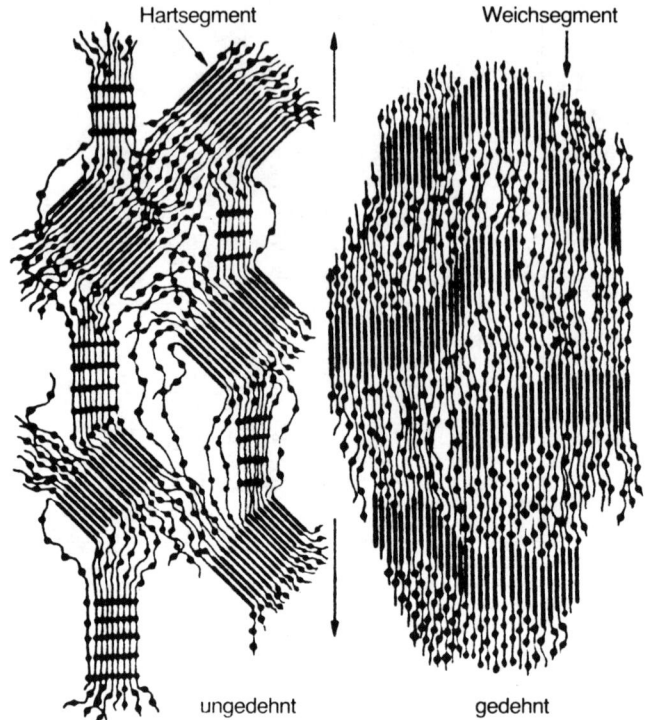

Hartsegment   Weichsegment

ungedehnt   gedehnt

Bild 3.11   Schematischer Aufbau der Polyurethane [4]

Ein physikalisches Treibmittel erfährt unter Einfluß der Reaktionswärme eine Phasenumwandlung von flüssig nach gasförmig und treibt somit das PUR auf.
☐ Das Isocyanat reagiert mit dem zugesetzten Wasser; es entsteht als Spaltprodukt CO_2, das für das Aufschäumen sorgt.

Integralschäume
Integralschäume besitzen über den Querschnitt eine unterschiedliche Dichteverteilung und können nur in Werkzeugen hergestellt werden. Im Randbereich der Formteile ist die Dichte am größten (kompakte Außenhaut) und nimmt gegen den Kern immer mehr ab (zelliger Kern) (Bild 3.12).
☐ Anwendungen harter Integralschäume:
Großformteile für Sitz- und Gartenmöbel, Rundfunk- und Fernsehgehäuse, Fensterprofile mit Metallversteifung, Bürogeräte, Sportartikel, Abbildungen von Hölzern.
Die für die meisten Anwendungen notwendige Nachbehandlung für das Lackieren der Oberflächen kann dadurch vermieden werden, daß PUR-bindende Lacke vorher in das Werkzeug gespritzt werden.

198

Bild 3.12
Dichteverlauf eines Integralschaums
über den Querschnitt

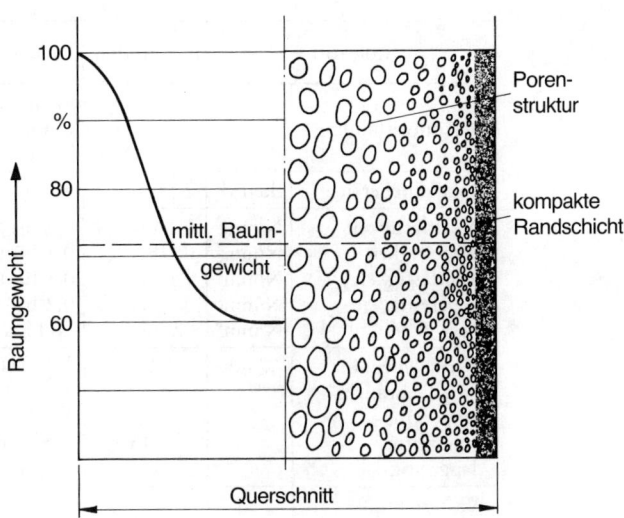

Strukturschaum

Poren-
struktur

kompakte
Randschicht

Raumgewicht

mittl. Raum-
gewicht

Querschnitt

☐ Anwendungen halbflexibler Integralschäume:
Schuhindustrie (Sohlen und Innenschuhe), Hinterschäumen tiefgezogener Teile (Automobilindustrie), Kopfstützen, Knieleisten, Lenkräder, Stoßfänger.

Normalschäume
Normalschäume besitzen über den gesamten Querschnitt die gleiche Dichte und können auch ohne Werkzeuge hergestellt werden.
☐ Anwendungen harter Normalschäume:
Hartschäume werden hauptsächlich zur Wärmedämmung eingesetzt, in höheren Dichtebereichen auch für selbsttragende Bauteile: selbsttragende Formteile, Kernschichten bei Sandwichbauweisen, tiefziehbare Platten für Fahrzeug- und Möbelbau, Dämmplatten für das Bauwesen, Kältetechnik, Isolation von Flachdächern.
Tabelle 3.9 zeigt wichtige Eigenschaften von PUR-Hartschäumen im Vergleich zu anderen geschäumten Kunststoffen.
☐ Anwendungen weicher Normalschäume:
Weichschäume sind flexibel und elastisch und finden ihre Anwendung vor allen Dingen in der Sitz- und Schlafmöbelindustrie: Sitzkissen, Autositze, Matratzen, Polstermöbel, Bodenbeläge zur Trittschallminderung, Schwämme, Weichschaum-Haushalts- und Gebrauchsartikel. Tabelle 3.10 zeigt wichtige Eigenschaften von PUR-Weichschäumen im Vergleich mit anderen geschäumten Kunststoffen.

199

Tabelle 3.9 Eigenschaften von PUR-Hartschäumen im Vergleich zu anderen geschäumten Kunststoffen

Rohstoff		Polyurethan	Phenolharz	Harnstoff-harz	Polystyrol	Polyvinyl-chlorid
Schäumverfahren		blockgeschäumt ohne oder mit Deckschicht		Spritz-schaum	Partikel-schaum	hochdruck-geschäumt
Rohdichtebereich	kg/m³	20 bis 100	40 bis 100	5 bis 15	15 bis 50	50 bis 130
Druckfestigkeit	N/mm²	0,1 bis 0,9	0,2 bis 0,9	0,01 bis 0,05	0,06 bis 0,25	0,3 bis 1,1
Zugfestigkeit	N/mm²	0,2 bis 1,1	0,1 bis 0,4		0,1 bis 0,5	0,7 bis 1,6
Scherfestigkeit	N/mm²	0,1 bis >1	0,1 bis 0,5		0,4 bis 1,2	0,5 bis 1,2
Biegefestigkeit	N/mm²	0,2 bis 1,5	0,2 bis 1,0	0,03 bis 0,09	0,2 bis 0,5	0,6 bis 1,4
Biege-E-Modul	N/mm²	2 bis 20	6 bis 27			16 bis 35
Wärmeleitzahl, max. Gebrauchs-temperatur	W/mK °C	0,035	0,041	0,05	0,041	
kurzzeitig		> 150	> 250	> 100	100	80
langzeitig		80	130	90	70 bis 80	60
Wasserdampf-diffusions-Widerstandsfaktor*	μ ~	30 bis 130	30 bis 300	4 bis 10	30 bis 70	200 bis > 300
Wasseraufnahme bei 7 Tagen Wasserlagerung	Vol.-%	1 bis 4	7 bis 10	> 20	2 bis 3	< 1

* Verhältniszahl Luft = 1 (diese Zahl gibt an, um wievielmal größer der Widerstand eines Werkstoffes gegenüber Wasserdampfdiffusion im Vergleich mit einer Luftschicht der gleichen Dicke ist).

3.9.2   Polyurethan-Gießharze

Die flüssigen Isocyanate vernetzen nach dem Mischen mit Polyolen zu PUR-Formstoffen unterschiedlicher physikalischer Eigenschaften.
Kennzeichnende Eigenschaften dieser Formteile sind:
□ hohe Festigkeit,
□ geringer Abrieb,
□ Härte und Flexibilität in weiten Bereichen einstellbar,
□ geringe Schwindung und geringer Schwindungsdruck auf Einlegeteile,
□ gute Haftung auf allen Werkstoffen,
□ witterungsbeständig (eine auftretende Vergilbung schadet nicht),
□ geringe Wasseraufnahme und Wasserdampfdurchlässigkeit,
□ beständig gegen schwache Säuren und Laugen, mineralische Fette, Öle, aliphatische Kohlenwasserstoffe,
□ nicht beständig gegen starke Säuren und Laugen, Aromaten, Alkohole, heißes Wasser.

200

Tabelle 3.10 Eigenschaften von PUR-Weichschaumstoffen im Vergleich zu anderen geschäumten Kunststoffen

Schaumstoffstruktur		offenzellig			überwiegend geschlossenzellig			
Rohstoffgruppe		Polyurethan			Polyethylen		Polyvinylchlorid	
Schäumverfahren		blockgeschäumt Polyester-typen	blockgeschäumt Polyether-typen	Partikel-schaum	extrusionsvernetzt		hochdruckgeschäumt	
Rohdichtebereich	kg/m³	20 bis 45	20 bis 45	25 bis 40	30 bis 70	100 bis 200	50 bis 70	100
Zugfestigkeit	N/mm²	etwa 0,2	etwa 0,1	0,1 bis 0,2	0,3 bis 0,6	0,8 bis 2,0	0,3	0,5
Reißdehnung	%	200 bis 300	200 bis 270	30 bis 50	90 bis 110	130 bis 200	80	170
Stauchhärte (40%)	N/mm²	0,003 bis 0,006	0,002 bis 0,004	0,03 bis 0,06	0,07 bis 0,16	0,25 bis 0,8	0,02 bis 0,04	0,05
Druckverformwert (70 °C, 50%)	%	4 bis 20	etwa 4	–	10 bis 4	3	33 bis 35	32
Stoßelastizität	%	20 bis 30	40 bis 50	40 bis 50	45	–		etwa 50
Temperatur-anwendungsbereich	°C	–40 bis 100		bis 100	–70 bis 85	–70 bis 110	–60 bis 50	
Wärmeleitzahl	W/mK	0,04 bis 0,05		0,036	0,04 bis 0,05	0,05	0,036	0,041
Dielektrizitätszahl (50 Hz)	ε	1,45	1,38	1,05	1,1	1,1	1,31	1,45
Dielektrischer Verlustfaktor (50 Hz)	tan δ	0,008	0,003	0,0004	0,01	0,01	0,06	0,05

Bei der Verarbeitung von PUR-Gießharzen sind folgende Gesichtspunkte wesentlich:
- ☐ kaltverarbeitbar bis zu Temperaturen von 0 °C,
- ☐ geringe Selbsterwärmung bei der Härtung,
- ☐ gleiches Harzrezept für große und kleine Formteile,
- ☐ Schnellhärtung durch Katalysatoren.

Anwendungen
Vergießen von Kabelgarnituren, Kleben und Abdichten von Batteriekästen, Vergießen von Transformatoren, Wandlern, Spulenteilen u. ä., Bindemittel für Formsande, Bodenbeschichtungen.

3.9.3   PUR-Lacke

Durch hohe Festigkeitswerte und eine sehr gute Haftung auf nahezu allen Werkstoffen werden Polyurethane auch als Lacksysteme eingesetzt. Dabei wirkt sich die hohe Füllbarkeit der Systeme und die damit verbundenen geringen Lösungsmittelanteile positiv aus. Man unterscheidet Lösungsmittellacke (Ein- und Zweikomponentensysteme auf flüssiger Basis) sowie lösungsmittelfreie Beschichtungssysteme.
Polyurethan-Lacke werden durch Umsetzen von Polyisocyanaten mit hydroxylgruppenhaltigen Reaktionspartnern erhalten. Je nachdem, ob die Polyisocyanate aliphatisch oder aromatisch sind, erhält man lichtechte oder bei Belichtung vergilbende Lacke.

Als hydroxylgruppenhaltige Reaktionspartner werden vorwiegend Polyester und Polyether mit unterschiedlicher Hydroxylzahl, Kettenlänge und Verzweigungsgrad eingesetzt; daraus resultiert eine Vielfalt unterschiedlicher Eigenschaften der entstehenden Polyurethan-Lacke, die von flexiblen Gummilackierungen bis zu äußerst harten und abriebfesten Metallüberzügen reicht.

Beim Einkomponentensystem findet die Härtung durch Zutritt von Feuchtigkeit statt.

Polyurethan-Lacke ergeben bei Verwendung geeigneter Grundierungen gut haftende, elastische Filme, die sich durch Oberflächenhärte, Chemikalienfestigkeit und Wetterbeständigkeit auszeichnen.

Anwendungen von PUR-Lacken und Beschichtungssystemen:
- ☐ Lackieren von Karosserieteilen in der Automobilindustrie,
- ☐ Lackieren von Maschinen und Anlagen,
- ☐ Beschichten von Holz und Papier,
- ☐ Lackieren von Kunststoffen,
- ☐ Beschichten von Spaltleder,
- ☐ Lacke zur Drahtisolation in der Elektroindustrie,
- ☐ Beschichten von Textilien.

3.9.4 PUR-Klebstoffe

PUR-Klebstoffe werden sehr vielseitig eingesetzt. Man unterscheidet Zwei- und Ein-komponentenklebstoffe, wobei die Einkomponentenklebstoffe sowohl als Lösungsmit-telklebstoffe als auch als Dispersionsklebstoffe eingesetzt werden.

Anwendungen

PUR-Klebstoffe für die Schuh-, Bekleidungs- und Bauindustrie, für Kunststoffverkle-bungen, Fahrzeugbau, Verpackungsmaterialien für pastöse und flüssige Lebensmittel.

Vorbemerkung zum Kapitel 4

Elastomere (Gummiwerkstoffe) werden aus Natur- oder Synthesekautschuk durch Vernetzungsreaktionen (Vulkanisation) gewonnen. Sie stellen eine bedeutende Werkstoffgruppe dar, die sich durch ihr ausgeprägtes Rückfederungsverhalten (Gummielastizität) gegenüber großen Verformungen in einem weiten Temperaturbereich sowie durch hohe Zähigkeit, Abriebfestigkeit, Gasundurchlässigkeit und Chemikalienbeständigkeit auszeichnet. Ein weiteres wichtiges Merkmal ist die betonte Haftfreudigkeit, z. B. gegenüber metallischen und textilen Werkstoffen, wodurch die Festigkeit der Verbunde erhöht, die Verformbarkeit herabgesetzt wird.

Die heute eingesetzten Gummierzeugnisse werden zu etwa 40% aus Naturkautschuk hergestellt, der in vielen Anwendungen unersetzbar ist.

Je nach ihrer Anwendungsbreite unterscheidet man Allzweckkautschuke (z. B. SBR, BR und IR) und Spezialkautschuke (z. B. IIR, CR, EPM/EPDM, NBR und viele andere). Hervorzuheben ist die Vielfalt der Elastomertypen, besonders bei Spezialkautschuken. Mit einer Vielzahl von Mischungskomponenten können für nahezu alle Anwendungen Spezialtypen hergestellt werden. Hauptabnehmer für Elastomererzeugnisse sind die Automobilindustrie (allein 65 % des Kautschuks werden in der Bundesrepublik für Fahrzeugreifen verwendet), der Maschinenbau, die Elektroindustrie und die Bauwirtschaft.

Die deutsche Kautschukindustrie hat in den letzten Jahrzehnten überdurchschnittlich an Bedeutung gewonnen. Das ist zurückzuführen auf den hohen Stand der Werkstoff- und Mischungstechnik, der modernen Produktionsanlagen und des Qualitätswesens. Das stärkste Wachstum zeigten die Spezialtypen, besonders unter dem Aspekt der Wiederverwertbarkeit.

4 Elastomere

4.1 Naturkautschuk [NR]

Seit dem 9. Jahrhundert wird in vielfältiger Weise über Naturkautschuk und seinen Einsatz berichtet, jedoch handelte es sich immer um nicht vulkanisierte Stoffe, die infolge der fehlenden Vernetzung der Makromoleküle technisch kaum eine Rolle spielten. Der wesentliche Schritt für den großtechnischen Einsatz wurde durch die Entwicklung der Vulkanisation mit Schwefel im Jahr 1839 (Goodyear) getan.

Ausgangsstoff für den Naturkautschuk ist der Saft kautschukhaltiger Pflanzen, Latex genannt, aus dem er durch spezielle Koagulations- bzw. Trocknungsverfahren gewonnen wird. Der wichtigste Latex liefernde Baum ist Hevea Brasiliensis.

Der aus der Koagulation gewonnene Festkautschuk wird auf Walzwerken mit 4 bis 6 Paaren von Quetschwalzen zu 3 bis 4 mm dicken Fellen (Sheets) ausgewalzt, die anschließend durch «Räuchern» gegen Oxidation und Schimmelbildung geschützt werden. Nach einer Trocknung bei 60 °C in 2 bis 3 Tagen entstehen so «Smoked sheets». Bei einem anderen Verfahren wird der Festkautschuk in mehreren Walzprozessen gründlich gewaschen und evtl. gebleicht. Es entstehen Felle von 1 bis 2 mm Dicke, die wegen ihrer größeren Reinheit nicht durch Räuchern geschützt zu werden brauchen. So entsteht der «Crepe»-Kautschuk.

> Alle Naturkautschuktypen zeigen durch unterschiedliche Anbaugebiete, Koagulation und Aufbereitung mehr oder minder starke Unterschiede in Verarbeitbarkeit und Vulkanisationsgeschwindigkeit.

Aus diesem Grund ist eine Einteilung der Naturkautschuktypen wichtig. Mit der Klassifizierung durch Malaysia zum sogenannten SMR (Standard Malaysian Rubber) wurde ein System entwickelt, dem sich auch andere Länder zunehmend anschließen. Qualitätsmerkmale sind Schmutzgehalt, Gehalt an flüchtigen Bestandteilen, eine Vergleichszahl für das Rückstellvermögen und das Vulkanisationsverhalten.

Andere Naturkautschukarten

Guayulekautschuk
Der Saft eines in Mexiko vorkommenden Strauchs mit dem Namen Guayule liefert diesen Kautschuk. Das Material ist durch einen hohen Harzanteil (20%) und andere

Bestandteile (10% Cellulose und Lignin) klebriger und plastischer als Heveakautschuk. Guayulekautschuke vulkanisieren langsamer und erreichen einen niedrigeren Vernetzungsgrad, haben aber in jüngster Zeit an Bedeutung gewonnen.

Guttapercha und Balata

Guttapercha wird in Indonesien und Malaysia, Balata in Südamerika gewonnen. Der Unterschied zu Hevea ist der hohe Harzgehalt und ein anderer Aufbau (chemische Struktur) der beiden Typen. Guttapercha und Balata besitzen nicht die typische Kautschukelastizität und gehen bei Temperaturen zwischen 70 und 100 °C aus einem harten und hornartigen Zustand in einen plastischen Zustand über. Guttapercha wird in abnehmendem Maße zur Isolation von Kabeln verwendet und Balata bei der Herstellung von Treibriemen eingesetzt.

Aufbau

Naturkautschuk besteht aus Polymerverbindungen von Isoprenmolekülen mit einem Molekülgewicht zwischen 200 000 und 400 000.

$$n \cdot CH_2 = \underset{\underset{CH_3}{|}}{C} - CH = CH_2 \longrightarrow \cdots \left[CH_2 - \underset{\underset{CH_3}{|}}{C} = CH - CH_2 \right]_n \cdots$$

Hevea- und Guayulekautschuk haben einen fast reinen 1,4-cis-Aufbau (über 99%) und unterscheiden sich deshalb grundlegend von Guttapercha und Balata (trans-Aufbau), obwohl beide die gleiche Summenformel besitzen.

1,4-cis-Aufbau (Hevea- und Guayulekautschuk)

1,4-trans-Aufbau (Guttapercha und Balata 70 bis 80% Anteile)

Der Naturkautschuk besitzt reaktionsfähige Doppelbindungen, die eine Vernetzung mit Schwefel ermöglichen, aber auch Anlagerungen von Ozon oder Sauerstoff zulassen. Aus diesem Grund muß NR durch Alterungsschutzmittel stabilisiert werden. NR hat eine breite Molekülgewichtsverteilung (3000 bis 5000 Isopreneinheiten je Polymerkette) und weist deshalb ein vorzügliches Verarbeitungsverhalten auf.

206

Eigenschaften

Naturkautschuk hat schon in unvernetztem Zustand eine hohe Festigkeit (Green strength). Erst bei einer Abkühlung bis −35 °C bilden sich teilweise kristalline Bereiche, wodurch NR unelastisch wird. Ebenso tritt bei einer Dehnung von über 80% ein Kristallisationseffekt auf, der durch die Orientierung der Ketten entsteht und anisotrope mechanische Eigenschaften verursacht.

Der Naturkautschuk besitzt eine einzigartige Kombination von guten Eigenschaften, die zwar partiell von synthetischen Kautschuken übertroffen werden können, insgesamt aber ist NR auch heute noch für weite Anwendungsgebiete unentbehrlich.

Die Eigenschaften der Vulkanisate können durch die unterschiedlichen Komponenten der Mischung zum Teil erheblich gegenüber denen des Rohkautschuks verändert werden.

Mechanische Eigenschaften
- sehr hohe Festigkeiten (auch ungefüllt),
- hohe Bruchdehnung (abhängig vom Füllstoff),
- ausgezeichnete Weiterreißfestigkeit (nur Polyurethan-Elastomere erreichen höhere Werte),
- sehr hohe Stoßelastizität (besser ist nur Butadienkautschuk).

Thermische Eigenschaften
- geringe Wärmebeständigkeit, die durch Zuschlagstoffe erhöht werden kann,
- hervorragende Kälteflexibilität (wird nur von BR und Q übertroffen),
- sehr geringe Erwärmung bei dynamischer Beanspruchung (Heat-Build-up).

Elektrische Eigenschaften
- sehr gute Widerstandswerte,
- geringe dielektrische Verluste,
- hohe Durchschlagsfestigkeit.

Chemische Eigenschaften und Witterungsbeständigkeit
- mäßige Alterungsbeständigkeit (es sind stets Alterungsschutzmittel notwendig),
- unbefriedigende UV- und Ozonbeständigkeit (Verbesserung durch Füllstoffe),
- relativ beständig gegen polare Lösungsmittel (z. B. Alkohole, Ketone, Ester),
- unbeständig gegen unpolare Stoffe (z. B. Benzine und Öle).

Verarbeitung

Der Naturkautschuk ist in den meisten Fällen zu zäh, um homogene Mischungen daraus herzustellen, deshalb muß er mastiziert werden. Das bedeutet, daß Ketten mit Hilfe von Mastiziermitteln (Abschnitt 1.4) gebrochen und auseinandergerissen werden, um eine niedrigere Viskosität zu erreichen. Eine Mastikation kann auch ohne Mastiziermittel durchgeführt werden, wenn die Scherkräfte so groß sind, daß die Ketten zerreißen. Die Verarbeitbarkeit von mastiziertem NR ist hervorragend, bedingt durch die rasche Fellbildung auf dem Walzwerk und die hohe Konfektionsklebrigkeit.

Naturkautschuk kann mit allen kautschukverarbeitenden Maschinen verarbeitet werden und ist in dieser Hinsicht ein vielseitiger Werkstoff. Zur Vulkanisation von NR werden fast ausschließlich Schwefel bzw. schwefelhaltige Verbindungen eingesetzt.

Anwendungen

NR ist auch in der heutigen Zeit noch unverzichtbar. Sein Anteil am Weltverbrauch beträgt etwa $1/3$ aller eingesetzten Elastomere.

Reifenindustrie

Die Anwendung in der Reifenindustrie bei Lkw- und Pkw-Diagonalreifen ist eine Domäne der NR-Vulkanisate geblieben. Durch die guten mechanischen Eigenschaften und das geringe Erwärmungsverhalten sind sie der optimale Werkstoff bei dynamischen Belastungen, wie sie bei Reifen auftreten. Besonders bei Lkw-Reifen, die hohe Walkarbeiten leisten müssen, sind NR-Vulkanisate unersetzlich.

Andere Anwendungen

Besondere Bedeutung haben die NR-Vulkanisate bei der Herstellung hochfester dünnwandiger Artikel und als Puffer und Federelemente. Der Einsatz von NR als Allzweckkautschuk geht zurück, weil durch die Entwicklung synthetischer Spezialtypen gezielter auf die verschiedenen Anwendungsfälle eingegangen werden kann.

4.2   Isoprenkautschuk [IR]

Aufbau

Schon im 19. Jh. hat man versucht, die Abhängigkeit vom Kautschukimport dadurch zu umgehen, indem die Produktion von synthetischem IR vorangetrieben wurde. Die großtechnische Synthese gelang Anfang dieses Jahrhunderts, Polyisopren wird durch eine Polymerisationsreaktion hergestellt.

$$n \cdot CH_2 = \underset{\underset{CH_3}{|}}{C} - CH = CH_2 \longrightarrow \cdots \left[CH_2 - \underset{\underset{CH_3}{|}}{C} = CH - CH_2 \right]_n \cdots$$

Der Unterschied zum Naturkautschuk besteht darin, daß IR nicht die hohe sterische Einheitlichkeit des NR aufweist. Der höchste Gehalt an cis-1,4-Polyisopren im IR ist 98% (NR bis 99,9%). Dieser Gehalt ist abhängig vom eingesetzten Katalysator (Tabelle 4.1) bei der Polymerisation. Für die Polymerisation werden Titan- und Lithium-Katalysatoren verwendet.

Tabelle 4.1 Sterische Besonderheiten von LI-IR und TI-IR im Vergleich mit NR

	LI-IR	TI-IR	NR
cis-1,4-Gehalt	90 bis 92%	etwa 98%	> 99%
trans-1,4-Gehalt	2 bis 3%	etwa 2%	< 1%
3,4-Gehalt	6 bis 7%	–	–

Eigenschaften

TI-IR kommt dem NR in seinen Eigenschaften sehr nahe (Abschnitt 4.1). Lediglich die Zugfestigkeit im ungefüllten Zustand und die Weiterreißfestigkeit sind – bedingt durch die etwas geringere Kristallisationsneigung des IR – niedriger. Dies läßt sich auf die Strukturunterschiede zwischen IR und NR zurückführen.

Verarbeitung

Bei der Verarbeitung verhält sich der TI-IR ähnlich wie NR. LI-IR ist dagegen deutlich schlechter verarbeitbar als NR und besitzt auch gegenüber TI-IR erheblich geringere mechanische Eigenschaftswerte.

Anwendung

Für Isopren-Kautschuk kommen im allgemeinen die gleichen Einsatzgebiete wie für Naturkautschuk in Betracht. Dies gilt besonders für TI-IR. Jedoch bei allen Anwendungsgebieten, die dynamische Belastungen beinhalten (besonders Lkw-Reifen), ist NR auch dem TI-IR wegen der geringeren Erwärmung deutlich überlegen.

LI-IR kann NR nur partiell ersetzen und wird deshalb hauptsächlich zur Verbesserung des Verarbeitungsverhaltens von BR, SBR und anderen SR-Typen im Verschnitt mit diesen eingesetzt.

4.3 Styrol-Butadien-Kautschuk [SBR]

Ende der 20er Jahre des 20. Jh. wurde erstmals die Copolymerisation von Butadien und Styrol (75:25) durchgeführt. Die so entstehenden Kautschuktypen wurden bekannt unter der Bezeichnung Buna S; sie waren leichter zu verarbeiten und hatten verbesserte Eigenschaften gegenüber dem bis dahin eingesetzten Zahlenbuna (BR), was den verstärkten Einsatz von SBR zur Folge hatte.

Aufbau

SBR-Kautschuk wird größtenteils durch eine Emulsionspolymerisation hergestellt (E-SBR).

Die Polymerisation bei gehobenen Temperaturen (etwa +50 °C) führte zum sogenannten Warmkautschuk oder «Hot Rubber». Nachteil dieser ersten SBR-Typen war, daß sie wegen ihres hohen Molekülgewichts unter Wärmeabbau depolymerisiert werden mußten, um eine Weiterverarbeitung möglich zu machen.

Ende der vierziger Jahre ermöglichte der Einsatz geeigneter Initiatoren die Polymerisation bei niedrigeren Temperaturen (+5 °C); es entstand der Kaltkautschuk oder «Cold Rubber». Dieser war aufgrund seines niedrigeren Molekülgewichts leichter zu verarbeiten.

Heute hat Kaltkautschuk gegenüber Warmkautschuk die weitaus größere Bedeutung. Neben der Emulsionspolymerisation wird heute auch in geringen Mengen SBR in Lösung polymerisiert (L-SBR).

Eine weitere Neuentwicklung sind die sogenannten Block- oder Sequenzpolymere. Sie sind gekennzeichnet durch den Aufbau von Butadien- und Styrolblöcken (Sequenzen), wobei die Styrolblöcke bei Raumtemperatur einfrieren. Solche Copolymere nennt man auch thermoplastische Elastomere, weil sie im unvernetzten Zustand bei Raumtemperatur eine hohe Festigkeit und Gummielastizität aufweisen, aber thermoplastisch verarbeitbar bleiben.

SBR kann allgemein wie NR oder IR als Allzweckkautschuk bezeichnet werden. Mengenmäßig gehört er zu den wirtschaftlich bedeutendsten Kautschuktypen.

Bei einem Monomerumsatz von etwa 60% wird die Polymerisation abgebrochen, weil sonst eine unerwünschte Verzweigungs- bzw. Vernetzungsreaktion eintreten würde. Man kann dem SBR bereits bei der Herstellung Mineralöl (Weichmacher) zusetzen, um trotz des hohen Molekülgewichts eine leichte Verarbeitung zu ermöglichen (OE-SBR).

Eigenschaften

Die Festigkeitseigenschaften von SBR sind stark von den eingesetzten Füll- und Verstärkungsstoffen bzw. Weichmachern abhängig. Ungefüllt hat SBR nur eine sehr geringe Zugfestigkeit und ist kautschuktechnologisch uninteressant. Die mechanischen Eigenschaften, insbesondere die Zugfestigkeit, können aber durch Einsatz hochaktiver Ruße verbessert werden. Hier liegen die Werte dann ähnlich wie bei NR. Weiterreißfestigkeit und elastisches Verhalten sind allerdings ungünstiger als bei NR.

Weitere kennzeichnende Eigenschaften von SBR sind:

☐ gute Abriebfestigkeit (besser als bei NR),
☐ bei dynamischer Beanspruchung (Walkarbeit im Reifen) höhere Wärmeentwicklung als bei NR,
☐ Temperaturbeständigkeit bis +110 °C,
☐ gute elektrische Isolationseigenschaften,
☐ gute Wetter- und Ozonbeständigkeit (aber nur bei Einsatz entsprechender Schutzmittel).

SBR ist beständig gegen unpolare Lösungsmittel, verdünnte Säuren und Basen; er quillt aber in Kraftstoffen, Ölen und Fetten. Die Quellneigung ist jedoch insgesamt niedriger als bei NR.

210

SBR wird nach allen üblichen kautschuktechnologischen Verarbeitungsverfahren verarbeitet. Mit steigendem Styrolanteil wird das Verarbeitungsverhalten verbessert. Bei hohen Styrolanteilen gehen allerdings die typischen Kautschukeigenschaften verloren, das Polymerisat wird zum Thermoplast. Die Vernetzung erfolgt durch Schwefelvulkanisation.

Anwendungen

SBR kommt für eine Vielzahl von Einsatzzwecken in Frage. Seine Hauptanwendung ist im Pkw-Reifensektor zu finden. Hier wird er hauptsächlich im Verschnitt mit BR eingesetzt.

Weitere Einsatzgebiete
Fördergurte, technische Formartikel, Schuhsohlen, Kabelummantelungen, Schläuche, pharmazeutische, chirurgische und sanitäre Artikel, Lebensmittelbedarfsgegenstände.

4.4   Butadienkautschuk [BR]

Zu Beginn des 20. Jh. versuchte man, neben dem Isopren, der Struktureinheit des Naturkautschukmonomeren, auch Butadien zu polymerisieren.

Aufbau

Butadien

Erstmals 1927 wurde für die Massepolymerisation von Butadien Natrium als Katalysator eingesetzt. Daraus resultiert der Name Buna. Diese so hergestellten Produkte konnten sich jedoch nicht durchsetzen.

Erst durch die Anwendung von Ziegler-Natta-Katalysatoren und Lithium wurden durch Lösungspolymerisation Butadienpolymere geschaffen, die einen breiteren Einsatzbereich fanden, und zwar hauptsächlich als Verschnitt mit NR oder SBR im Reifensektor.

BR steht heute nach SBR mengenmäßig an zweiter Stelle unter den Synthesekautschuken. BR ist aus Butadieneinheiten aufgebaut, die sowohl in linearen 1,4- (bevorzugt in cis-, in gewissen Anteilen auch in trans-Anordnungen) als auch in 1,2-Additionen eingebaut sein können.

Als wichtigste Katalysatoren werden Titan-, Kobalt-, Nickel- oder Lithiumverbindungen eingesetzt. Während bei Anwendung der drei ersten Katalysatortypen das Butadien zu mehr als 92% in cis-1,4-Verknüpfungen linear verbunden wird, erhält man beim Verfahren mit Lithium ein BR mit mittlerem Gehalt an cis-1,4-Einheiten (30 bis 40%).

Die Katalysatoren haben entscheidenden Einfluß auf die Vulkanisateigenschaften.

Je höher der cis-1,4-Anteil, desto niedriger ist die Glasübergangstemperatur T_G.

Beispiel: Reiner cis-1,4-Anteil $T_G = -100\ °C$;

96% cis-1,4-Anteil $T_G = -\ 90\ °C$.

Mit zunehmendem Anteil an 1,2-Strukturen wird die Glasübergangstemperatur erhöht.

Eigenschaften

BR-Mischungen erreichen ihre optimalen Eigenschaften nur bei hohen Füllstoff- und Weichmacheranteilen.

Im allgemeinen hat BR folgende Eigenschaften:

☐ ungefüllt nur im Verschnitt mit NR oder SBR technisch bedeutend,

☐ hohe Abriebfestigkeit,

☐ gute Kälteflexibilität und hohe Elastizität.

Auch die dynamischen Eigenschaften, z. B. Heat-Build-up (Wärmeentwicklung), werden durch Verschnitte mit BR verbessert.

Verarbeitung

Die Molekülmassenverteilung der BR-Typen beeinflußt sehr stark das Verarbeitungsverhalten und hängt in starkem Maße vom Herstellungsverfahren ab.

Beispiel: Li-BR besitzt eine sehr enge Molekülmassenverteilung, dies ist verbunden mit einem starken kalten Fluß; bei Ti-BR ist dies weniger ausgeprägt. Um die durch den kalten Fluß bedingten Transport- und Verarbeitungsprobleme zu verringern, wird eine möglichst breite Molekülmassenverteilung angestrebt.

BR kann nach allen üblichen kautschuktechnologischen Verfahren verarbeitet werden. Wegen der schwierigen Verarbeitbarkeit aber fast ausschließlich im Verschnitt mit NR oder SBR. Die Vernetzung erfolgt durch Schwefelvulkanisation.

Anwendungen

Das Hauptanwendungsgebiet von BR liegt mit über 90% im Reifensektor. In Winterreifenlaufflächen spielt BR wegen seiner guten Eishaftung eine wichtige Rolle.

Weitere Anwendungsgebiete

Technische Gummiartikel, Fördergurte, Schuhsohlen, Keilriemen, Walzenbezüge.

In der Kunststoffmodifizierung wird Li-BR in großen Mengen als schlagzähe Komponente thermoplastischen Kunststoffen zugemischt.

4.5 Butylkautschuk (Isobutylen-Isopren-Kautschuk) [IIR]

Der Butylkautschuk zählt zu den ältesten Spezialkautschuken, hat aber in letzter Zeit durch die Einführung des Ethylen-Propylen-Kautschuks (EPDM) an Bedeutung verloren.

Aufbau

Es handelt sich bei diesem Kautschuk um ein Copolymer von 97 bis 99,5% Isobutylen- und 0,5 bis 3% Isoprenmolekülen im Kettenverband.

$$\cdots \left[CH_2 - \underset{\underset{CH_3}{|}}{\overset{\overset{CH_3}{|}}{C}} \right]_n \cdots \left[CH_2 - \underset{\underset{CH_3}{|}}{C} = CH - CH_2 \right]_m \cdots$$

Isobutyleneinheit   Isopreneinheit

Die Verknüpfung der Molekülbausteine erfolgt unregelmäßig, wobei die Isoprenmoleküle in trans-1,4-Anordnung polymerisieren.

Die Vulkanisation mit Schwefel wird bei höherem Isoprengehalt bevorzugt durchgeführt. Aber auch die Vernetzung mit anderen Vulkanisationssystemen, z. B. Harzvernetzung mit Phenol-Formaldehydharz, ist möglich.

Vom Butylkautschuk lassen sich durch Halogenierung Chlor oder Brom in die Kette einarbeiten, wobei einige Wasserstoffe von den Halogenen ersetzt werden. Diese Kautschuktypen tragen die Kurzbezeichnung CIIR und BIIR. Die Eigenschaften werden dadurch gegenüber dem Butylkautschuk ausgeprägter; beim BIIR sind sie am besten.

Eigenschaften

Butylkautschuk wird wie auch die übrigen Kautschuke mit einer Reihe von Zusätzen zur Verbesserung der Eigenschaften versehen.

Hohe Zugfestigkeiten, die vergleichbar mit anderen Gummiprodukten wie SBR oder NBR sind, lassen sich durch Einarbeiten von aktivem Ruß erreichen.

Die Stoßelastizität ist normalerweise sehr niedrig, verbessert sich aber durch Weichmacherzusatz und nimmt bei höheren Temperaturen stark zu.

Die Wärmebeständigkeit ist nur bei mit Phenolharz vulkanisierten Butylkautschuktypen hoch, bei schwefelvulkanisierten dagegen niedriger.

Bei tiefen Temperaturen nimmt die geringe Stoßelastizität weiter ab, die Versprödungstemperatur wird aber erst bei $-75\,°C$ erreicht.

Die elektrischen Isoliereigenschaften sind sehr gut. Durch die nur wenigen Doppelbindungen im Molekülverband ist die Wetter- und Ozonbeständigkeit ausgezeichnet. Hervorragend ist auch die geringe Gasdurchlässigkeit der Butylkautschuke.

Verarbeitung

Die Verarbeitung des Butylkautschuks einschließlich der Einarbeitung von Zusatzstoffen und der Vulkanisation unterscheidet sich nicht von der Verarbeitung anderer Kautschuktypen. So läßt sich IIR durch Spritzgießen, Extrudieren, Kalandrieren und Pressen verarbeiten.

Anwendungen

Einsatzgebiete von Butylkautschuk sind: Kabelisolierungen, Autoschläuche, Innenlagen von schlauchlosen Reifen, Heizbälge u. a.

Die Anwendungsgebiete der halogenierten Typen erweitern sich hinsichtlich höherer Beanspruchung z. B. für Reifenschläuche von Lkw und Bussen, Reifenseitenwände, Auskleidungen, Gurte, Dichtungen u. ä.

4.6   Chloroprenkautschuk [CR]

Ende der 30er Jahre des 20. Jh. wurde der erste für allgemeine Zwecke verwendbare Chloroprenkautschuk unter der Bezeichnung Neoprene GN bekannt. Heute ist CR neben IIR und NBR mengenmäßig der bedeutendste Spezialkautschuk.

Chloropren

CR wird heute ausschließlich durch Emulsionspolymerisation hergestellt. Grundsätzlich unterscheidet man je nach Herstellung zwischen schwefelmodifizierten Typen und Mercaptantypen. Ferner gibt es schwach, mittelstark und stark kristallisierende Typen. Stark kristallisierende Typen werden besonders für die Herstellung von Klebstoffen verwendet.

Durch Änderung der Herstellungsparameter ergeben sich sehr unterschiedliche Einzeltypen. So hängen z. B. das Verarbeitungsverhalten und die elastischen Eigenschaften sehr stark von der Polymerisationstemperatur ab. Mit zunehmender Temperatur wird die Einheitlichkeit der Kettenstruktur gestört, was wiederum die Kristallisationsgeschwindigkeit der Polymeren vermindert.

CR-Typen, die bei niedriger Temperatur polymerisiert werden, haben eine entsprechend rasche und starke Kristallisationsneigung. Dies ist besonders bei Klebstoffen wichtig, weil sie eine hohe Anfangsfestigkeit aufweisen sollen. Die CR-Polymeren sind wegen ihrer großen Härte und geringen Elastizität nicht zur Herstellung von Gummiartikeln geeignet. Dafür werden CR-Typen eingesetzt, die bei höheren Temperaturen polymerisiert wurden.

Auch durch Copolymerisation mit – z. B. Acrylnitril oder Styrol – kann eine Verminderung der Kristallisationsneigung erreicht werden.

Neben diesen durch Veränderungen der Herstellungsparameter möglichen Einzeltypen unterscheidet man schwefel- und mercaptanmodifizierte CR-Typen. Einige wichtige Unterscheidungsmerkmale dieser beiden CR-Typen sind in Tabelle 4.2 zusammengefaßt.

Tabelle 4.2 Wichtige Unterscheidungsmerkmale von schwefel- und mercaptanmodifizierten CR-Typen [5]

Eigenschaft	Schwefelmodifizierte Typen	Mercaptanmodifizierte Typen
Polymerviskosität	variabel	konstant
Lagerstabilität	gut	sehr gut
Mastizierbarkeit	sehr gut	gering
Beschleunigerzusatz	nicht notwendig	notwendig
Verarbeitungssicherheit	sehr gut	abhängig vom Beschleuniger
Vulkanisationsgeschwindigkeit	hoch	abhängig vom Beschleuniger
Fließverhalten	sehr gut	gut

Eigenschaften

Aufgrund seiner Dehnungskristallisation und der dadurch bedingten Selbstverfestigung weist CR höhere mechanische Eigenschaften auf als die meisten anderen Synthesekautschuke. Durch hochaktive Ruße können z. B. die Zugfestigkeit und der Einreiß- und Weiterreißwiderstand noch zusätzlich verbessert werden, so daß ähnlich hohe Werte wie bei vergleichbaren NR-Vulkanisaten erzielt werden. Auch die Elastizität ist als hervorragend zu bezeichnen.

Weitere kennzeichnende Eigenschaften von CR sind:

☐ Temperaturbeständigkeit bis etwa 120 °C,

☐ die elektrischen Isolationseigenschaften sind bei CR aufgrund seiner Polarität schlechter als z. B. bei NR oder SBR. Durch Einsatz bestimmter Füllstoffe können allerdings Mischungen hergestellt werden, die im Niederspannungsbereich (bis zu 1 kV) einsetzbar sind,

☐ sehr gute Wetter- und Ozonbeständigkeit; allerdings neigen helle CR-Typen bei starker Einwirkung von Licht zur Verfärbung,

☐ gutes Brandschutzverhalten,

☐ gute Quellbeständigkeit gegenüber mineralischen, tierischen und pflanzlichen Ölen und Fetten; die Polarität und damit die Quellbeständigkeit ist jedoch niedriger als z. B. bei NBR (vergleichbar mit einem NBR mit 18% Acrylnitrilgehalt),

☐ CR ist beständig gegen verdünnte Säuren und Salzlösungen.

☐ CR ist nicht beständig gegen Kraftstoffe, chlorierte und aromatische Kohlenwasserstoffe. Mit einem hohen Anteil an mineralischen Füllstoffen kann die Chemikalienbeständigkeit grundsätzlich verbessert werden.

Verarbeitung

CR wird nach den üblichen Kautschukformgebungsverfahren verarbeitet. Bei der Vulkanisation ist zu beachten, daß diese im Gegensatz zu anderen Dien-Kautschuken meist nicht mit Schwefel, sondern mit Metalloxiden erfolgt. Aufgrund der relativ starken Anvulkanisationsneigung von CR-Mischungen sollte die thermische Belastung bei der Verarbeitung möglichst gering gehalten werden.

Anwendungen

CR-Typen mit geringer und mittlerer Kristallisationsneigung werden vor allen Dingen für technische Gummiartikel eingesetzt, die schwer entflammbar, öl- und fettbeständig, wetter- und ozonbeständig sein sollen. Dies sind z. B.: Dichtungen, Profile, Keilriemen, Auskleidungen, Schläuche, Fenster- und Bauprofile, Kabelummantelungen.

CR-Typen mit starker Kristallisationsneigung werden besonders für die Herstellung von Kontaktklebstoffen verwendet.

4.7 Acrylnitril-Butadien-Kautschuk, Nitrilkautschuk [NBR]

NBR wurde erstmals 1930 durch Copolymerisation von Acrylnitril und Butadien hergestellt. Mitte der dreißiger Jahre wurde dann großtechnisch mit der Produktion von NBR begonnen.

Der Hauptunterschied zu den bis dahin bekannten Kautschuktypen wie NR oder SBR liegt darin, daß NBR beständig gegen Kraftstoffe ist.

Aufbau

| Acrylnitril | Butadien | Acrylnitril-Butadien |

NBR wird ähnlich wie SBR durch Emulsionspolymerisation hergestellt. Auch unterscheidet man bei NBR zwischen Kalt- und Warmkautschuk (Abschnitt 4.3). Der größte Teil von NBR wird heute wie bei SBR als Kaltkautschuk hergestellt. Der Acrylnitrilgehalt bei gängigen NBR-Typen liegt etwa zwischen 18 und 50%.

Die bei der Copolymerisation entstehenden Makromoleküle sind unregelmäßig aufgebaut, so daß keine Dehnungskristallisation, die bei Dehnung zu einer Selbstverfestigung führt, möglich ist. Hier verhält sich NBR wiederum analog dem SBR.

Acrylnitrilgehalt

Der Acrylnitrilgehalt hat einen großen Einfluß auf wichtige Eigenschaften des NBR. Wegen der unterschiedlichen Glasübergangstemperaturen von Polyacrylnitril (+90 °C) und Polybutadien (−90 °C) wird mit zunehmendem Acrylnitrilgehalt die Glasübergangstemperatur angehoben, die Elastizität geht zurück (Bild 4.1).

216

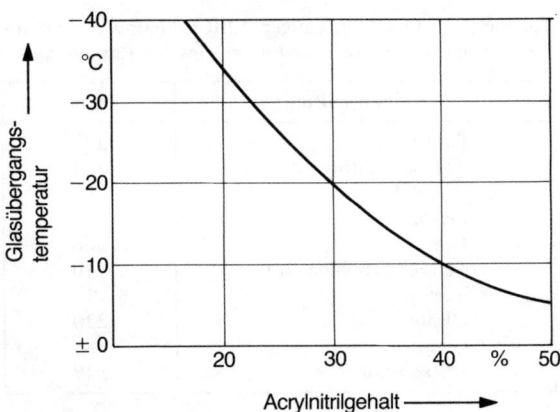

Bild 4.1
Einfluß des Acrylnitrilgehalts auf
die Glasübergangstemperatur von
NBR [5]

Auch die Quellbeständigkeit gegen Treibstoffe, Öle und Fette nimmt mit steigendem Acrylnitrilgehalt zu.

Eigenschaften

Wie bei den meisten synthetischen Kautschuken lassen sich bei NBR nur durch Einsatz von aktiven Füllstoffen gute Festigkeitswerte erzielen. Im einzelnen weist NBR folgende Eigenschaften auf:

☐ die Elastizität ist relativ gering (geringer z. B. als bei NR oder SBR),

☐ hoher Abriebwiderstand,

☐ Temperaturbeständigkeit bis etwa 120 °C,

☐ aufgrund seiner Polarität weist NBR eine gute elektrische Leitfähigkeit auf, weshalb er kaum für elektrisch isolierende Artikel zum Einsatz kommt,

☐ gute Wetter- und Ozonbeständigkeit (aber nur bei Einsatz von Ozonschutzmittel),

☐ aufgrund seiner Polarität hat NBR eine sehr gute Quellbeständigkeit gegen Kraftstoffe, Mineralöle, Schmierfette, pflanzliche und tierische Fette und Öle sowie gegen Alkohole,

☐ angequollen wird NBR in Gemischen aus Kraftstoffen und Alkoholen und in Estern, Ketonen und anderen polaren Lösungsmitteln.

In reinen aromatischen und chlorierten Kohlenwasserstoffen (z. B. Benzol, Styrol) wird NBR ebenfalls angequollen; eingesetzt werden kann NBR bei Gemischen aus aromatischen und aliphatischen Kohlenwasserstoffen (Aromatengehalt < 50 %).

Verarbeitung

Bei der Vulkanisation von NBR werden neben Schwefel auch organische Peroxide eingesetzt. Dadurch entstehen besonders wärmebeständige NBR-Typen. Allerdings muß bei dieser Art von Vernetzung eine geringere Weiterreißfestigkeit und ein ungünstigeres Quellverhalten in Kauf genommen werden. Die Verarbeitung von NBR erfolgt ansonsten auf den in der Kautschukindustrie üblichen Maschinen.

217

Tabelle 4.3   Quellung einiger NBR-rußhaltiger Vulkanisate in Lösungsmitteln (Zunahme in Gew.-% nach achtwöchiger Einwirkung bei Raumtemperatur) [5]

Quellungsmittel	NR	SBR	NBR (28% AN)
Paraffinöl	117	59	3
Transformatorenöl	124	69	4
Dieselöl	97	62	11
Benzin	132	92	17
Benzol	306	235	167
Tetrachlorkohlenstoff	510	441	178
Aceton	10	12	79
Ölsäure	220	187	49
Leinöl	85	65	14
Terpentinöl	249	189	39

Anwendungen

NBR hat seine Haupteinsatzgebiete dort, wo neben guten mechanischen Eigenschaften hohe Kraftstoff-, Öl-, Alterungs-, Wärme- und Abriebbeständigkeiten gefordert werden.

Weitere Einsatzgebiete sind: Dichtungen, O-Ringe, Ventile, Membranen, Kupplungen, Schläuche für hydraulische und pneumatische Anlagen, Bänder, Reibbeläge, Auskleidungen.

NBR wird auch für Lebensmittelbedarfsgegenstände eingesetzt.

4.8   Polyurethan-Elastomere (PUR-Elastomere)

Polyurethan-Elastomere sind hochmolekulare Werkstoffe mit Urethangruppen, die die charakteristischen Eigenschaften des Kautschuks besitzen. Es ist nicht einfach, die PUR-Elastomere gegenüber den in Abschnitt 3.9 beschriebenen vernetzten Polyurethanen abzugrenzen. So handelt es sich bei den flexiblen PUR-Schäumen eigentlich auch um Elastomere. An dieser Stelle sollen die drei Hauptgruppen der PUR-Elastomere abgehandelt werden. Dies sind PUR-Gießsysteme, thermoplastische PUR-Elastomere und Polyurethankautschuke. Im Bild 4.2 wird ein Überblick über die PUR-Elastomere gegeben.

Ausgangsprodukte für die Herstellung sind wie bei den duroplastischen Polyurethanen Polyester- oder Polyetherpolyole und Isocyanate. Die dabei einstellbaren unterschiedlichen Systeme sind sehr breit angelegt, was aus Bild 4.3 zu ersehen ist. Dies führt zu der einzigartigen Eigenschaftskombination hohe Härten/sehr gute Flexibilität.

4.8.1   PUR-Gießelastomere

Bei den PUR-Gießelastomeren unterscheidet man kalt- und warmverarbeitbare Systeme, die sich in ihren Eigenschaften unterscheiden. Warmverarbeitbare PUR-Systeme besitzen ein deutlich höheres mechanisches Eigenschaftsniveau und werden als

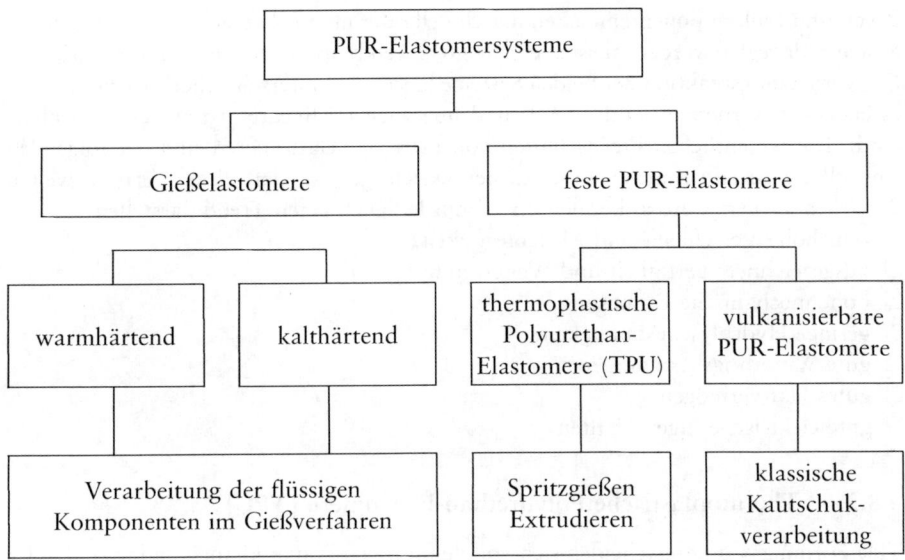

Bild 4.2   Übersicht über PUR-Elastomere

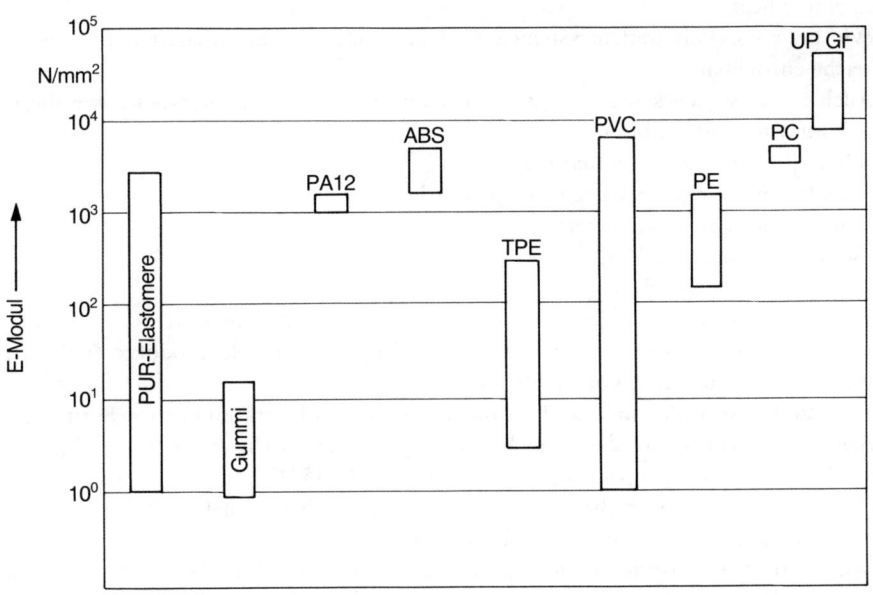

Bild 4.3   E-Moduln von PUR-Elastomeren im Vergleich mit anderen Werkstoffen

Zwei- und Einkomponentenmassen maschinell oder manuell verarbeitet. Kalthärtende Systeme dagegen werden ausschließlich im Zweikomponentenverfahren verarbeitet. Die Vernetzungsreaktion der beiden Systeme läuft nach unterschiedlichen Kriterien ab; es entstehen vernetzte (kalthärtend) und überwiegend lineare Strukturen (warmhärtend). Die wesentlichen Eigenschaften von PUR-Gießelastomeren sind der folgenden Aufstellung zu entnehmen, wobei zu berücksichtigen ist, daß diese Werte in weiten Bereichen variiert werden können und somit lediglich einen Trend darstellen:

☐ sehr hohe Verschleiß- und Abriebfestigkeit,
☐ ausgezeichnete Fertigkeit und Weiterreißfestigkeit,
☐ hohe mechanische Dämpfung,
☐ geringe Hydrolysebeständigkeit,
☐ gute Witterungsbeständigkeit,
☐ gutes Haftvermögen,
☐ gute elektrische Eigenschaften.

4.8.2 Thermoplastische Polyurethan-Elastomere [TPU]

TPU-Formmassen unterscheiden sich von den übrigen Polyurethanen dadurch, daß sie wiederaufschmelzbar sind und auf traditionellen Kunststoffverarbeitungsmaschinen (Extruder, Spritzgießmaschinen u. a.) verarbeitet werden können. Bei den thermoplastischen PUR-Elastomeren steht die Bildung von Hart- und Weichsegmenten (Abschnitt 3.9) im Vordergrund. Die Ausgangskomponenten müssen so gewählt werden, daß der Schmelzpunkt der späteren Formmasse unterhalb der Zersetzungstemperatur liegt.

Wie bei allen Polyurethansystemen sind auch hier die Eigenschaften über weite Bereiche einstellbar.

Auch für diese Werkstoffgruppe gelten ähnliche Eigenschaftsmerkmale wie die in Abschnitt 4.8.1 aufgeführten:

☐ hohe Elastizität im gesamten Härtebereich,
☐ Flexibilität über einen weiten Temperaturbereich,
☐ gute Witterungsbeständigkeit,
☐ hohe Verschleißfestigkeit,
☐ gute Weiterreißfestigkeit.

Thermoplastische Polyurethane können in ihrer Härte weitgehend verändert werden bis hin zu einem Eigenschaftsbild, das dem der Polyamide ähnelt. Produkte dieser Art haben jedoch heute kaum noch Bedeutung.

Thermoplastische Polyurethan-Elastomere können auf herkömmlichen Spritzgießmaschinen verarbeitet werden. Die Massetemperaturen liegen je nach Härtebereich (hohe Härte, höhere Temperatur) zwischen 180 und 245 °C.

Der Spritzdruck beträgt 300 bis 1000 bar und der Nachdruck 100 bis 500 bar. Übliche Werkzeugtemperaturen liegen zwischen 20 und 50 °C.

Beim Extrudieren werden übliche Extrusionsanlagen mit 20D- bis 25D-Schnecken eingesetzt. Die Verarbeitungstemperaturen liegen zwischen 170 und 220 °C. Die Herstellung von Hohlkörpern und geblasenen Folien gewinnt zunehmend an Bedeutung. Spezielle TPU-Typen werden als Beschichtungsmaterial verwendet und mit Kalandern verarbeitet. TPU läßt sich mit Lösungsmitteln (z. B. Dimethylformamid) und Zweikomponentenklebstoffen (z. B. EP-Harz) kleben und ist nach allen üblichen Verfahren schweißbar.

4.8.3 Polyurethankautschuk [AU/EU]

Durch einen Überschuß an Isocyanat können Polyurethane hergestellt werden, die nach den in der Kautschukindustrie üblichen Verfahren (Innenmischer, Walzwerk, Kalander u. a.) verarbeitet werden können. Man unterscheidet bei der Vernetzung drei Vulkanisationsarten:

☐ Schwefelvulkanisation,

☐ Peroxidvulkanisation,

☐ Isocyanatvulkanisation.

Die Unterschiede zwischen diesen Vernetzungsarten beruhen auf den verschiedenen Härten und Druckverformungsresten bei höherer Temperatur (Tabelle 4.4).

Das Eigenschaftsbild der Polyurethankautschuke ist mit dem der Gießpolyurethane und den thermoplastischen Polyurethan-Elastomeren nahezu identisch.

Man unterscheidet bei den Polyurethankautschuken zwei Klassen, die als AU (Polyetherbasis) und EU (Polyesterbasis) bezeichnet werden. Die größere Bedeutung haben die Polyestertypen (EU); lediglich wenn eine bessere Hydrolysebeständigkeit gefordert ist, werden Polyethertypen eingesetzt.

Die Verarbeitung von Polyurethankautschuken ist ähnlich wie die der klassischen Elastomere mit dem Unterschied, daß sie nicht die hohe Konfektionsklebrigkeit wie z. B. Naturkautschuk besitzen.

Anwendung

Weil sich sowohl die Gießelastomere, die thermoplastischen Elastomere als auch die Polyurethankautschuke in ihren Eigenschaften ähneln, liegen auch die Anwendungen auf den gleichen Gebieten:

Fahrzeugbau
Lagerschalen für Rad-, Spur- und Achsstrebengelenke, Dichtungsbälge für Gelenke, Membranen in hydropneumatischen Federelementen, Dämpfungselemente, Federn, Gießreifen für Baumaschinen und Ackerschlepper.

Tabelle 4.4   Härte und Druckverformungsrest (DVR) von Polyurethan-Elastomeren [6]

Vernetzungs-system	Härte Shore A		DVR in % nach 24 h		
	ohne Füllstoffe	mit Füllstoffen	20 °C	70 °C	100 °C
Schwefel	50	50 bis 80	20 bis 40	25 bis 40	etwa 70
Peroxid	50	60 bis 75	5 bis 10	8 bis 15	20 bis 30
Isocyanat	70	80 bis 97	15 bis 20	40	–

Maschinenbau
Rollen, Walzenbezüge, Puffer und Dämpfungselemente (oft auch als Schaum), Zahn-riemen, Kupplungselemente, Siebe für körnige Güter, Dichtungen im Bereich der Hydraulik und Pneumatik.

Bauwesen
Beläge für Sport- und Spielflächen (Vollbeläge und PUR-gebundenes Gummigranulat), Steinzeugdichtungen, Schalmatten für Sichtbeton.

Elektrotechnik
Leitungs- und Kabelisolation, Zahnräder und Antriebselemente in Elektrogeräten und in der Bürotechnik.

Sonstige Anwendungen
Schalen für Eishockey- und Skischuhe, Sportschuhsohlen, Beschichtungen und Folien, unverstärkte und verstärkte Schläuche.

4.9   Ethylen-Propylen-Kautschuk [EPM/EPDM]

EPM/EPDM wird seit 1963 durch Polymerisation großtechnisch hergestellt.

Bei der Copolymerisation von Ethylen und Propylen wird mit speziellen Katalysato-ren die Kristallisationsneigung von Polyethylen gestört, so daß man amorphe, kau-tschukartige Produkte (EPM) erhält. Diese Materialien enthalten keine Doppelbindun-gen, sie lassen sich jedoch mit Peroxiden zu Elastomeren vernetzen.

Wird bei der Herstellung von EPM als zusätzliches Termonomer noch ein Dien eingesetzt, enthalten die dann resultierenden Produkte Doppelbindungen (EPDM), die auch schwefelvernetzbar sind.

Aufbau

Ethylen und Propylen werden im Lösungs- oder Suspensionspolymerisationsverfahren verarbeitet. Die technisch wichtigen EPM-Typen enthalten etwa 40 bis 80% Ethylen.

$$\cdots -\!\!\!\begin{array}{ccccc} & H & H & H & \\ & | & | & | & \\ -\!\!C & -\!\!C & -\!\!C & -\!\!CH- \\ & | & | & | & | \\ & H & H & H & CH_3 \end{array}\!\!\!- \cdots$$

Ethylen   Propylen

Für EPDM-Typen werden folgende Terkomponenten eingesetzt:
☐ trans-Hexadien-1,4,
☐ Dicyclopentadien (DCP),
☐ Ethylidennorbornen (EN).
Die beiden Doppelbindungen der Terkomponenten müssen unterschiedlich reaktiv sein, damit nur eine copolymerisiert wird und die andere für die spätere Vernetzung übrigbleibt.

222

Durch die Menge und die Art der eingesetzten Terkomponenten verändern sich die mechanischen Eigenschaften, das Vulkanisationsverhalten und der Vernetzungsgrad.

Bei Ethylenanteilen von etwa

☐ 45 bis 60% entstehen amorphe, nicht selbstverstärkende Polymere,

☐ 70 bis 80% entstehen teilkristalline Polymere, die als Sequenztypen bezeichnet werden.

Die teilkristallinen Sequenztypen unterscheiden sich im Verarbeitungsverhalten wesentlich von den amorphen Typen. Die Sequenztypen bilden thermisch reversible, physikalische Vernetzungsstellen, die den Polymerisaten bereits im unvernetzten Zustand hohe Festigkeitseigenschaften verleihen.

Die üblichen Handelsprodukte weisen Molekülmassen zwischen 200 000 und 300 000 auf. Hochmolekulare EPDM-Typen kommen in ölgestreckter Form in den Handel und sind dadurch gut verarbeitbar.

Zur Erzielung wirtschaftlich vertretbarer Eigenschaften müssen die amorphen EPM- und auch die EPDM-Typen mit verstärkenden Füllstoffen versehen werden. Bei gleicher Viskosität kann EPDM meist höher als EPM gefüllt werden.

Nur wenn besondere Anforderungen an die Alterungsbeständigkeit gestellt sind, werden die ungesättigten EPDM-Typen mit Alterungsschutzmitteln ausgerüstet.

Zur besseren Verteilung der Füllstoffe und zur leichteren Verarbeitung werden Verarbeitungshilfsmittel (Zinkseifen, Stearinsäure) eingesetzt. Bei EPDM-Mischungen ist wegen zu geringer Konfektionsklebrigkeit die Mitverwendung von Harzen erforderlich.

Als Vulkanisationschemikalien werden Peroxide oder Schwefel und Beschleuniger eingesetzt.

Eigenschaften

Die mechanischen Eigenschaften von EPM/EPDM-Typen sind von der Art und Menge der eingesetzten Füllstoffe abhängig.

☐ Gute Festigkeitswerte, besonders bei Sequenzvulkanisaten,

☐ die Härte ist in weiten Grenzen variierbar,

☐ gutes elastisches Verhalten,

☐ die Weiterreißfestigkeit bei höherer Temperatur ist vergleichbar mit NR,

☐ niedriger Druckverformungsrest,

☐ Einsatzbereich von −70 bis +170 °C (bei optimal eingestellten Peroxidvulkanisaten),

☐ die Kälteflexibilität ist mit NR-Vulkanisaten vergleichbar,

☐ die Wärmeformbeständigkeit ist mit IIR-Schwefelvulkanisaten vergleichbar (deutlich niedriger als EAM- bzw. Q-Vulkanisate),

☐ ausgezeichnete elektrische Isolationseigenschaften (die Forderungen an Hochspannungskabel-Isolationen werden erfüllt),

☐ allgemein recht gute elektrische Eigenschaften auch bei höheren Temperaturen und nach Heißluftalterung,

☐ ausgezeichnete Beständigkeit gegenüber Hochspannungskorona-Entladung,

☐ sehr gute Beständigkeit gegenüber Dampf und heißem Wasser unter hohem Druck,

223

□ EPM/EPDM-Vulkanisate sind hervorragend chemikalienbeständig gegenüber verdünnten Säuren, Aceton, Alkalien, Alkohol, Ketonen und Hydraulik-Flüssigkeiten,
□ durch konzentrierte Mineralsäuren können die Vulkanisate verhärten bzw. zerstört werden,
□ EPM/EPDM-Vulkanisate werden wegen ihres unpolaren Charakters von aliphatischen, aromatischen und chlorierten Kohlenwasserstoffen, Ölen und Benzin angegriffen und in diesen Medien stark gequollen,
□ ausgezeichnete Ozon- und Sonnenlichtbeständigkeit,
□ sehr gute Alterungsbeständigkeit.

Verarbeitung

Die Herstellung der EPM/EPDM-Mischungen geschieht fast ausschließlich im Innenmischer, die Weiterverarbeitung ist nach allen gebräuchlichen Methoden und Verfahren der Gummiindustrie möglich.

Anwendungen

EPD/EPDM-Typen spielen als Verschnitte mit anderen Polymeren eine wesentliche Rolle, z. B. bei der Herstellung thermoplastischer Elastomere (TPE) oder elastomermodifizierter Plastomere (EMP).

Haupteinsatzgebiete sind Profile, Kabelummantelungen und -isolationen sowie wetterbeständige, wärmebeständige bzw. seewasserresistente technische Artikel.

Fahrzeugbau
Dichtungen und Profile, Stoßfänger, Reifen, Kühlwasserschläuche.

Bauwesen
Dichtungen, Fenster- und Fassadenprofile, Folien, Bahnen, Dehnfugenprofile, Sportstättenbeläge.

Sonstige Anwendungen
Förderbänder, Dockfender, Industrie- und Waschmaschinenschläuche, Haushaltgeräteteile, Walzenbezüge.

4.10   Ethylen-Vinylacetat-Kautschuk [EAM]

Bei der Copolymerisation von Ethylen mit Vinylacetat erhält man mit 40 bis 50% Vinylacetat den amorphen Spezialkautschuk EAM mit einer für viele technische Zwecke ausreichenden Quellbeständigkeit. Als gesättigtes Polymer kann EAM nur mit Peroxiden oder durch energiereiche Strahlung zu Elastomeren vernetzt werden.

Aufbau

EAM-Typen für die Kautschuktechnologie werden mit mittleren Molekülmassen von 200000 bis 400000 hergestellt. Ethylen und Vinylacetat werden dabei in Lösung polymerisiert.

```
        H   H          H
        |   |          |
...  —  C — C — CH  —  C —  ...
        |   |          |
        H   H   O      H
                |
                C = O
                |
                CH₃
```

Ethylen Vinylacetat

Den EAM-Typen werden zur Verstärkung aktive Füllstoffe (Kieselerden, neutrales Kaolin) zugesetzt. Wegen ihrer relativ niedrigen Viskositäten können EAM-Typen nicht so hoch gefüllt werden wie EPM/EPDM-Typen. Bei EAM-Typen sind wegen zu geringer Konfektionsklebrigkeit Weichmacher (paraffinische Mineralöle) erforderlich. Zur Verbesserung der Tieftemperaturflexibilität werden Ether- oder Esterweichmacher eingesetzt.

Eigenschaften

Die mechanischen Eigenschaften von EAM hängen von Art und Menge der aktiven Füllstoffe ab. Kennzeichnende Eigenschaften von EAM sind:

□ optimale mechanische Eigenschaften der Vulkanisate bei Härten von 60 bis 85 Shore A,
□ niedrige Weiterreißfestigkeit,
□ geringerer Abriebwiderstand als bei Dienkautschuk,
□ Einsatzbereich von −30 °C bis +140 °C,
□ hohe Wärmestandfestigkeit,
□ ausgezeichnete Heißluftbeständigkeit (in geschlossenen Systemen oft besser als bei Q),
□ der elektrische Isolationswiderstand ist ausreichend im Kabelsektor, jedoch ungünstiger als bei EPM,
□ EAM-Vulkanisate sind physiologisch inert,
□ sie sind quellbeständig gegenüber aliphatischen Ölen,
□ mit steigendem VAC-Gehalt sind EAM-Vulkanisate besser beständig gegenüber unpolaren Lösungsmitteln, weisen jedoch sinkende Kälteflexibilität auf,
□ gute Wetter, Alterungs- und Ozonbeständigkeit.

Verarbeitung

EAM ist nach üblichen Verarbeitungsmethoden der Gummiindustrie für Profile, Gummiartikel, Kabelummantelungen und Folien formbar; dabei ist auf besondere Sauberkeit der Aggregate zu achten, weil durch Verunreinigungen – besonders durch Schwefel – die spätere Peroxidvernetzung erheblich gestört werden kann.

Anwendungen

EAM-Vulkanisate werden zur Herstellung wärmebeständiger Gummiartikel, Kabel, Profile und Folien eingesetzt, unvernetzt als Schmelzklebstoff und für verschiedene Kunststoffmodifizierungen, ferner als Verschnittkomponente zur Verbesserung der Wetter- und Ozonbeständigkeit für NR und SBR. Pfropfpolymerisate auf PVC ergeben ein schlagbiegefestes PVC (Abschnitt 2.7).

4.11 Polysulfidkautschuk (Thioplaste) [TM]

Die Polysulfide sind schon seit 1930 bekannt, hatten aber im wesentlichen nur dort Verwendung gefunden, wo ihr Einsatz aufgrund der besseren Eigenschaften gegenüber, preiswerteren Elastomeren (hohe Treibstoff- und Witterungsbeständigkeit) gerechtfertigt war. Erst die Entwicklung der flüssigen Polysulfide brachte für diese Elastomerprodukte den Durchbruch am Markt.

Aufbau

Feste Polysulfide
Die festen Polysulfide werden aus Dihalogenverbindungen mit Natriumpolysulfid hergestellt. Nach Zugabe von Füllstoffen wie aktivem Ruß lassen sich die Polysulfide z. B. mit ZnO bei Temperaturen von 140 °C vulkanisieren.

Flüssige Polysulfide
Bei der Herstellung der flüssigen Polysulfide werden zwei Schwefelatome je Molekülbaustein in den Kettenverband eingebaut und das Kettenmolekül relativ kurz gehalten.

$$n \cdot Cl\text{–}R^*\text{–}Cl + n \cdot Na_2S_2 \xrightarrow[-2\,n\cdot NaCl]{} \cdots \left[R\text{–}S\text{–}S \right]_n \cdots$$

Durch geeignete Reaktionsbedingungen und -mittel werden die Moleküle an den Enden jeweils mit reaktionsfähigen Atomgruppen (−S−H) ausgerüstet und je nach Verwendungszweck durch die Molekülgröße zu dünn- bis dickflüssigen Produkten polykondensiert. Durch Einarbeiten von Zusatzstoffen – wie Weichmacher, aktive und inaktive Füllstoffe, Pigmente und Vernetzungschemikalien – erhält man Ein- oder Zweikomponenten-Dichtungsmassen.

Der Härtungsvorgang erfolgt durch Oxidationsmittel, die die kurzkettigen Moleküle zu Makromolekülen verknüpfen. Dabei laufen auch einige Vernetzungsreaktionen ab, die von einigen wenigen Molekülen von Polyhalogenverbindungen, die im Kettenverband eingebaut sind, herrühren.

Härtungsreaktion:

$$n \cdot R\text{–}S\text{–}H + \frac{n}{2} O_2 + n \cdot H\text{–}S\text{–}R \xrightarrow[-n\cdot H_2O]{} \cdots \left[R\text{–}S\text{–}S\text{–}R \right]_n \cdots$$

Eigenschaften

Polysulfide haben kein hohes mechanisches Eigenschaftsniveau. Hervorragend sind aber ihre Witterungs- und Alterungsbeständigkeit, insbesondere auch die Beständigkeit gegen Ozon, Benzin und Öl. Die flüssigen Polysulfide werden hauptsächlich als Dichtungsmassen herangezogen. Zu diesem Zweck wird die Masse so eingestellt, daß nach der Aushärtung neben der Elastizität auch ein plastischer Anteil vorliegt.

Die mechanischen Eigenschaften werden damit stark temperaturabhängig (Bild 4.4). Die Shorehärte A liegt bei den Dichtungsmassen zwischen 10 und 60.

*R = aliphatisches Radikal.

226

Bild 4.4
Spannungs-Dehnungs-Diagramm einer
Polysulfid-Dichtungsmasse bei ver-
schiedenen Temperaturen

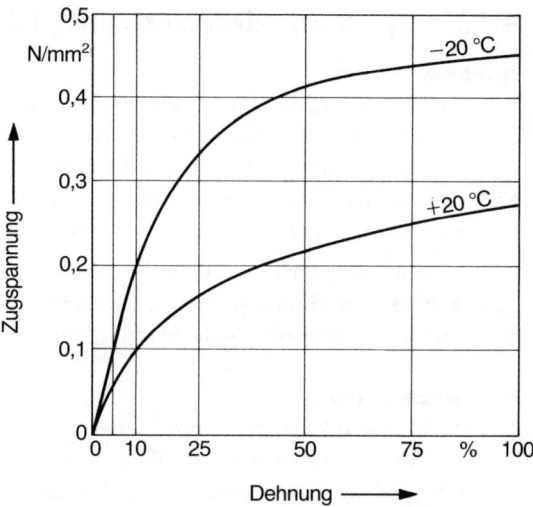

Verarbeitung

Die festen Polysulfide lassen sich ebenso verarbeiten wie andere Kautschukmassen. Durch die geringe Festigkeit sind aber die Anwendungen beschränkt, so daß sie meist nur als Halbzeug in Form von Bahnen für Auskleidungszwecke in den Handel kommen.

Die flüssigen Polysulfide werden überwiegend für Dichtzwecke herangezogen. Darüber hinaus dienen sie als Beschichtungsmassen.

Die Dichtungsmassen werden in Kartuschen abgefüllt und härten entweder durch Zugabe eines Oxidationsmittels, oder sie sind schon mit dem Härter versehen, der durch die Luftfeuchtigkeit aktiviert wird.

Die Kartuschen werden mit Hand- oder Preßluftpistolen entleert, wobei die Masse in vorbehandelte Fugen eingedrückt wird.

Anwendungen

Die festen Polysulfide werden hauptsächlich für Auskleidungen herangezogen, z. B. für Benzin- und Ölbehälter in Tankwagen und Flugzeugen, für chemische Apparate, Treibstoffschläuche usw.

Die flüssigen Polysulfide verwendet man neben der Anwendung als Fugenmasse im Bauwesen für Schutzanstriche, Schichtstoffe sowie für Gießharze.

Neben den handelsüblichen TM-Typen für den Hochbau gibt es Spezialtypen für begeh- und befahrbare Fugen, für die Herstellung von Isoliergläsern und Metallverfugungen.

227

4.12 Epichlorhydrinkautschuk [CO, ECO, ETER]

Aufbau

Bei den Epichlorhydrinkautschuken unterscheidet man grundsätzlich drei Typen. Die Grundkomponente ist immer Epichlorhydrin (Tabelle 4.5).

Aus dem Aufbau von CO, ECO und ETER läßt sich bereits erkennen, daß es sich um gesättigte Kautschuke handelt. Dies gilt auch für ETER-Produkte, weil sich die Doppelbindung des Diens nicht in der Hauptkette befindet.

Zur Vernetzung wird bei CO und ECO fast immer ETU (Ethylenthioharnstoff) eingesetzt. Bei ETER können je nach den zu erzielenden Eigenschaften ETU, Schwefel und Beschleuniger oder peroxidische Systeme eingesetzt werden.

Eigenschaften

Epichlorhydrinvulkanisate besitzen eine erstaunliche Kombination an guten Eigenschaften, die dazu beigetragen haben, daß sie in jüngster Zeit stark an Bedeutung gewonnen haben. Einige dieser Eigenschaften sind:

☐ gute mechanische Werte im Vergleich zu anderen Spezialkautschuken,
☐ sehr gutes Dämpfungsverhalten,
☐ gute Kälteflexibilität,
☐ hohe Wärmebeständigkeit,
☐ sehr gute Ozonbeständigkeit,
☐ höchste Quellbeständigkeit gegen Öle und Treibstoffe,

Tabelle 4.5 Aufbau von CO, ECO und ETER

Monomere	Polymere	Polymerisationsart	Kurzzeichen
$CH_2 - CH - CH_2$ (O, Cl) Epichlorhydrin	$\cdots -[CH_2 - CH - O]_n- \cdots$ (CH_2Cl)	Homopolymerisation von Epichlorhydrin	CO
$CH_2 - CH - CH_2$ (O, Cl) Epichlorhydrin $CH_2 - CH_2$ (O) Ethylenoxid	$\cdots -[CH_2 - CH - O -$ (CH_2Cl) $CH_2 - CH_2 - O]_n- \cdots$	Copolymerisation von Epichlorhydrin und Ethylenoxid	ECO
$CH_2 - CH - CH_2$ (O, Cl) Epichlorhydrin $CH_2 - CH_2$ (O) Ethylenoxid Dien	$\cdots -[CH_2 - CH- O -$ (CH_2Cl) $CH_2 - CH_2 - O - \boxed{Dien}]_n- \cdots$	Terpolymerisation von Epichlorhydrin Ethylenoxid und einem Dien mit einer seitenständigen Doppelbindung	ETER

Tabelle 4.6 Ausgewählte Eigenschaften von CO, ECO und ETER im Vergleich mit NBR und IIR

Eigenschaftskriterium	CO	ECO	ETER	NBR	IIR
max. Einsatztemperatur in °C 1000 h	150	135	135	120	135
Kälteflexibilität in °C	-23	<-40	<-40	-40	-75
Quellbeständigkeit in Kraftstoffen	ausgezeichnet	sehr gut	sehr gut	gut	ausgezeichnet
Permeation von Kraftstoffen in mg/m^2 Tag	<5	30	30	100	etwa 30
Dämpfungsverhalten	gut	sehr gut	sehr gut	gut	befriedigend

☐ sehr geringe Gas- und Treibstoffdurchlässigkeit,
☐ gutes Brandschutzverhalten.
In Tabelle 4.6 sind wichtige Eigenschaften von CO, ECO und ETER im Vergleich mit NBR und IIR dargestellt.

Verarbeitung
Polyepichlorhydrinkautschuke werden wie traditionelle Kautschuke verarbeitet.

Anwendungen
Wegen ihres guten Eigenschaftsbildes sind die Polyepichlorhydrin-Elastomere trotz ihres höheren Preises gegenüber NBR zum Teil in die gleichen Einsatzgebiete vorgedrungen. Ihre Hauptanwendung liegt in der Kraftfahrzeugindustrie für Dichtungen, Membranen, Schläuche und wärmebeständige Dämpfungselemente. Darüber hinaus werden die Vulkanisate auch für Walzenbeläge, Formartikel und zur Textilgummierung eingesetzt.

4.13   Chlorsulfoniertes Polyethylen [CSM]

Aufbau
CSM ist ein Werkstoff, der dem chlorierten Polyethylen sehr nahe steht. Er weist neben Chlor auch Chlorsulfongruppen auf, wodurch seine Reaktivität gegenüber Vernetzungsmitteln steigt und er wesentlich leichter vulkanisierbar wird.

$$\cdots \left[CH_2 - \underset{Cl}{CH} - CH_2 - CH_2 - \underset{SO_2\,Cl}{CH} - CH_2 \right] \cdots$$

Chlorethylen   Ethylen   Chlorsulfonethylen

In handelsüblichen CSM-Typen befinden sich 25 bis 43% Chlor und 0,8 bis 1,5% Schwefel.

229

Eigenschaften

CSM-Vulkanisate haben gute mechanische Eigenschaften und niedrige Druckverformungsreste. CSM-Vulkanisate können bei höheren Temperaturen als z. B. CR eingesetzt werden. Durch ihre gesättigte Struktur weisen sie eine ausgezeichnete Alterungs-, Wetter- und Ozonbeständigkeit auf. CSM ist auch bei höheren Temperaturen gut beständig gegen Öle und legierte Öle. Die gute Chemikalienbeständigkeit läßt sich ebenso wie das günstige Brandschutzverhalten auf den Chlorgehalt im Vulkanisat zurückführen.

Verarbeitung

Die Verarbeitung von CSM ist problematischer als bei CM, wobei der Temperaturführung besondere Beachtung zukommt.

Anwendungen

CSM-Vulkanisate eignen sich besonders für solche Anwendungen, bei denen hohe Beständigkeit gegen Alterung, Heißluft, Öle und Chemikalien gefordert ist. Die Hauptanwendungsgebiete liegen in der Elektrotechnik, im Isolationsbereich sowie bei Formartikeln und Folien.

4.14   Fluorkautschuk [FKM]

Aufbau

Ausgangsprodukt für Fluorkautschuke ist Vinylidenfluorid.

$$\begin{array}{ccc} H & & F \\ | & & | \\ C & = & C \\ | & & | \\ H & & F \end{array}$$

Durch eine gezielte Co- bzw. Terpolymerisation mit anderen fluorhaltigen Monomeren (Tabelle 4.7) wird eine Kristallisation des Polymeren weitgehend verhindert. Erst durch diese Tatsache wird das typische elastische Verhalten der Fluorkautschuke erreicht. So sinkt z. B. der Glasübergangspunkt durch den Einbau dieser Komponenten von $-18\,°C$ auf bis zu $-40\,°C$ ab. Die Verminderung der Kristallisation wird durch die Sperrigkeit der Reaktionspartner des Vinylidenfluorids erreicht.

Eigenschaften

☐ Die mechanischen Eigenschaften von FKM sind wie bei den meisten Spezialkautschuken niedriger als bei Dienelastomeren und zudem noch besonders stark von der Temperatur abhängig.

☐ Das elastische Verhalten von FKM-Vulkanisaten ist relativ niedrig.

☐ FKM besitzt eine hohe Abriebfestigkeit.

☐ Die thermische Beständigkeit ist sehr gut und wird von kaum einem anderen Elastomeren erreicht.

230

Tabelle 4.7   Cokomponenten des Vinylidenfluorids

Struktur	Name	Kurzzeichen
$CF_2 = CF$ $\vert$ CF_3	Hexafluorpropylen	HFP
$CF_2 = CF_2$	Tetrafluorethylen	TFE
$CHF = CF$ $\vert$ CF_3	1-Hydropentafluorpropylen	HF
$CF_2 = CF$ $\vert$ O $\vert$ CF_3	Perfluormethylvinylether	FMVE

☐ Die Alterungs- und Ozonbeständigkeit von Fluorkautschuken ist wegen ihrer gesättigten Struktur ebenso hervorragend wie die Chemikalien- und Quellbeständigkeit.

☐ FKM ist gegen Aliphate, Aromate, Chlorkohlenwasserstoffe sowie gegen die meisten Mineralsäuren auch bei höherer Temperatur beständig.

☐ In Alkoholen, Ketonen und Estern quellen Fluorkautschuke stärker. Angegriffen wird FKM von den meisten Aminen und z. B. Chlorsulfonsäuren.

☐ Die Gasdurchlässigkeit von FKM-Vulkanisaten ist sehr niedrig.

Verarbeitung

Bei der Verarbeitung von FKM ist eine Nachtemperung der Produkte von 4 bis 24 h bei 150 bis 200 °C notwendig, um die Vernetzungsreaktion zu beenden. Andernfalls würden die mechanischen Eigenschaften durch eine zu geringe Vernetzungsdichte nur unzureichend sein.

Anwendungen

Aufgrund ihrer besonders guten thermischen und chemischen Beständigkeit sowie geringer Gasdurchlässigkeit eröffnen sich für FKM-Vulkanisate trotz ihres hohen Preises zahlreiche Spezialanwendungen.

Diese liegen hauptsächlich im Bereich der Automobil- sowie der Luft- und Raumfahrtindustrie.

4.15   Siliconkautschuk [Q]

Aufbauend auf den Forschungsarbeiten von S. KIPPING (England) wurde 1942 von General Electric und Dow Corning der Methylsiliconkautschuk entwickelt und ab 1945 in den USA in den Handel gebracht.

231

Aufbau

Siliconkautschuk gehört seiner Zusammensetzung nach zu der Stoffklasse, die als Silicone bezeichnet werden und deren Grundgerüst aus äußerst beständigen Silizium-Sauerstoffketten, den Polysiloxanketten besteht (Abschnitt 3.6). Dieser Aufbau verleiht dem Siliconkautschuk gegenüber anderen Elastomeren die besonderen Eigenschaften, z. B. hervorragende Wärme- und Kältebeständigkeit.

Die Silizium-Sauerstoffketten tragen organische Gruppen an den Siliziumatomen, die bei der Vulkanisation räumlich zu einem gummiartigen, elastischen Stoff vernetzen. Man unterscheidet folgende wichtige Siliconkautschuktypen:

Dimethyl-Siliconkautschuk

$$\cdots\left[\begin{array}{c} CH_3 \\ | \\ Si-O \\ | \\ CH_3 \end{array}\right]\cdots \quad [MQ]$$

Phenylmodifizierter Siliconkautschuk

$$\cdots\left[\begin{array}{c} CH_3 \\ | \\ Si-O \\ | \\ \bigcirc \end{array}\right]\cdots \quad [PMQ]$$

Vinylmodifizierter Siliconkautschuk

$$\cdots\left[\begin{array}{c} CH_3 \\ | \\ Si-O \\ | \\ CH\!=\!CH_2 \end{array}\right]\cdots \quad [VMQ]$$

Fluormodifizierter Siliconkautschuk

$$\cdots\left[\begin{array}{c} CH_3 \\ | \\ Si-O \\ | \\ CH_2-CH_2-CF_3 \end{array}\right]\cdots \quad [FMQ]$$

Die Herstellung der Siliconkautschuke erfolgt im Polykondensationsverfahren. Bei Dimethylsiliconkautschuk – dem wichtigsten Typ – entstehen Polymere mit Molekülgewichten von 300 000 bis 700 000 für heißvulkanisierende Typen bzw. von 10 000 bis 100 000 für die streich- oder gießbaren kaltvulkanisierenden Typen.

Erst durch den Zusatz von Füll- und Verstärkungsstoffen erhält man wirtschaftlich vertretbare mechanische Eigenschaften bei den Q-Vulkanisaten. Der Mischungsaufbau ist im Vergleich zu anderen Kautschuktypen einfach. Durch den Zusatz von Ruß bzw. Kupferpulver erhält man leitfähige Q-Typen.

232

Eigenschaften

☐ Zugfestigkeit und Weiterreißfestigkeit von Q-Vulkanisaten zeigen gegenüber anderen Elastomeren hervorragende Werte.

☐ Dauerwärmebeständigkeit bis +250 °C, in Heißluft bis +200 °C, kurzzeitig bis +400 °C.
  In Dampf werden Q-Vulkanisate bei 120 °C bis 140 °C nach längerer Einwirkungszeit zerstört,

☐ Kälteflexibilität bis −70 °C bei MQ- und VMQ-Typen und bis −110 °C bei PMQ-Typen.

☐ Die elektrischen Eigenschaften liegen schon bei Raumtemperatur in der Größenordnung der besten bekannten Isolierstoffe und bleiben bei Einsatztemperaturen bis +200 °C erhalten. Wasserlagerung beeinflußt die elektrischen Eigenschaften kaum. Im Brandfall bildet sich kein leitfähiger Ruß, sondern isolierendes Siliziumdioxid.

☐ Silikonkautschuk ist physiologisch unbedenklich und bakteriell indifferent.

☐ Die Gasdurchlässigkeit bei Raumtemperatur ist etwa 40mal größer als bei NR und 100mal größer als bei NBR und IIR.

☐ Silikonkautschuk ist beständig gegen Alkohole, Glykole, polare Lösungsmittel, Phenole, Alkalien, schwache Säuren,

☐ mäßig beständig gegen chlorierte, aliphatische und aromatische Kohlenwasserstoffe, Ester-, Ether und Ketone.

☐ Mineralöle erzeugen eine Volumenquellung, diese Quellerscheinung ist reversibel. Die Einwirkung von flüssigem Chlor führt zur explosionsartigen Zersetzung von Q.

☐ Witterungs- und Alterungsbeständigkeit sind sehr gut. Siliconkautschuk wird so gut wie nicht von Ozon angegriffen.

☐ Die Strahlenbeständigkeit gegenüber anderen Kautschuktypen ist gut.

☐ Siliconkautschuk ist antiadhäsiv und hydrophob (wasserabweisend). Q haftet nicht an Eis und klebrigen Oberflächen (Trennmittel).

Für die unterschiedlichsten Anforderungen wird eine Vielzahl von Q-Typen mit speziellen Eigenschaften und chemischem Verhalten angeboten. Auch treibmittelhaltige und elektrisch leitfähige Siliconkautschuke sind verfügbar.

Verarbeitung

Siliconkautschuke werden je nach der Verarbeitungstemperatur eingeteilt in:

☐ Heißkautschuke (HTV) (Heißtemperaturvernetzung),
  als Ein- und Zweikomponentensysteme. Einkomponentensysteme sind als fertige Mischungen erhältlich und können nach den bekannten Elastomer-Verarbeitungsverfahren mit peroxidischer Vernetzung, Additionsvernetzung oder Strahlenvernetzung geformt werden. Zweikomponentensysteme sind als flüssige, additionsvernetzende Massen – z. B. für das Spritzgießen – erhältlich.

☐ Kaltkautschuke (RTV) (Raumtemperaturvernetzung),
  als Ein- und Zweikomponentensysteme. Einkomponentenmassen, die unter Einwirkung der Luftfeuchtigkeit zum elastischen Silicongummi vernetzen. Zweikomponentensysteme, die aus gießfähigen Massen bestehen, wobei die eine Komponente als Härter fungiert.

233

Anwendungen

Siliconkautschuk findet immer dort Anwendung, wo infolge erhöhter Anforderungen die herkömmlichen Kautschuktypen versagen, insbesondere bei sehr hohen oder sehr tiefen Temperaturen.

HTV-Einsatzgebiete sind:

Elektrotechnik
Wärme- und kältebeständige Kabel, Freiluftisolatoren, leitfähige Dichtprofile, leitfähige Einsätze in Kontaktmatten für Fernbedienungen und Taschenrechner, leitfähige Walzenüberzüge in Fotokopiergeräten zur Ableitung statischer Aufladungen, coronafeste Isolierschläuche.

Fahrzeug- und Flugzeugbau, Raumfahrt
Zylinderkopf- und Ölwannenabdichtungen, Kühlerschläuche, Faltenbälge für Vorderradantriebgelenkwellen, Zündkerzenkappen, O-Ringe, Gummisäcke für Enteisungsanlagen, Heißluftleitungen, Abdichtungen für Halogenscheinwerfer, Lagermembranen.

Maschinenbau
Förder- und Druckbänder, Corona- und Prägewalzen.

Bauwesen
Profile für Dehnungsfugen, Fenster- und Türprofildichtungen.

Medizin und Lebensmittelbereich
Dichtungen in medizinischen Geräten, Beatmungsbälge, heißsterilisierbare Bluttransfusionsschläuche, Katheter und Schlauchsonden, Herzklappenventile, Babysauger, Dialyseschläuche. Einsätze in Melkmaschinen, Förderbänder, Schläuche für Getränkeautomaten und Kaffeemaschinen.

RTV-Einsatzgebiete sind:

Elektrotechnik
Klebmassen zum Verbinden elektronischer Bauteile, Abdichtungen, Beschichtungen von gedruckten Schaltungen, Einbetten und Vergießen kleiner Bauteile, Verkleben von Solarzellen, Bildröhren und Scheinwerfer.

Bauwesen
Fugendichtungsmassen.

Sonstige Anwendungen
Klebmassen zum Verbinden von Glas, Metall, Keramik und Kunststoff. Herstellung von Dichtungen vor Ort, Abdichten von Elektroherden und Kühlschränken, Abformen von Schmuckteilen, Werbe- und Geschenkartikel, kunstgewerbliche Gegenstände, für Restaurierungen in der Denkmalpflege, selbstklebende Isolierbänder.

234

5   Einfache Methoden zum Identifizieren von Kunststoffen

Für Verarbeiter und Anwender stellt sich oft die Frage, aus welchem Kunststoff dieses oder jenes Produkt hergestellt ist.

Bei der großen Zahl an Kunststoffen und der Vielfalt an Kunststofferzeugnissen – insbesondere auch der Verbundmaterialien – ist es häufig schwierig, Aussagen über die chemische Zusammensetzung eines Kunststoffs zu machen. Darüber hinaus werden durch Copolymer- und Polyblendbestandteile sowie Zusatzstoffe die Eigenschaftsmerkmale der reinen Kunststoffe wesentlich verändert.

Vielfach gelingt es aber dennoch, ohne großen Aufwand festzustellen, zu welcher Kunststoffsorte eine unbekannte Probe gehört. Hierfür genügen einfache Mittel, einige Erfahrung, ein gutes Auge und eine geübte Nase.

Sind aber genauere Analysen erforderlich – insbesondere bezüglich der obengenannten Zusätze zu den reinen Kunststoffen – sollte man die Untersuchung fachkundigen Instituten überlassen, die mit den notwendigen Geräten und entsprechendem Personal ausgestattet sind.

Nachfolgend werden einige Erkennungsmethoden aufgezeigt.

5.1   Voruntersuchungen

Schon äußere Erscheinungsmerkmale oder Betasten, Ritzen sowie einfaches Hin- und Herbiegen geben Hinweise auf bestimmte Kunststoffgruppen.

Ungefärbte und ungefüllte Kunststoffe sind entweder transparent oder besitzen eine milchig-trübe Eigenfarbe (Tabelle 5.1).

Durch Betasten kann man einen wachsartigen Griff bei den Kunststoffen PE, PP, POM und PTFE feststellen.

Tabelle 5.1   Optisches Erscheinungsbild einiger wichtiger Kunststoffe

Optische Eigenschaft	Kunststoff
durchsichtig/ transparent	PVC, PS, SAN, PMMA, CA, CAB, CP, PC, UP, EP
milchig-trüb/ opak	PE, PP, SB, ABS, ASA, PA 6, PA 66, PA 11, PA 12, POM, PTFE

PE und PVC weich lassen sich mit dem Fingernagel ritzen. Eine Reihe von Kunststoffen ist hart und steif, andere sehr flexibel.

Das Bruchbild von Kunststoffen läßt eine Grobeinteilung in drei Gruppen zu. Man unterscheidet in:

kein Bruch: z. B. PE, PP, PA, PVC weich, PC, POM weichgemachtes CA, PTFE und alle Elastomere.

Weißbruch (besonders bei dunkel eingefärbten Kunststoffproben): PVC, SB, ABS, ASA, Polyblends auf Basis PVC/chloriertes PE und ABS/PC.

Sprödbruch: PMMA, PS, SAN alle Duroplaste.

In diesem Zusammenhang sollte auch das blechartige Klangverhalten von Polystyrolen, wenn man sie auf eine harte Unterlage fallen läßt, erwähnt werden. Für den Anfänger ist es nützlich, wenn er als Vergleich eine bekannte Polystyrolprobe hinzuzieht.

5.2 Dichte

Durch Dichtebestimmung ungefüllter Kunststoffe kann man eine Grobeinteilung in mehrere Gruppen vornehmen (Tabelle 5.2).

Es genügt hierbei die Schwebemethode anzuwenden, wobei lediglich Wasser und Lösungen anzusetzen sind und die Proben hineingegeben werden. Schwebt die Probe in

Tabelle 5.2   Einteilung wichtiger Kunststoffe nach der Dichte

Dichte g/cm^3	Kunststoff (ungefüllt)
0,9 bis 1,0	PE, PP, PB, PIB
1,0 bis 1,2	PS, SAN, SB, ABS, ASA, PMMA, PPO, CP, CAB, PC, PA
1,2 bis 1,5	PVC hart und weich, POM, CA, PETP, PBTP, PSU, PUR, organisch gefüllte Preßmassen
1,5 bis 1,8	anorganisch gefüllte Preßmassen
1,8 bis 2,2	PTFE

Tabelle 5.3   Lösungen mit unterschiedlichen Dichten

Zusammensetzung der Lösung in Gewichtsprozenten	Dichte g/cm^3
52% Ethanol + 48% destilliertes Wasser	0,91
37% Ethanol + 63% destilliertes Wasser	0,94
100% destilliertes Wasser	1,00
44% Glycerin + 56% destilliertes Wasser	1,10
93% Glycerin + 7% destilliertes Wasser	1,20
27% Ätznatron + 73% Wasser	1,30
37% Ätznatron + 63% Wasser	1,40
Gesättigte Zinkchloridlösung	2,01

der Flüssigkeit, ist die Dichte gleich der der Flüssigkeit. Zur besseren Benetzung der Proben empfiehlt es sich, den Flüssigkeiten ein Netzmittel zur Herabsetzung der Oberflächenspannung zuzugeben. Entsprechende Lösungen zur Dichtebestimmung können wie in der Tabelle 5.3 angegeben hergestellt werden.

5.3   Löslichkeit

Durch das Lösungsverhalten kann eine weitere Grobeinteilung in lösliche und unlösliche Kunststoffe vorgenommen werden. Hierbei sollte man aber bei der Vielzahl an Lösungsmitteln nur auf die wichtigsten zurückgreifen. Duroplaste und PTFE sind in den gebräuchlichen Lösungsmitteln unlöslich. Die anderen Thermoplaste sind in irgendeinem Lösungsmittel löslich. Entscheidend für die Löslichkeit ist die Struktur der Polymeren (Verzweigungen, Kristallinität) und die Größe der mittleren Molekülmasse. Darüber hinaus wird die Lösungsgeschwindigkeit durch folgende Parameter beeinflußt:

☐ spezifische Oberfläche,
☐ Temperatur,
☐ Diffusionsgeschwindigkeit.

Tabelle 5.4 gibt Aufschluß über Lösungsmittel und Nichtlöser für wichtige Polymere.

Tabelle 5.4   Lösungsmittel und Nichtlösungsmittel für einige wichtige Thermoplaste

Kunststoff	Lösungsmittel	Nichtlöser
PE, PP	p-Xylol*, Dekalin*, Trichlorbenzol*	Aceton, niedere Alkohole
PS	Benzol, Toluol, Chloroform, Cyclohexanon, Methylenchlorid, Aceton	niedere Alkohole
PVC	Tetrahydrofuran, Cyclohexanon, Dimethylformamid	Methanol, Aceton, Heptan
PMMA	Chloroform, Aceton, Ethylacetat, Toluol	Methanol, Diethylether
PETP	m-Kresol, Nitrobenzol, Trichloressigsäure	Methanol, Aceton, aliphatische Kohlenwasserstoffe
PA	Ameisensäure, m-Kresol, konzentrierte Schwefelsäure	Methanol, Kohlenwasserstoffe
PUR	Ameisensäure, m-Kresol, Dimethylformamid	Methanol, Kohlenwasserstoffe
POM	Benzylalkohol*, Dimethylformamid*, Butyrolaceton*	Methanol, Diethylether

* oft nur löslich bei höherer Temperatur

Die verschiedenen Polyamide lassen sich durch unterschiedliche Konzentrationen der Ameisensäure wie folgt unterscheiden:

☐ 6-Polyamide lösen sich in 70%iger Ameisensäure,

☐ 6 6-Polyamide lösen sich in 80%iger Ameisensäure,

☐ 6 10-Polyamide lösen sich in 90%iger Ameisensäure,

☐ 11- und 12-Polyamide lösen sich in Ameisensäure nicht, sie können nur durch Schmelzpunkt- oder Dichtebestimmung voneinander unterschieden werden.

Polystyrol und SAN kann man mit Tetrachlorkohlenstoff voneinander unterscheiden, denn das Polystyrol wird sofort angelöst und zieht Fäden, SAN hingegen ist beständig. Ebenso ist SB von ABS und ASA zu unterscheiden, wenn die Einwirkung vom Lösungsmittel nur von kurzer Dauer ist. Die Acrylnitrilkomponente verbessert hierbei die Löslichkeit des Polystyrols gegenüber Tetrachlorkohlenstoff wesentlich.

Bei sonstigen Lösungsversuchen bedient man sich zweckmäßig eines Reagenzglases. Die Probe – etwa 100 mg – wird fein zerkleinert (grobe Stücke verzögern den Lösungsvorgang) und mit dem Lösungsmittel versetzt. Nun beobachtet man von Zeit zu Zeit die Probe, wobei auch gelegentlich das Ganze durchgeschüttelt wird. Häufig kann man vor dem Lösen ein starkes Quellen feststellen, was darauf schließen läßt, daß ein sehr langsames Auflösen der Probe erfolgt.

5.4   Thermisches Verhalten

Nach dem Verhalten in der Wärme können thermoplastische und duroplastische bzw. elastomere Kunststoffe unterschieden werden. Thermoplaste erweichen bei zunehmender Temperatur und schmelzen, bevor sie sich zersetzen. Duroplaste und Elastomere hingegen gehen vom festen Zustand direkt in die Zersetzung über.

Amorphe Thermoplaste zeigen beim Schmelzen keinen ausgeprägten Schmelzbereich, dagegen sind die teilkristallinen Thermoplaste durch einen engeren Kristallitschmelzbereich gekennzeichnet. Bei nicht eingefärbten bzw. gefüllten teilkristallinen Thermoplasten kann man deutlich den Übergang vom milchigtrüben in den geschmolzenen transparenten Zustand erkennen.

Kunststoff	Schmelzbereich °C
PE niedriger Dichte	105 bis 120
PE hoher Dichte	125 bis 135
PP	165 bis 170
POM	175 bis 185
PA 12	178 bis 182
PA 11	184 bis 186
PA 610	210 bis 215
PA 6	215 bis 220
PA 66	250 bis 260
PETP	250 bis 260

Tabelle 5.5
Kristallitschmelzbereiche einiger teilkristalliner Thermoplaste

Mit einer sogenannten Kofler-Heizbank lassen sich die Kristallitschmelztemperaturen der teilkristallinen Thermoplaste ziemlich genau ermitteln (Tabelle 5.5).

Die Kofler-Heizbank besteht aus einem 40 cm langen Heizband, auf dem man über einen Heizwiderstand vom einen zum anderen Ende eine linear steigende Temperatur von 50 bis 250 °C einstellen kann. Verteilt man nun mehrere Probenkörner oder etwas Pulver über einen gewissen Temperaturbereich auf diesem Band, kann man die Grenze zwischen festem und geschmolzenem Material gut erkennen und an einer Skala ablesen.

5.5 Brand- und Geruchsprobe

Der geübte Praktiker bedient sich am häufigsten dieser Erkennungsmethode. Mit der Sparflamme eines Bunsenbrenners oder einer Kerze, einer Pinzette oder Spatel und einer feuerfesten Unterlage sowie gegebenenfalls mit einer Sammlung bekannter Kunststoffproben lassen sich fast alle Kunststoffe nachweisen, wenn sie nicht durch Zusatzstoffe (insbesondere durch flammhemmende Zusätze und Weichmacher) zu stark beeinflußt werden. Die Kunststoffentwicklungen der letzten Zeit gehen nicht mehr dahin, neue chemische Strukturen aufzubauen, sondern man verbessert vorhandene Produkte entweder durch Copolymerisation oder durch Abmischen mit anderen Kunststoffen. Mit Hilfe von sogenannten *Verträglichkeitsmachern* – d. h. Zusatzstoffen, die es gestatten, daß sich die vermengten Kunststoffe nicht mehr entmischen, sondern im festen Verbund bleiben – gelingt es, immer mehr neue Kunststofftypen in den Markt einzuführen.

Bei diesen Produkten ist es nicht mehr möglich, über die Brand- und Geruchsprobe eine Identifikation vorzunehmen. Hier kann man nur mit analytischen Labormethoden, wie z. B. Infrarot-Spektroskopie oder Differenzthermoanalyse, klare Aussagen zum Aufbau eines polymeren Werkstoffs machen.

Bei der Brandprobe hält man einen Kunststoffabschnitt für kurze Zeit in die Flamme und beobachtet die Flammenfärbung, danach nimmt man die Probe heraus und beobachtet, ob die Probe weiterbrennt sowie das Verhalten des Kunststoffs hinsichtlich Blasenbildung oder Abtropfen geschmolzender Teile oder knisterndes bzw. sprühendes Brandverhalten oder Rußbildung. Die Rauchschwaden haben für die einzelnen Kunststoffe typische Gerüche. Gewarnt werden sollte an dieser Stelle aber vor unangenehm riechenden bzw. auch giftigen Verbrennungsgasen, die bei einer Brandprobe entstehen können (Chlor-, Brom- oder Fluorwasserstoff, Formaldehyd usw.). In solchen Fällen sollte man die Identifikation erfahrenen Instituten mit den entsprechenden Laboreinrichtungen überlassen.

PVC und alle anderen chlorhaltigen Polymere lassen sich durch die Beilsteinprobe nachweisen. Dafür ist aber eine kräftige nichtleuchtende Flamme (Bunsenbrenner) und ein ausgeglühter Kupferdraht notwendig. Bringt man eine kleine Probe eines chlorhaltigen Kunststoffs gemeinsam mit dem Kupferdraht in die Flamme, dann beobachtet man eine intensive Grünfärbung der Flamme vom sich bildenden Kupferchlorid. Beachten

Tabelle 5.6   Unterscheidungsmerkmale von Kunststoffen

Nr.	Kurz-zeichen	Dichte g/cm³	Brennverhalten	Sonstige Merkmale	Werkstoff
1	PE LD	0,92	helle Flamme mit blauem Kern, tropft brennend, Geruch paraffinartig, Dämpfe kaum sichtbar	wachsartiger Griff, mit dem Fingernagel markierbar, unzerbrechlich	Polyethylen weich
2	PE HD	0,94 bis 0,96	helle Flamme mit blauem Kern, tropft brennend, Geruch paraffinartig, Dämpfe kaum sichtbar	wachsartiger Griff, mit dem Fingernagel markierbar, steifer als PE LD, unzerbrechlich	Polyethylen hart
3	PP	0,91	helle Flamme mit blauem Kern, tropft brennend, Geruch paraffinartig, Dämpfe kaum sichtbar	nicht mit dem Fingernagel markierbar, unzerbrechlich	Polypropylen
4	PS	1,05	gelbe Flamme, rußt stark, riecht süßlich nach Leuchtgas, tropft brennend	spröde, klingt metallisch blechern, wird von Tetrachlorkohlenstoff angelöst	Polystyrol
5	SB	1,05	gelbe Flamme, rußt stark, riecht nach Leuchtgas und Gummi, tropft brennend	nicht so spröde wie PS, wird von Tetrachlorkohlenstoff angelöst	Polystyrol schlagfest
6	SAN	1,06	gelbe Flamme, rußt stark, riecht nach Leuchtgas, tropft brennend	zäh-elastisch, wird von Tetrachlorkohlenstoff nicht angelöst	Styrol-Acryl-Nitril-Copolymer
7	ABS	1,06 bis 1,12	gelbe Flamme, rußt stark, riecht nach Leuchtgas	zäh-elastisch, wird von Tetrachlorkohlenstoff nicht angelöst, klingt dumpf	Acrylnitril-Butadien-Styrol-Copolymer
8	PVC U	1,38	schwer entflammbar, verlischt nach Entfernen der Flamme, riecht stechend nach Salzsäure, verkohlt	klingt scheppernd	Polyvinylchlorid hart
9	PVC P	1,20 bis 1,35	je nach Weichmacher besser brennbar als PVC h, riecht nach Salzsäure mit Beigeruch, verkohlt	gummiartig flexibel, klanglos	Polyvinylchlorid weich
10	PTFE	2,20	unbrennbar, bei Rotglut stechender Geruch	wachsartiger Griff	Polytetrafluorethylen
11	PMMA	1,18	leuchtende Flamme, fruchtiger Geruch, knistert, tropft	uneingefärbt glasklar, klingt dumpf	Polymethylmethacrylat
12	POM	1,41	bläuliche Flamme, tropft, riecht nach Formaldehyd	unzerbrechlich, klingt scheppernd	Polyoxymethylen
13	CA	1,31	gelbe sprühende Flamme, tropft, riecht nach Essigsäure und verbranntem Papier	angenehmer Griff, klingt dumpf	Celluloseacetat

Nr.	Kurz-zeichen	Dichte g/cm³	Brennverhalten	Sonstige Merkmale	Werkstoff
14	CAB	1,19	gelbe sprühende Flamme, tropft brennend, riecht nach ranziger Butter	klingt dumpf	Cellulose-acetobutyrat
15	PC	1,20	gelbe Flamme, erlischt nach Wegnahme der Flamme, rußt, riecht nach Phenol	zäh-hart, unzerbrech-lich, klingt scheppernd	Polycar-bonat
16	PA	1,04 bis 1,15	blaue Flamme mit gelblichem Rand, tropft fadenziehend, riecht nach verbranntem Horn	zäh-elastisch, klingt dumpf	Polyamid
17	PF	1,40	schwer entflammbar, gelbe Flamme, verkohlt, riecht nach Phenol und verbranntem Holz	spröde	Preßmasse Typ 31 (Holzmehl)
18	PF	1,30 bis 1,40	schwer entflammbar, gelbe Flamme, verkohlt (Trennung der Schichten), riecht nach Phenol und verbranntem Zell-stoff	schwer zerbrechlich	Schichtpreß-stoff Hartpapier (Hp)
19	PF	1,30 bis 1,40	schwer entflammbar, gelbe Flamme, verkohlt (Trennung der Schichten), riecht nach Phenol und verbranntem Zell-stoff	schwer zerbrechlich	Schichtpreß-stoff Hartgewebe (Hgw)
20	UF	1,50	schwer entflammbar, ver-kohlt mit weißen Kanten, riecht nach Ammoniak	spröde	Preßmasse Typ 131 (Zellstoff)
21	MF	1,50	schwer entflammbar, ver-kohlt mit weißen Kanten, riecht nach Ammoniak	spröde	Preßmasse Typ 152 (Zellstoff)
22	PF + MF	1,40	schwer entflammbar, ver-kohlt mit weißen Kanten, riecht nach Phenol, Ammo-niak und verkohltem Papier	spröde	dekorativer Schichtpreß-stoff
23	UP	2,00	leuchtende Flamme, verkohlt, rußt, riecht nach Styrol, Glas-faserrückstand	spröde	Preßmasse Typ 802 (kurze Glas-fasern und Gesteins-mehl)
24	UP	1,35	leuchtende Flamme, verkohlt, rußt, riecht nach Styrol, Glas-faserrückstand	schwer zerbrechlich	GFK-Laminat
25	PUR	1,26	gelbe Flamme, stark stechen-der Geruch	unzerbrechlich	Polyurethan, gummi-elastisch

241

sollte man hierbei die anderen Halogene Brom und Jod, die eine gleiche Färbung hervorrufen (Brom von flammhemmenden Zusätzen).

Tabelle 5.6 ist in Anlehnung an die Kunststoffbestimmungstafel erstellt worden und zeigt in übersichtlicher Form die wichtigsten Unterscheidungsmerkmale gebräuchlicher Kunststoffe.

6 Grundlagen der Kunststoffprüfung

6.1 Verarbeitungseigenschaften von Formmassen

Der Kunststoffverarbeiter braucht für das Verarbeiten der Formmassen die Gewähr, daß diese möglichst immer in gleicher Qualität vorhanden sind. Es ist deshalb für den Verarbeiter wichtig, eine eigene Eingangskontrolle vorzunehmen, um z. B. geforderte Abnahmespezifikationen einzuhalten. Genauso wichtig ist es, Prüfprotokolle von den verarbeiteten Formmassen anzulegen.

> Eingangskontrolle heißt also, den Rohstoff auf seine Verarbeitungseigenschaften hin zu untersuchen.

Die wichtigste Kenngröße einer Kunststoff-Formmasse ist die Fließfähigkeit der Schmelze, die in einer Charge möglichst gleichmäßig sein soll.

6.1.1 Schmelzindexprüfung (DIN EN ISO 1133)

Die Schmelzindexprüfung ist eine genormte Prüfmethode zur schnellen quantitativen Bestimmung der Fließeigenschaften thermoplastischer Formmassen. In der Internationalen Norm ISO 1133 wird der Schmelzindex als melt flow rate (MFR) bezeichnet.

> Der Schmelzindex gibt diejenige Masse einer Thermoplastschmelze in Gramm an, die innerhalb von 10 Minuten bei festgelegter Kolbenkraft und Massetemperatur durch eine genormte Düse gedrückt wird.

Das Prüfgerät besteht aus einem senkrecht stehenden Zylinder, der auf konstante Temperatur beheizt wird und im unteren Ende von der Düse abgeschlossen wird. Die zu prüfende Masse (etwa 6 g) wird in den Zylinder gegeben. Ein Kolben mit aufgesetztem Gewicht (Tabelle 6.1) drückt die Masse durch die Düse (Bild 6.1).

Das erste austretende Strangstück wird verworfen. Ist die Schmelze blasenfrei, werden Abschnitte in konstanten Zeitabständen mit dem Spatel (Messer) abgetrennt und gewogen. Diese Prüfung ist besonders geeignet für die Polyolefine (PE, PP), kann aber auch bei Thermoplasten angewandt werden, die eine relativ zähe Schmelzviskosität besitzen und in der Schmelze hinreichend thermostabil sind, z. B. PS und SAN.

Die Meßergebnisse bei gleichen Materialreihen lassen Rückschlüsse auf das mittlere Molekülgewicht zu. Ein hoher Schmelzindex bedeutet leichte Fließfähigkeit und niedrigen Polymerisationsgrad.

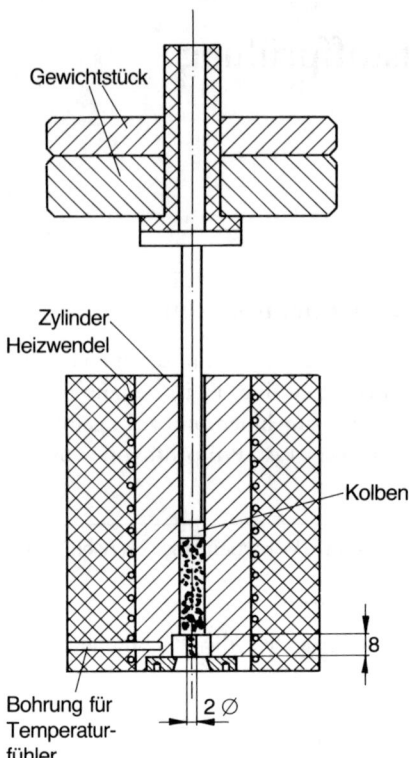

Gewichtstück

Zylinder
Heizwendel

Kolben

8

Bohrung für
Temperatur-
fühler

2 ∅

Bild 6.1
Prüfgerät zur Bestimmung des Schmelzindex

Neben dem Schmelzindex (MFR) gibt es auch den Volumen-Fließindex (MVR: melt volume rate) mit der Einheit $cm^3/10$ min. Dieser erweist sich z. B. beim Vergleich von gefüllten und ungefüllten Thermoplasten als nützlich.

Zur Erfassung des Fließverhaltens von Kunststoffschmelzen in praxisnahen Schergeschwindigkeitsbereichen reicht die Bestimmung des Schmelzindex-Wertes nicht mehr aus, weil die erzielbaren Schergeschwindigkeiten sehr niedrig sind. So ist es möglich, daß zwei Formmassen zwar denselben Schmelzindex-Wert haben, aber bei der Verarbeitung völlig unterschiedliches Verhalten zeigen.

Tabelle 6.1 Auszug aus Tabelle 4 der DIN EN ISO 1133: Codierung der Prüfbedingungen

Prüfvorschrift	Prüfbedingungen	
ISO 1133	Temperatur [°C]	Belastung [kg]
1	250	2,16
6	190	10,00
12	230	2,16
18	190	5,00
21	300	1,20

244

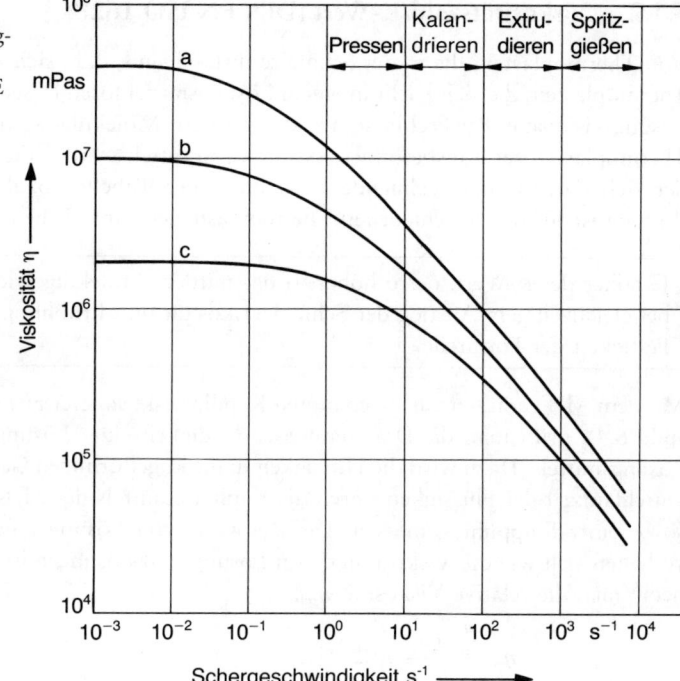

Bild 6.2
Viskosität in Abhängigkeit von der Schergeschwindigkeit für PE niedriger Dichte bei einer Temperatur von 150 °C
MFI: a) 1,2 bis 1,7
b) 6 bis 9
c) 17 bis 22

Zur Erfassung von Fließeigenschaften bei höheren Schergeschwindigkeiten werden Kapillarrheometer eingesetzt, mit denen genauere Aussagen über das Fließverhalten von Kunststoffschmelzen gemacht werden können.

Die Ursache für das komplexe Fließverhalten ist, daß sich Kunststoffschmelzen nicht wie ideale Flüssigkeiten verhalten. Das heißt, die Viskosität ist nicht konstant, sondern von der Schergeschwindigkeit abhängig (Bild 6.2).

Für die Praxis haben sich aber auch andere einfache Meßmethoden zur Erfassung von Fließeigenschaften behauptet, so z. B. das Arbeiten mit dem Meßkneter (Plastograph) und der Spiraltest.

Während beim Plastographen das Drehmoment eines Knetquirls auf einen Registrierstreifen aufgetragen wird und man damit den Viskositätsverlauf über einen gewissen Zeitraum erfassen kann, wird beim Spiraltest die Fließfähigkeit hauptsächlich von Spritzgußmassen ermittelt.

Für den Spiraltest benötigt man eine Spritzgießmaschine und ein Werkzeug mit einem vom Anguß ausgehenden spiralförmigen Kanal. Die Fließlänge wird durch Markierungspunkte (5 cm Abstand) angezeigt (Bild 6.3).

Beide Meßmethoden liefern keine exakten physikalischen Werte, sind aber für vergleichende betriebsinterne Kontrollen ausreichend.

6.1.2 Viskositätszahl/K-Wert (DIN EN ISO 1628)

Von Thermoplasten, die in der Schmelze instabil sind, d. h. sich zersetzen, sowie von Thermoplasten, die sich leicht in einem Lösungsmittel lösen lassen, kann man über die Lösungsviskosität Rückschlüsse auf das mittlere Molekülgewicht ziehen. Zu diesen Thermoplasten zählt insbesondere das PVC. Ermittelt werden die Viskositätszahl und der sich daraus zu errechnende bzw. aus einer Tabelle abzulesende K-Wert. Die Prüfung ist für die verschiedenen Thermoplaste genormt (Tabelle 6.2).

> Je höher der K-Wert, desto höher ist das mittlere Molekülgewicht des Kunststoffs bei gleichzeitigem Anstieg der Schmelzviskosität und Erhöhung der mechanischen Festigkeit der Formteile.

Mit dem Meßgerät, einem sogenannten Kapillarviskosimeter aus Glas von Ubbelohde (Bild 6.4), prüft man die Durchlaufgeschwindigkeit einer Lösung und die des reinen Lösungsmittels. Dazu wird die Flüssigkeit in die kugelförmigen Gefäße gesaugt und die Durchlaufzeit der Flüssigkeit durch die Kapillare mittels der Meßmarken M_1 und M_2 sowie einer Stoppuhr gemessen. Die Zeitwerte von Lösung t und Lösungsmittel t_0 verhalten sich wie die Viskositäten von Lösung und Lösungsmittel. Ihren Quotienten nennt man die relative Viskosität η_{rel}.

$$\eta_{rel} = \frac{\eta_{Ls}}{\eta_{Lsm}} = \frac{t}{t_0}$$

Tabelle 6.2 Arbeitsbedingungen zur Bestimmung der Viskositätszahl und des K-Werts

Kunststoff	Vorschrift	Konzentration [g/100 ml]	Tempera-tur [°C]	Lösungsmittel
Celluloseacetat	DIN 53728 Bl. 1	0,5	25	90% Dichlormethan und 10% Methanol
Polyamide	DIN 53727	0,5	25	Ameisensäure oder m-Kresol oder Schwefelsäure
Polyethylen	ISO/R 1191	0,1 (0,5; 0,02)	135	Dekahydronaphthalin
Polyethylenterephthalat	ISO/R 1228	1,0	25	o-Chlorphenol
Polycarbonat	DIN 7744	0,5	25	Methylenchlorid
Polymethylmethacrylat	DIN 7745	–	25	Chloroform
	ISO/DR 824	0,5	20	Chloroform
Polypropylen	ISO/R 1191	0,1 (0,5; 0,02)	135	Dekahydronaphthalin
Polystyrol	DIN 7741	0,5	25	Toluol
Polyvinylchlorid	DIN 53726	0,5	25	Cyclohexanon
Polyvinylchlorid-copolymerisate	DIN 53726	0,5	25	Cyclohexanon
Styrol-Acrylnitril-copolymerisate		0,5	25	Dimethylformamid

246

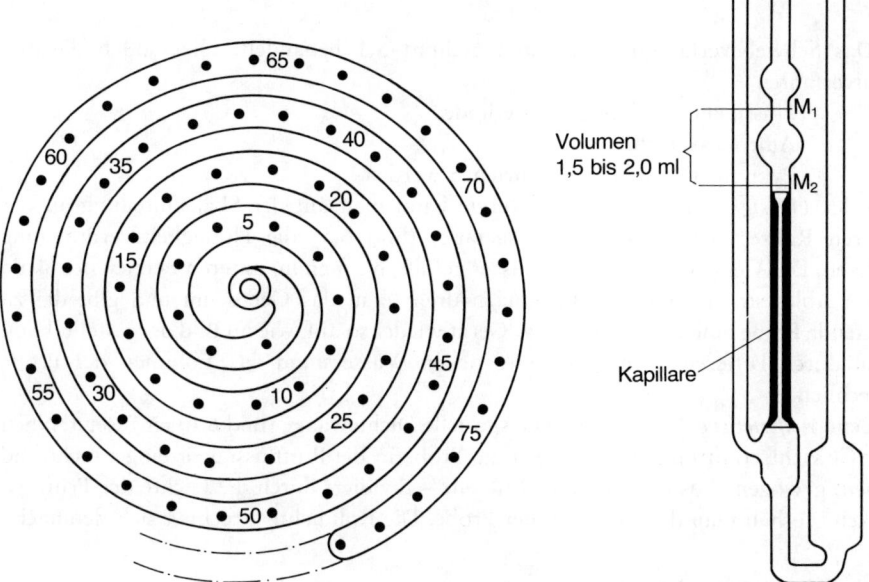

Bild 6.3
Spritzgußteil vom Spiraltestwerkzeug

Bild 6.4
Kapillarviskosimeter von Ubbelohde

Mit der relativen Viskosität und der Konzentration der Lösung kann man den K-Wert aus der Tabelle nach DIN EN ISO 1628 für PVC entnehmen.

Die Viskositätszahl (I) wird nach folgender Formel berechnet:

$$I = \frac{t - t_0}{t_0 \cdot c}$$

Es bedeuten: t = Durchlaufzeit der Lösung
                 t_0 = Durchlaufzeit des Lösungsmittels
                 c = Massenkonzentration in g/cm^3

6.1.3   Bestimmung der Rohdichte (DIN 53479)

Die Rohdichte (ϱ) ist der Quotient von Masse und Volumen:

$$\varrho = \frac{\text{Masse}}{\text{Volumen}} \left[\frac{\text{g}}{\text{cm}^3} \right]$$

Neben der Ermittlung der Dichte von Kunststoff-Formmassen dient diese Prüfung auch dazu, Unregelmäßigkeiten im Formteil, z. B. Lunker, festzustellen.
   Zur Bestimmung der Rohdichte werden in DIN 53479 mehrere Verfahren genannt.

Das Schwebeverfahren wurde in Abschnitt 5.1 behandelt. Hier sollen die drei Prüfverfahren

       Flüssigkeitsverdrängungsmethode,

       Auftriebsverfahren und

       Pyknometermethode beschrieben werden.

Bei der *Flüssigkeitsverdrängungsmethode* kann man auf der Skalaeinteilung an der oberen Röhre eines speziellen Glasgefäßes (Bild 6.5) die Flüssigkeitsverdrängung ablesen. Das Gerät wird z. B. mit Wasser gefüllt, bis man im unteren Bereich der Skala einen Ablesestrich erreicht hat. Danach dreht man das Gefäß um und gibt die zu prüfende Probe hinein. Stellt man das Gerät wieder so auf, wie im Bild dargestellt, kann man durch Differenz vom alten und neuen Wasserstand das Volumen der Probe errechnen.

Beim *Auftriebsverfahren* wird eine spezielle Dichtewaage (Bild 6.6) eingesetzt. Nach der Gewichtsermittlung in Luft wird die Probe in die Prüfflüssigkeit eingetaucht und erneut gewogen. Aus der Gewichtsdifferenz – dividiert durch die Dichte der Prüfflüssigkeit – erhält man das Volumen der Probe. Die Rohdichte errechnet sich demnach:

$$\varrho \;=\; \frac{m_1 \cdot \varrho_F}{m_1 - m_2}\left[\frac{\mathrm{g}}{\mathrm{cm}^3}\right]$$

Es bedeuten: m_1 = Masse der Probe,

               m_2 = Masse der Probe minus Masse der verdrängten Flüssigkeit,

                     d. h. Probe in Flüssigkeit gewogen,

               ϱ_F = Dichte der Prüfflüssigkeit.

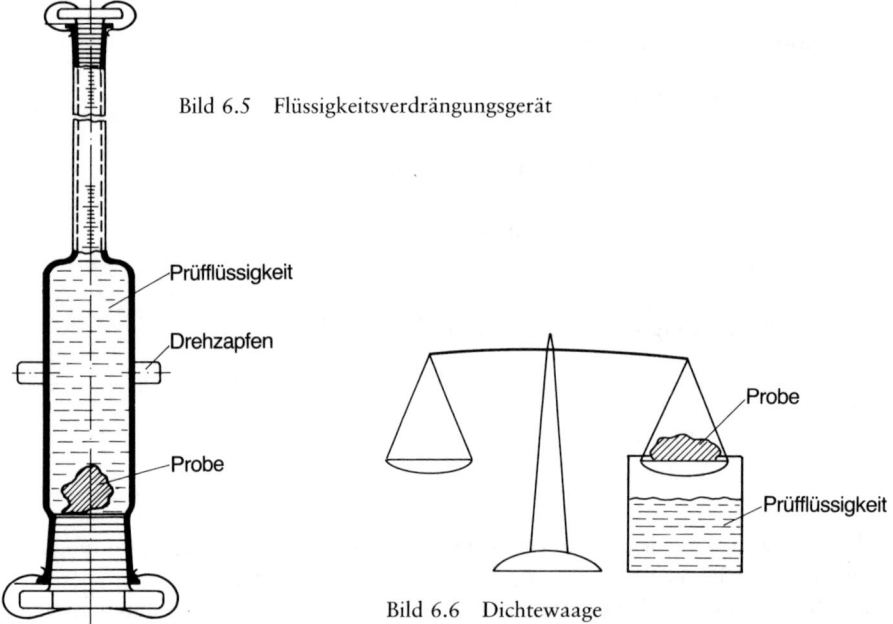

Bild 6.5   Flüssigkeitsverdrängungsgerät

Prüfflüssigkeit

Drehzapfen

Probe

Probe

Prüfflüssigkeit

Bild 6.6   Dichtewaage

248

Bild 6.7 Pyknometer

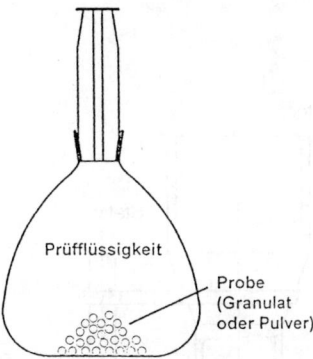

Prüfflüssigkeit

Probe
(Granulat
oder Pulver)

Die Rohdichteprüfung mit dem *Pyknometer* bedient sich ebenfalls des Prinzips der Flüssigkeitsverdrängung. Das Glasgefäß (Bild 6.7) besitzt einen Stopfen mit Kapillare, aus der überschüssige Prüfflüssigkeit abfließen kann, so daß sich über Gewichtsdifferenzen von Gefäß mit und ohne Probe, mit Prüfflüssigkeit sowie mit Probe plus Prüfflüssigkeit die Rohdichte errechnen läßt.

$$\varrho = \frac{m_1 \cdot m_3}{(m_3 - m_4) \cdot V} \left[\frac{g}{cm^3}\right]$$

Es bedeuten: m_1 = Masse der Probe,

m_3 = Masse der Prüfflüssigkeit,

m_4 = Masse der Prüfflüssigkeit mit der Probe,

V = Volumen des Pyknometers.

6.1.4 Scheinbare Dichte (DIN EN ISO 60 = Schüttdichte) (DIN EN ISO 61 = Stopfdichte), Füllfaktor (DIN ISO 171)

Für den Kunststoffverarbeiter sind Schütt- und Stopfdichte auch wichtige Verarbeitungskenndaten. So geben sie z. B. an, welches Aufnahmevermögen Silos oder Trichter für die Gewichtsmenge besitzen, welche Schneckengeometrie für die Verarbeitung am geeignetsten ist oder wie tief die Werkzeughöhlung zu sein hat.

> Die *Schüttdichte* ist die lose geschüttete Menge, die in einen Becher von 100 cm³ Volumen hineingeht.

Damit die Prüfung unter vergleichbaren Einfüllbedingungen vorgenommen wird, bedient man sich eines verschließbaren Trichters mit definierten Abmessungen und eines 100-cm³-Bechers (Bild 6.8). Es werden etwa 120 cm³ aus dem Trichter abgelassen. Die überschüssige Menge streicht man mit dem Messer bündig ab. Der Inhalt wird dann gewogen und die Schüttdichte in g/cm³ angegeben.

  Die *Stopfdichte* wird an Formmassen bestimmt, die nicht durch den Trichter zur Bestimmung der Schüttdichte gebracht werden können, z. B. langfaserige und schnitzelartige Formmassen.

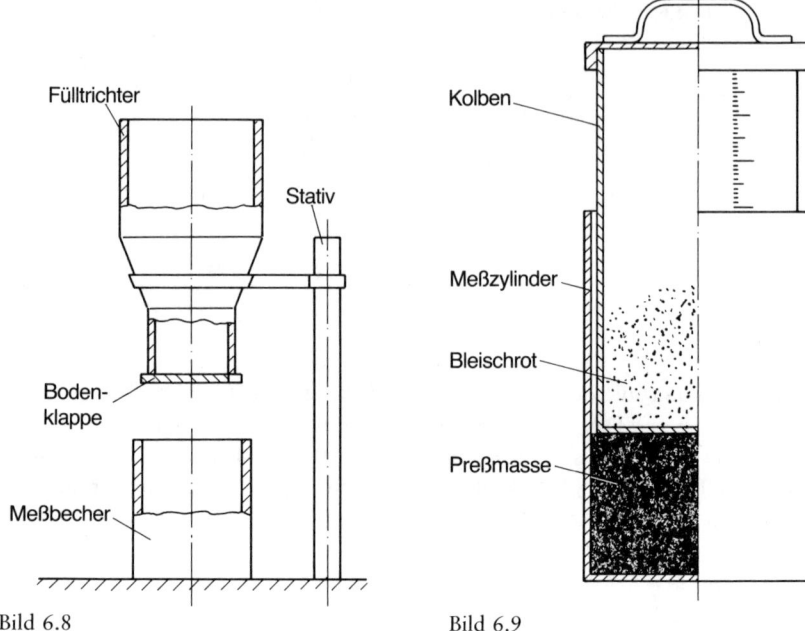

Bild 6.8
Prüfgerät zur Bestimmung der Schüttdichte

Bild 6.9
Gerät zur Bestimmung der Stopfdichte

> Die Stopfdichte einer Formmasse in g/cm^3 ist der Quotient aus der Masse und dem Volumen, das die in bestimmter Weise verdichtete Formmasse einnimmt.

Zum Verdichten setzt man ein Gerät ein, wie es in Bild 6.9 dargestellt ist. Der Meßzylinder von 1000 cm^3 Inhalt wird mit 60 g Masse gefüllt. Danach setzt man den Kolben auf und liest nach einer Minute die Höhe der Probenmenge bzw. die Stopfdichte direkt an der Kolbenskala ab.

> Der *Füllfaktor* nach DIN ISO 171 ist der Quotient aus Rohdichte und Schüttdichte bzw. Stopfdichte, er ist immer ≥ 1.

Er spielt dann eine Rolle, wenn der Füllraum eines Formwerkzeugs (z. B. zum Pressen) nicht beliebig groß gewählt werden kann, also ein bestimmtes Mindestschüttgewicht eingehalten werden muß.

6.1.5   Rieselfähigkeit (DIN EN ISO 6186)

Die Rieselfähigkeit wird für pulvrige und körnige Kunststoff-Formmassen durch Ermitteln der Rieselzeit mittels eines Trichters mit festgelegten Abmessungen (Bild 6.10) bestimmt. Der Trichter hat drei verschiedene auswechselbare Düsen mit 10, 15 oder

25 mm Auslaßdurchmesser. Die Einwaage beträgt in der Regel 150 g. Die Auslaufzeit wird mit einer Stoppuhr gemessen.

Die Rieselfähigkeit dient dazu, die Gleichmäßigkeit verschiedener Lieferungen insbesondere für automatische Verarbeitung zu kontrollieren.

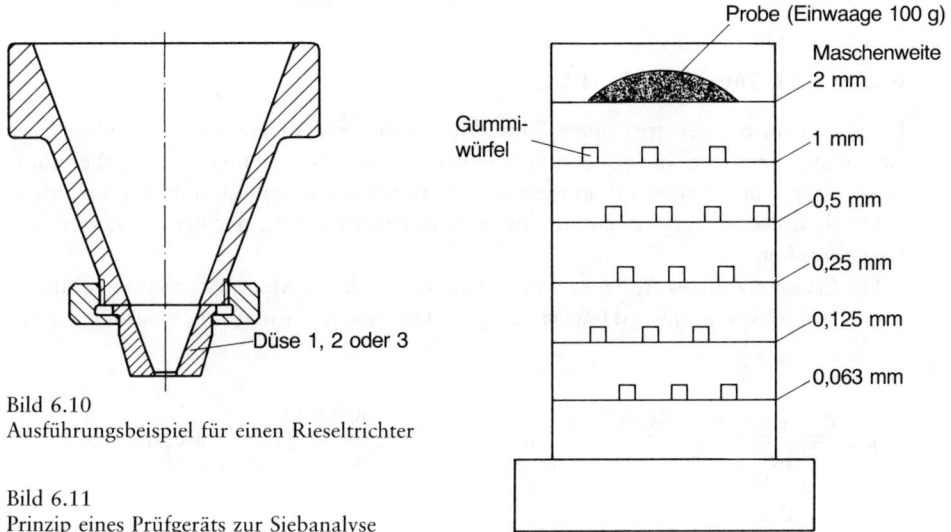

Bild 6.10
Ausführungsbeispiel für einen Rieseltrichter

Bild 6.11
Prinzip eines Prüfgeräts zur Siebanalyse

6.1.6 Korngröße und Kornverteilung (DIN 53477)

Auch hier dient die Prüfung der Überwachung gleichmäßiger Lieferungen insbesondere für körnige Duroplastpreßmassen. Die Durchführung nach DIN 53477 erfolgt durch Siebanalyse in sechs Siebschalen mit unterschiedlichen Maschenweiten für die Siebböden (Bild 6.11).

Die Auswertung des Kornverteilungsspektrums kann entweder direkt oder nach ROSIN-RAMMLER in einem doppelt logarithmischen Körnungsnetz erfolgen. Bei zuletzt genannter Methode entsteht eine Gerade, aus deren Steilheit auf die Gleichmäßigkeit der Kornverteilung geschlossen werden kann.

6.1.7 Flüchtige Bestandteile

In Kunststoff-Formmassen sind in der Regel flüchtige Bestandteile wie Wasser, Lösungsmittel und andere niedermolekulare Substanzen enthalten. Zur quantitativen Ermittlung dieser Anteile wird eine Probemenge von etwa 10 g bei 110 °C 60 Minuten in einem Wärmeschrank gelagert.

Nach erfolgter Abkühlung der Probe im Exsikkator wird die Gewichtsdifferenz ermittelt und in % angegeben.

Bestimmung der Feuchte (Wassergehalt) mit dem AQUATRAC: Bei dieser Methode wird in einem geschlossenen, vorher evakuierten Gefäß Kunststoffmasse erhitzt. Der bei der Erwärmung freiwerdende Wasserdampf reagiert mit Calciumhydrid. Dabei entsteht Wasserstoffgas. Der Gasdruck ist der enthaltenen Wassermenge proportional und kann direkt in % Wassergehalt am Gerät abgelesen werden. Es sind Prüfzeiten von 10 bis 35 Minuten je nach Material und Feuchte erforderlich.

6.1.8 Thermostabilität (PVC)

Bei allen Kunststoffen tritt unter Einwirkung höherer Temperaturen ein thermischer Abbau auf. Tritt eine solche Veränderung bereits unter Einwirkung der Verarbeitungstemperaturen und -zeiten auf, müssen diese Formmassen thermisch stabilisiert werden.

Ein thermisch besonders empfindlicher Kunststoff ist PVC, das bei der Zersetzung HCl abspaltet.

Die Erfassung dieses Abbaues von PVC läßt sich durch Messen der sauren Dämpfe nach DIN 53381 mittels pH-Wert oder Indikatorpapier (Kongorot) realisieren (Bild 6.12).

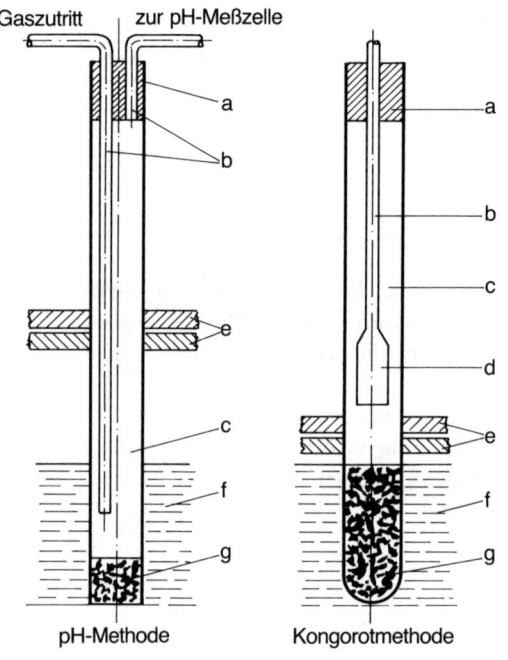

Bild 6.12
Probengefäß zur Bestimmung
der thermischen Stabilität

a Stopfen
b Glasrohr
c Reagenzglas
d Kongorotpapier
e Wärmeabschirmung
f Heizbad
g Probe

6.2 Mechanische Eigenschaften

6.2.1 Zugversuch (DIN EN ISO 527)

Das Verfahren wird verwendet, um das Zugverformungsverhalten von Probekörpern zu untersuchen. Die Probekörper werden entweder durch Urformverfahren, z.B. Spritzgießen, oder aus Fertigteilen und Halbzeug herausgearbeitet. In einer Zugprüfmaschine erfolgt der Versuch bei konstanter Geschwindigkeit bis zum Bruch oder bis die Spannung (Kraft) oder Dehnung (Längenänderung) einen vorgegebenen Wert erreicht.

Die Zugfestigkeit und andere Merkmale sind aus dem Spannungs-Dehnungs-Diagramm (Bild 6.13) zu ersehen.

Charakteristische Größen, die im wesentlichen im Diagramm enthalten sind, sollen nachfolgend erklärt werden:

☐ *Spannung* σ ist die auf die Anfangsquerschnittsfläche innerhalb der Meßlänge bezogene Zugkraft am Probekörper zu jedem beliebigen Zeitpunkt des Versuchs. Einheit: MPa.

☐ *Streckspannung* σ_Y (yield stress) ist der erste Spannungswert, bei dem ein Zuwachs der Dehnung ohne Steigerung der Spannung auftritt.

☐ *Bruchspannung* σ_B ist die Spannung, bei der der Bruch des Probekörpers erfolgt.

☐ *Zugfestigkeit* σ_M ist die Maximalspannung, die der Probekörper während eines Zugversuchs trägt.

☐ *Dehnung* ε ist die auf die ursprüngliche Länge bezogene Änderung der Meßlänge. Einheit: ohne Dimension oder %.

☐ *Streckdehnung* ε_Y ist die Dehnung bei der Streckspannung.

☐ *Bruchdehnung* ε_B ist die Dehnung bei der Bruchspannung, wenn der Bruch vor Erreichen eines Streckpunktes erfolgt.

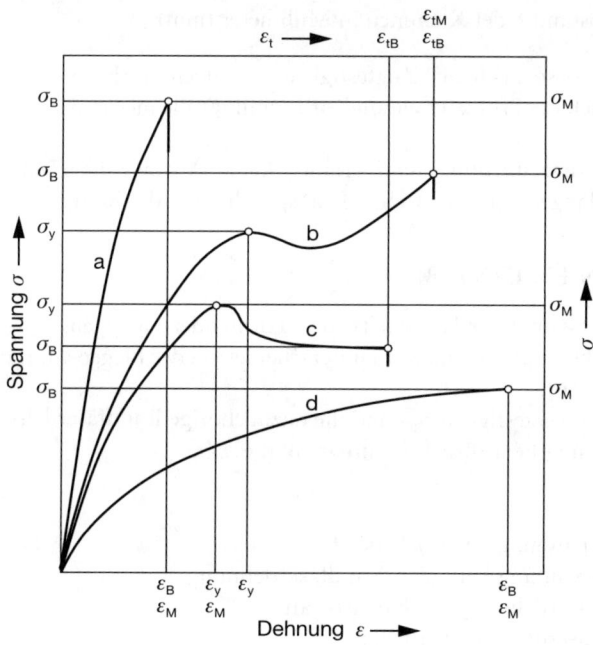

Bild 6.13 Spannungs-Dehnungs-Kurven bei Kunststoffen
Kurve a z.B. für PS
Kurven b und c z.B. für PA, PE, PP
Kurve c z.B. für PVC-P
Kurve d z.B. NBR, SBR

253

☐ *Dehnung bei der Zugfestigkeit* ε_M ist die Dehnung bei der Maximalfestigkeit, wenn diese ohne oder im Streckpunkt erfolgt.

☐ *Nominelle Dehnung* ε_t ist die maximal mögliche Dehnung, d.h. die totale Verlängerung in der freien Einspannlänge des Probekörpers. Sie wird verwendet für Dehnungen jenseits eines Streckpunktes (z.B. PE, PP, PA).

☐ *Nominelle Bruchdehnung* $\varepsilon_{t\,B}$ ist die Dehnung bei der Bruchspannung, wenn der Probekörper jenseits eines Streckpunktes bricht.

☐ *Nominelle Dehnung bei der Zugfestigkeit* $\varepsilon_{t\,M}$ ist die Dehnung bei der Zugfestigkeit, wenn diese jenseits eines Streckpunktes auftritt.

Spannungsberechnung: $\qquad \sigma = \dfrac{F}{A} \ (MPa)$

$\quad F \quad$ betreffende gemessene Kraft in Newton [N]
$\quad A \quad$ Anfangsquerschnittsfläche in Quadratmillimeter [mm]

Dehnungsberechnung: $\qquad \varepsilon = \dfrac{\Delta L_o}{L_o} \cdot 100 \ (\%)$

$\quad L_o \quad$ Meßlänge am Probekörper in Millimeter (mm)
$\quad \Delta L_o \quad$ Vergrößerung der Probekörperlänge zwischen den Meßpunkten in Millimeter (mm)

Nominelle Dehnung: $\qquad \varepsilon_t = \dfrac{\Delta L}{L} \cdot 100 \ (\%)$

$\quad L \quad$ Anfangsabstand der Klemmen in Millimeter (mm)
$\quad \Delta L \quad$ Verlängerung des Abstandes der Klemmen in Millimeter (mm)

Die mechanischen Kennwerte – so auch die Zugfestigkeit – hängen stark von der Temperatur ab (Bild 6.14). Auch die Prüfgeschwindigkeit beeinflußt die mechanischen Werte, wie Bild 6.15 zeigt.

Der Zugversuch ist eine Kurzzeitprüfung und erlaubt keine Aussage über das Verhalten des Werkstoffs bei längerer mechanischen Beanspruchung (Abschnitt 6.7).

6.2.2 Biegeversuch (DIN EN ISO 178)

Der Biegeversuch dient der Erfassung der Festigkeits- und Formänderungseigenschaften von Kunststoffen bei Biegebeanspruchung. Man unterscheidet bei der Biegeprüfung zwei Prüfanordnungen (Bild 6.16).

Im Biegeversuch werden die Biegefestigkeit σ_{bB} und die dazugehörige Randfaserdehnung sowie die Randfaserdehnung beim Bruch ermittelt (Bild 6.17).

In Bild 6.17 bedeuten:

$\quad \sigma_{bB} \ =$ Biegespannung bei Höchstkraft
$\quad \sigma_{b\,3,5} =$ Biegespannung bei 3,5% Randfaserdehnung
$\quad \varepsilon_{bB} \ =$ Randfaserdehnung bei Höchstkraft
$\quad \varepsilon_{bR} \ =$ Randfaserdehnung bei Bruch

254

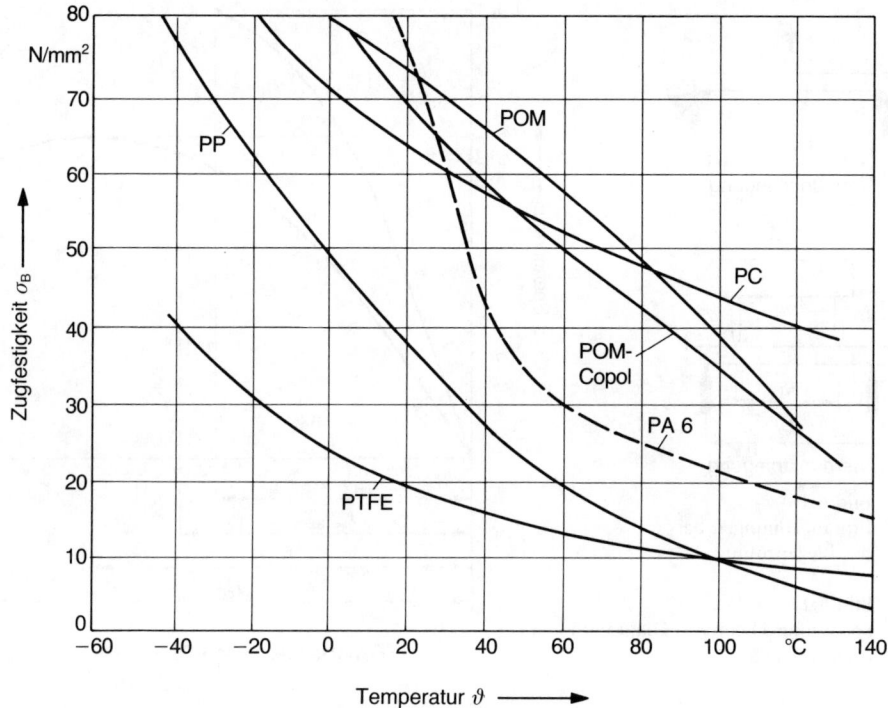

Bild 6.14   Abhängigkeit der Zugfestigkeit von der Temperatur bei einigen Kunststoffen

Bild 6.15
Einfluß der Prüfgeschwindigkeit
(Belastungszeit) auf Zugfestigkeit und
Dehnung

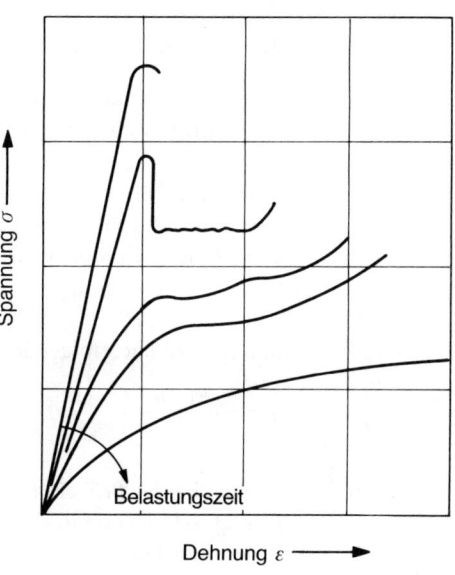

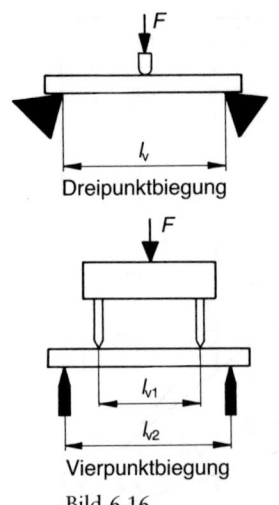

Dreipunktbiegung

Vierpunktbiegung

Bild 6.16
Prüfanordnungen bei
der Biegeprüfung

Bild 6.17
Spannungs-Dehnungs-Diagramm
(Biegeversuch)

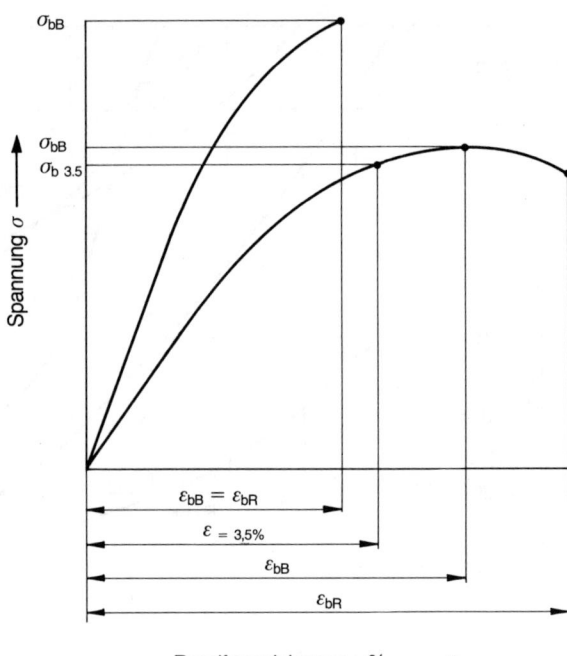

Die Biegespannung wird nach folgender Gleichung errechnet (Dreipunktbiegung):

$$\sigma_b = \frac{M_B}{W}$$

$$M_B = \text{Biegemoment} = \frac{F \cdot l_v}{4} \ [\text{Nmm}]$$

$$W = \text{Widerstandsmoment} = \frac{b \cdot h^2}{6} \ [\text{mm}^3]$$
$$\text{(für Rechteckquerschnitt)}$$

Es bedeuten: F = Kraft [N]
b = Dicke des Probekörpers [mm]
h = Höhe des Probekörpers [mm]
l_v = Stützweite [mm]

Die Randfaserdehnung wird nach folgender Gleichung berechnet (Dreipunktbiegung):

$$\varepsilon = \frac{600 \cdot h \cdot f}{l_v^2}$$

Es bedeuten: h = Höhe des Probekörpers [mm]
f = Durchbiegung in der Mitte [mm]
l_v = Stützweite [mm]

256

Bild 6.18
Schematische Darstellung des
technologischen Biegeversuchs

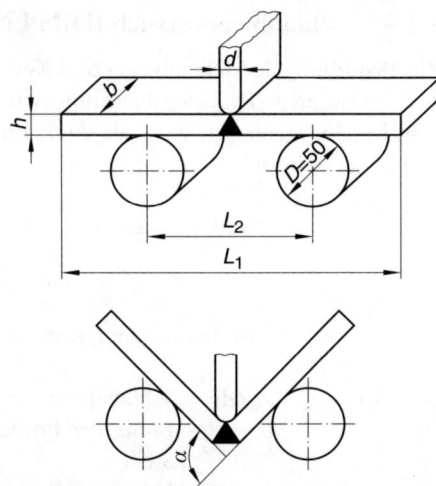

Eine Sonderform der Biegeprüfung ist der technologische Biegeversuch (DVS-Richtlinie 2203 Teil 5). Der erreichte Biegewinkel bei Höchstkraft vor dem Eintritt eines Anrisses oder Bruches der Probe liefert eine qualitative Beurteilung der Schweißnaht (Bild 6.18).

In der DVS-Richtlinie 2212 «Prüfung von Kunststoffschweißern» sind die zu erreichenden Biegewinkel in Abhängigkeit von Material, Schweißverfahren und Halbzeugart (Rohr, Tafel) festgelegt. Derartige Prüfungen werden in der Regel beim Tiefbau, chemischen Apparatebau oder anderen Schweißkonstruktionen, die einer Abnahmepflicht unterliegen, gefordert. Die für die Arbeiten eingesetzten Schweißer müssen ebenfalls in Prüfungen nachweisen, daß sie die vorgeschriebenen Schweißnahtqualitäten einhalten können. Zu diesem Nachweis wird unter anderem auch der technologische Biegeversuch eingesetzt.

6.2.3 Bestimmung des Elastizitätsmoduls

Der Elastizitätsmodul (E-Modul) ist der Quotient aus der Spannung σ und der Dehnung ε:

$$E = \frac{\sigma}{\varepsilon} \ [\text{MPa}]$$

Die Bestimmung des Elastizitätsmoduls ist mit dem Zug-, Biege- oder Druckversuch möglich. Dabei ist darauf zu achten, daß nur sehr kleine Dehnungen bzw. Stauchungen oder Durchbiegungen aufgebracht werden, weil sonst der quasielastische Bereich mit seinen linearen Beziehungen verlassen wird und die Meßwerte nicht aussagekräftig sind. Es wird deshalb ein Sekantenmodul im Bereich von $\varepsilon_1 = 0,05\%$ und $\varepsilon_2 = 0,25\%$ bestimmt. Die Modulbestimmungen sind in den jeweiligen Normen für Zug-, Biege- und Druckversuch beschrieben.

Der E-Modul von Kunststoffen ist im Vergleich zu dem von Metallen relativ niedrig, kann jedoch durch Verstärkungsstoffe (z. B. Glasfasern) erheblich gesteigert werden.

257

6.2.4 Schlagbiegeversuch (DIN EN ISO 179)

Zur Ermittlung der Schlagbiege- und Kerbschlagbiegezähigkeit wird ein Pendelschlagwerk verwendet. Die Biegebelastung wird durch ein schwingendes Pendel plötzlich aufgebracht. Gemessen wird die zum Bruch führende Schlagarbeit, bezogen auf den Probenquerschnitt:

$$\text{Schlagzähigkeit} \qquad \alpha_n = \frac{A_n}{b \cdot h} \quad \left[\frac{kJ}{m^2} \text{ oder } \frac{mJ}{mm^2}\right]$$

$$\text{Kerbschlagzähigkeit} \quad \alpha_k = \frac{A_k}{b \cdot h} \quad \left[\frac{kJ}{m^2} \text{ oder } \frac{mJ}{mm^2}\right]$$

Es bedeuten: A_n/A_k = Schlagarbeit
b = Breite der Probe bei gekerbten Proben an der schwächsten Stelle
h = Höhe der Probe bei gekerbten Proben an der schwächsten Stelle

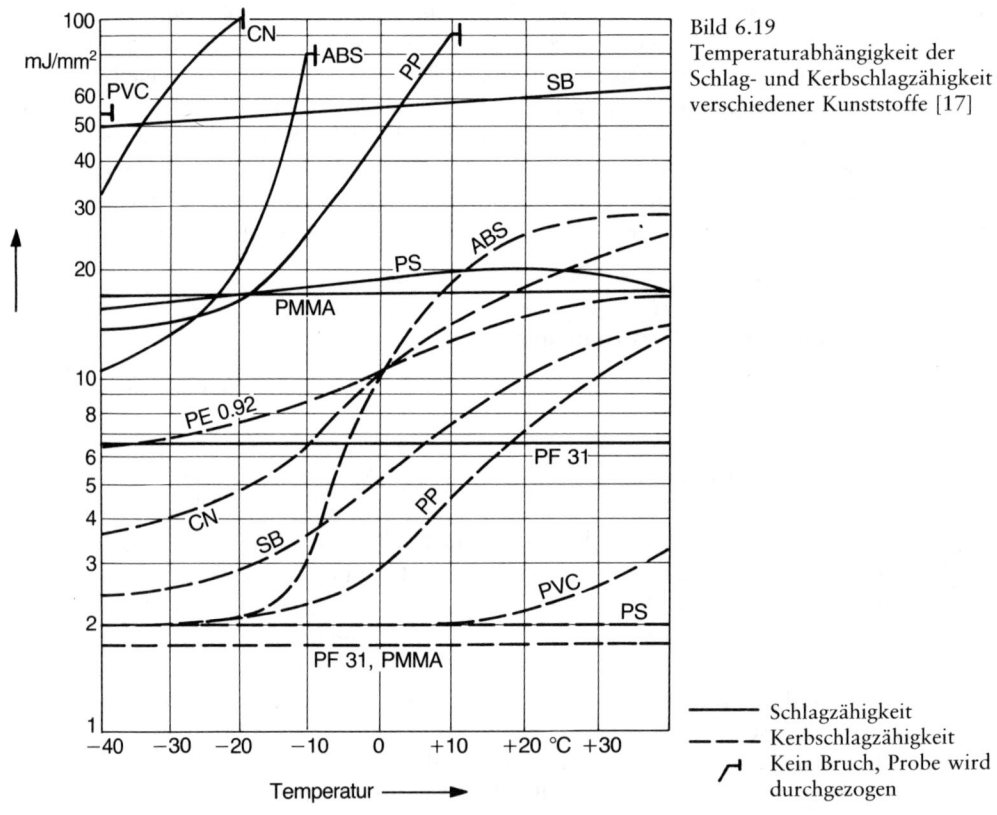

Bild 6.19
Temperaturabhängigkeit der Schlag- und Kerbschlagzähigkeit verschiedener Kunststoffe [17]

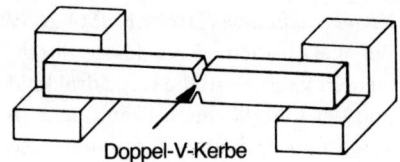

Bild 6.20
Prinzip des Kerbschlags

Doppel-V-Kerbe

Beim Bestimmen der Kerbschlagzähigkeit werden V-Kerben verwendet (Bild 6.20).

Eine wichtige Größe zur Charakterisierung der Kerbempfindlichkeit von Kunststoffen ist die relative Schlagzähigkeit in %:

$$\alpha_{\text{rel}} = \frac{\alpha_{\text{k}}}{\alpha_{\text{n}}} \cdot 100\%$$

Auch die Schlagzähigkeit ist stark temperaturabhängig (Bild 6.19).

Entsprechend der Schlagbiegeprüfung ist in DIN EN ISO 8256 eine Schlagzugprüfung festgelgt

6.2.5 Härteprüfungen

Härteprüfung nach Shore A und D (DIN EN ISO 868)
Unter Shore-Härte versteht man den Widerstand einer Probe gegen das Eindringen eines Körpers von bestimmter Form mit einer definierten Kraft.

Der Unterschied zwischen den Verfahren Shore A und D ist durch die Geometrie der Prüfnadeln gegeben (Bild 6.21).

Die Shore-Härte-Einheiten werden dimensionslos von 0 bis 100 angegeben. Das Verfahren A wird für weichere und das Verfahren D für härtere Werkstoffe angewendet.

Bild 6.21
Prüfnadeln Shore A und D

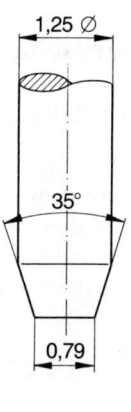

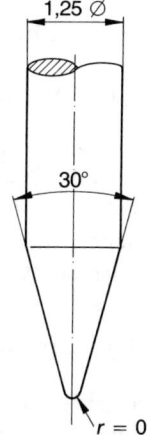

Prüfnadel Shore A   Prüfnadel Shore D

259

Kugeldruckhärte (DIN EN ISO 2039)

Bei Werkstoffen, deren Härte durch die Shore-Härte-Bestimmung nicht mehr erfaßt werden kann, wird die Kugeldruckhärte ermittelt. Sie ist der Quotient aus Prüfkraft (*F*) und der Oberfläche des Eindrucks (*A*), der durch eine Kugel mit einem Durchmesser von 5 mm nach einer bestimmten Zeit verursacht wurde.

$$\text{Kugeldruckhärte } H = \frac{F}{A} \quad \left[\frac{\text{N}}{\text{mm}^2}\right]$$

Die Oberfläche des Eindrucks wird mit Hilfe der Eindringtiefe der Kugel ermittelt und der dazugehörige Wert der Kugeldruckhärte in der DIN aus einer Tabelle (prüfkraftabhängig) entnommen. Die Kugeldruckhärte eignet sich besonders für harte Werkstoffe.

6.2.6 Bestimmung des Abriebs

Abriebangaben bei Kunststoffen sind immer dann wichtig, wenn sich Teile in direktem Kontakt zu anderen bewegen (Zahnräder, Gleitlager u. a.) oder umgekehrt (z. B. Bodenbeläge). Die meisten Kunststoffe weisen im Vergleich zu Metallen ein günstigeres Verschleißverhalten auf. Dabei spielen bei Kunststoffen folgende Faktoren eine Rolle:

☐ Scherfestigkeit, *E*-Modul,
☐ Oberflächenstruktur und -härte,
☐ äußere Bedingungen.

Der Abrieb kann nach unterschiedlichen Verfahren bestimmt werden; er wird entweder als Gewichtsverlust oder als Abnahme der Höhe eines Probekörpers ermittelt. Diese Verfahren ergeben Vergleichswerte. Es ist jedoch vielfach erforderlich, praxisnahe Verschleißuntersuchungen durchzuführen. Beispiele dafür sind Laufversuche an Reifen in der Gummiindustrie oder Reibversuche an PVC-Bodenbelägen.

6.3 Thermische Eigenschaften

6.3.1 Wärmeleitfähigkeit (DIN 52612, DIN 52613)

Die Wärmeleitfähigkeit oder Wärmeleitzahl *λ* mit der Dimension [W/Km] ist ein Maß für das thermische Leitvermögen (bzw. Isoliervermögen) eines Stoffes. Die Wärmeleitfähigkeit von Kunststoffen ist gering, besonders bei geschäumten Kunststoffen. Sie ist abhängig von der Temperatur und vom Werkstoff sowie dessen Struktur. Füllstoffe können die Wärmeleitfähigkeit der Kunststoffe wesentlich verändern.

6.3.2 Wärmeausdehnung (DIN VDE 0304)

Bei Erhöhung der Temperatur vergrößert sich das Volumen bzw. die Länge von Körpern. Dies wird ausgedrückt durch den kubischen oder linearen Wärmeausdehnungskoeffizienten (Wärmedehnzahl).

Die Wärmedehnzahlen von Kunststoffen sind abhängig von der Temperatur und werden wesentlich durch Schwindung, Nachschwindung, Kristallisation, Feuchte, Füllstoffe und Weichmacher beeinflußt. Die Wärmedehnzahl wird durch Erwärmen von Proben und optischer oder elektrischer Messung der Längen- bzw. Volumenänderung bestimmt. Die Dimension der Wärmedehnzahl ist [1/K].

Die Wärmedehnzahlen von Kunststoffen sind bedeutend größer als die von Metallen und müssen besonders bei solchen Anwendungen, die einer hohen Temperaturschwankung unterliegen, beachtet werden (z. B. Rohrleitungen oder Kunststoffenster).

6.3.3 Spezifische Wärme

Die Bestimmung der spezifischen Wärme ist wichtig zur Abschätzung der erforderlichen Heizleistungen bei der Plastifizierung von Kunststoffen. Die spezifische Wärme ist bei Kunststoffen wesentlich größer als bei Metallen und steigt mit zunehmender Temperatur. Die spezifische Wärme hat die Dimension [W/kg K].

6.3.4 Formbeständigkeit in der Wärme

Für den technischen Einsatz von Kunststoffen ist die Wärmeformbeständigkeit besonders wichtig. Sie läßt sich nach MARTENS, VICAT oder ISO bestimmen. Diese Kennwerte lassen jedoch keine Rückschlüsse auf die Dauergebrauchstemperaturen der Kunststoffe zu und sind nur vergleichbar, wenn sie nach dem gleichen Verfahren ermittelt wurden. Die Art der Temperatureinwirkung (Luft oder flüssiges Medium), Form und Herstellungsverfahren der Proben haben großen Einfluß auf die Meßergebnisse.

Bild 6.22
Prüfanordnung zur Bestimmung
der Formbeständigkeit in der Wärme
nach MARTENS

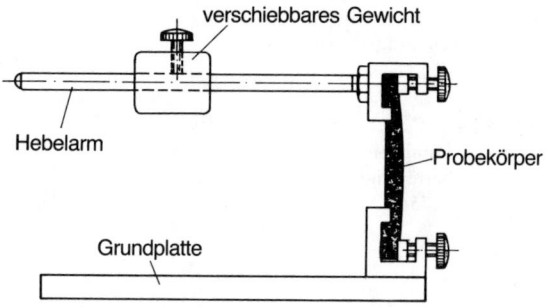

Bestimmung der Formbeständigkeit in der Wärme nach MARTENS (DIN 53462)
Die Martens-Zahl ist diejenige Temperatur, bei der sich ein Probekörper um einen bestimmten Betrag bei vorgegebener Biegespannung durchbiegt (Bild 6.22). Diese Methode wurde zur Prüfung von Duroplasten entwickelt, ist aber auch bei formsteifen Thermoplasten anwendbar.

261

Bestimmung der Formbeständigkeit in der Wärme nach VICAT *(DIN ISO 306)*
Die Vicat-Temperatur ist diejenige Temperatur, bei der ein belasteter Stab mit einer Stirnfläche von 1 mm^2 1 mm tief in die Probe eingedrungen ist. Die auf die Nadel wirkenden Kräfte betragen 10 oder 50 N (Bild 6.23). Die Prüfung wird zur Bestimmung der Wärmeformbeständigkeit von Thermoplasten eingesetzt.

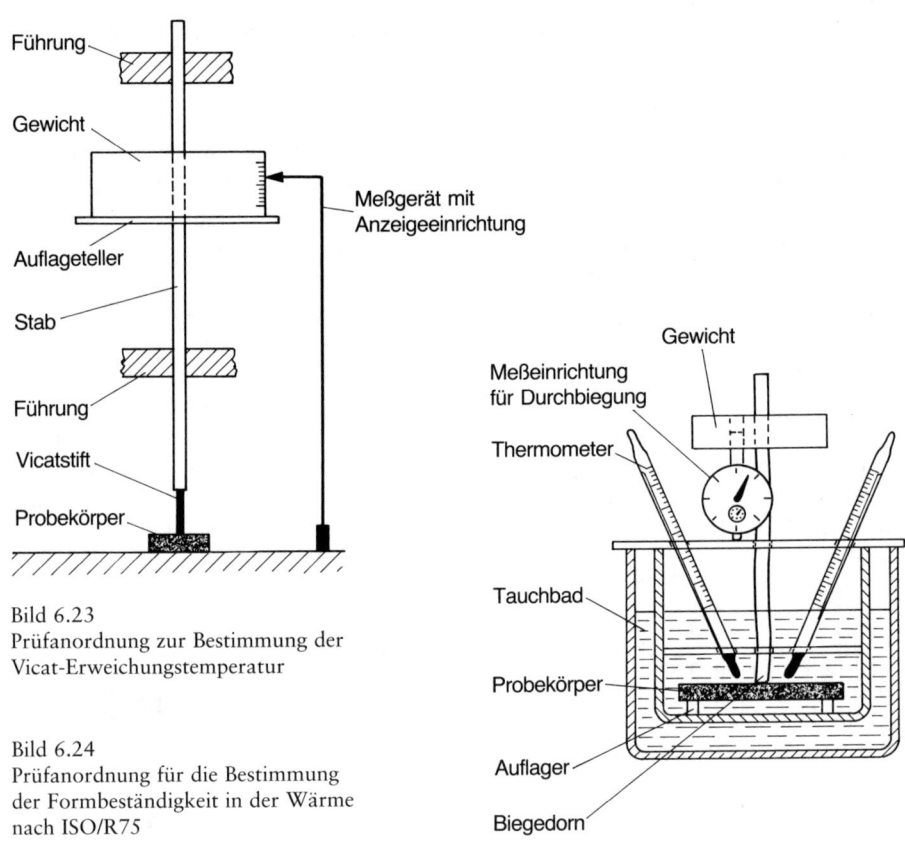

Bild 6.23
Prüfanordnung zur Bestimmung der
Vicat-Erweichungstemperatur

Bild 6.24
Prüfanordnung für die Bestimmung
der Formbeständigkeit in der Wärme
nach ISO/R75

Bestimmung der Formbeständigkeit in der Wärme nach DIN EN ISO 75
Ein horizontal liegender rechteckiger Probestab wird durch eine Kraft auf Biegung beansprucht und die Temperatur bei einer bestimmten Durchbiegung als Formbeständigkeit in der Wärme nach ISO/R75 angegeben (Bild 6.24).

Das Verfahren ist mit dem Martens-Verfahren vergleichbar, mit den Unterschieden, daß die Prüfung in einem flüssigen Medium abläuft (bei Martens Luft), die Biegespannungen geringer sind und die Temperatursteigerung mit 120 °C/h wesentlich höher ist (Martens 50 °C/h). Diese Meßmethode ist für alle Kunststoffe anwendbar.

262

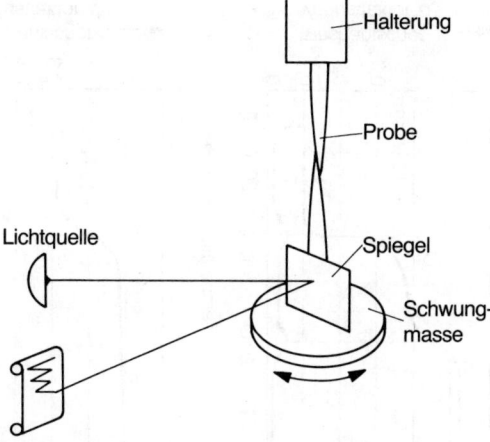

Bild 6.25
Schematische Darstellung eines
Torsionsschwingungsversuchs [8]

Halterung

Probe

Lichtquelle

Spiegel

Schwung-
masse

6.3.5 Torsionsschwingungsversuch (DIN EN ISO 6721)

Der Torsionsschwingungsversuch dient zur Bestimmung des Schubmoduls G und des mechanischen Verlustfaktors d über einen bestimmten Temperaturbereich. Dabei wird ein streifenförmiger Probekörper um einen bestimmten Winkel verdreht und die entstehenden Schwingungen nach dem Loslassen über der Zeit aufgezeichnet (Bild 6.25).

Aus den Amplitudenverhältnissen der gedämpften Schwingung läßt sich die mechanische Dämpfung bestimmen. Der Schubmodul G wird aus der Frequenz, der Dämpfung, der Geometrie der Probe und der Massenträgheit der Schwungscheibe berechnet. Die Aufzeichnung des Schubmoduls und des mechanischen Verlustfaktors über einen bestimmten Temperaturbereich ergibt die für Kunststoffe charakteristischen Kurven (Bild 6.26).

Aus diesen Diagrammen lassen sich die Kunststoffe hinsichtlich ihres thermischen Verhaltens beurteilen. Es können Schlüsse auf mechanische Festigkeit, Härte, Übergangsbereiche und kritische Temperaturen gezogen werden.

6.4 Elektrische Eigenschaften

6.4.1 Elektrische Widerstandswerte (DIN IEC 60093)

Den elektrischen Widerstand eines Isolierstoffes zwischen zwei beliebigen Elektroden an oder in einem Prüfkörper beliebiger Form bezeichnet man als Isolationswiderstand. Man unterscheidet drei verschiedene Arten von Widerständen:

☐ Durchgangs- bzw. spezifischer Durchgangswiderstand,
☐ Oberflächenwiderstand,

263

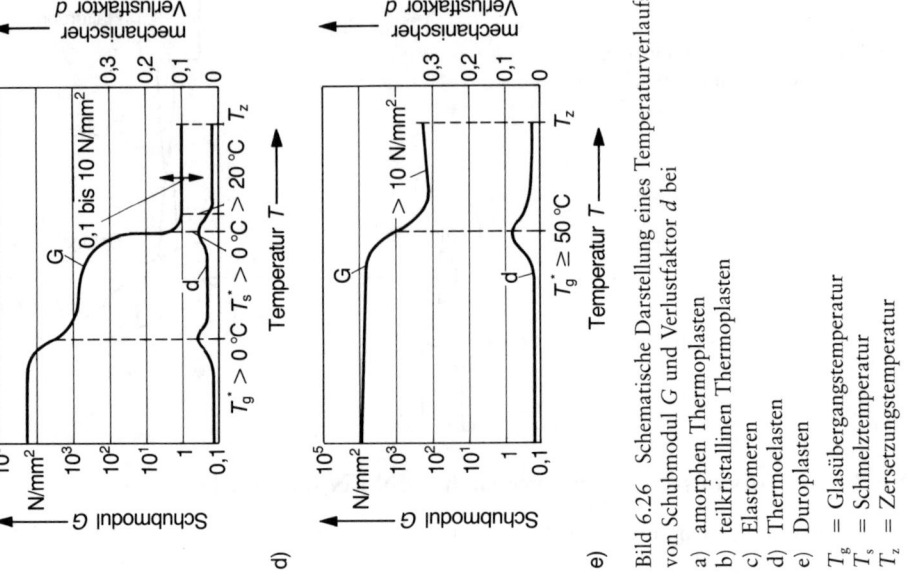

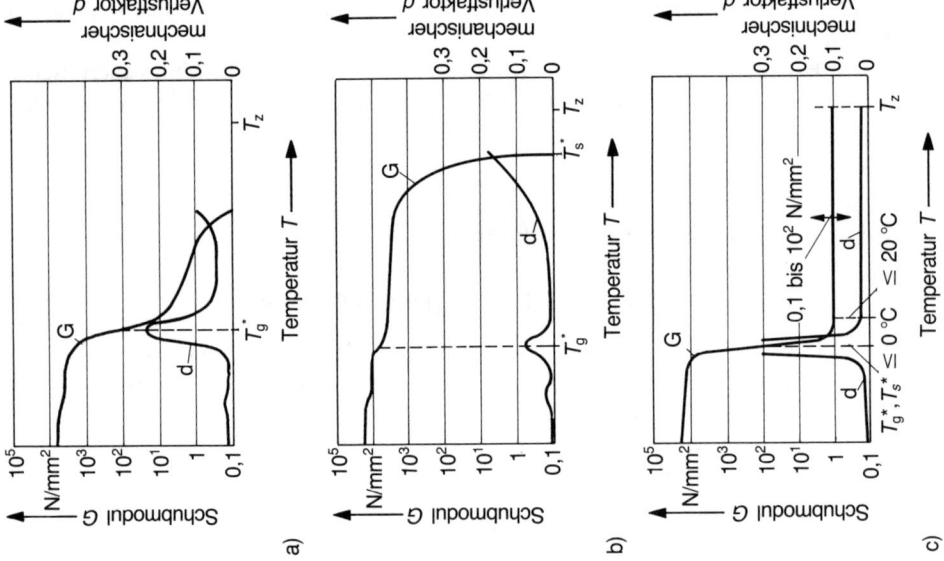

Bild 6.26 Schematische Darstellung eines Temperaturverlaufs von Schubmodul G und Verlustfaktor d bei

a) amorphen Thermoplasten
b) teilkristallinen Thermoplasten
c) Elastomeren
d) Thermoelasten
e) Duroplasten

T_g = Glasübergangstemperatur
T_s = Schmelztemperatur
T_z = Zersetzungstemperatur

264

Durchgangswiderstand bzw. spezifischer Durchgangswiderstand

Unter Durchgangswiderstand versteht man den zwischen zwei flächigen Elektroden gemessenen Widerstand im Werkstoffinnern. Wenn man den Durchgangswiderstand R_D auf einen Würfel von 1 cm Kantenlänge umrechnet, erhält man den spezifischen Durchgangswiderstand ϱ_D (Tabelle 6.4).

Oberflächenwiderstand

Der Oberflächenwiderstand R_o gibt Aufschluß über den an der Oberfläche eines Isolierstoffs herrschenden Isolationszustand. Weil bei dieser Messung immer ein Teil

Tabelle 6.4   Spezifischer Durchgangswiderstand einiger Leiter und Isolierstoffe

Werkstoff	ϱ_D [$\Omega \cdot$ cm]	Werkstoff	ϱ_D [$\Omega \cdot$ cm]
Silber	$0{,}017 \cdot 10^{-4}$	PE, leitfähig	10^1
Kupfer	$0{,}018 \cdot 10^{-4}$	PF	10^{10}
Gold	$0{,}023 \cdot 10^{-4}$	MF	10^{11}
Aluminium	$0{,}03 \cdot 10^{-4}$	PA	10^{13}
Natrium	$0{,}05 \cdot 10^{-4}$	CA	10^{14}
Messing	$0{,}08 \cdot 10^{-4}$	PVC	10^{15}
Platin	$0{,}11 \cdot 10^{-4}$	POM	10^{15}
Zinn	$0{,}12 \cdot 10^{-4}$	SB	10^{16}
Stahl	$0{,}13 \cdot 10^{-4}$	PC	10^{17}
Konstantan	$0{,}5 \cdot 10^{-4}$	PS	10^{18}
Quecksilber	$1 \cdot 10^{-4}$	PE	10^{18}
Graphit	$1 \cdot 10^{-2}$		

Tabelle 6.5
Oberflächenwiderstand von Kunststoffen im Vergleich mit dem spezifischen Durchgangswiderstand

Formmasse	ϱ_D [$\Omega \cdot$ cm] VDE 0303 Teil 3/3.67	R_o [Ω] VDE 0303 Teil 3/3.67
PE-LD	10^{18}	10^{15}
PE-HD	10^{18}	10^{15}
PP	10^{17}	10^{14}
PTFE	10^{18}	10^{15}
PS	10^{18}	10^{15}
SB	10^{16}	10^{14}
SAN	10^{16}	10^{14}
ABS	10^{15}	10^{13}
PMMA	10^{17}	10^{14}
PVC	10^{15}	10^{13}
PVAC	10^{14}	10^{12}
PA	10^{13}	10^{11}
PC	10^{17}	10^{14}
POM	10^{15}	10^{13}
PPO	10^{17}	10^{14}
CA	10^{14}	10^{12}
CAB	10^{15}	10^{13}
UP	10^{16}	10^{14}

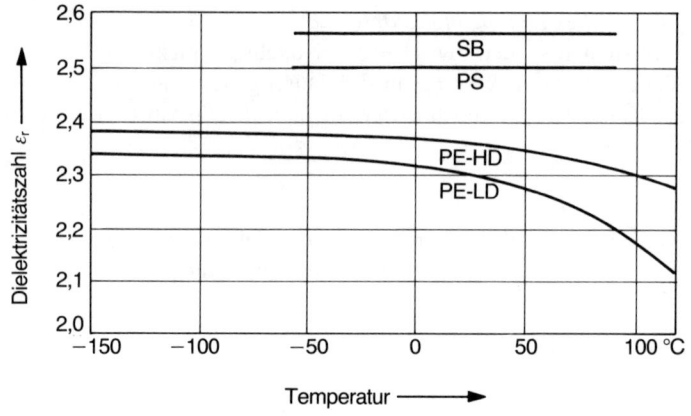

Bild 6.27
Dielektrizitätszahl ε_r von
Polystyrol und Polyethylen
als Funktion der Temperatur bei 1 MHz

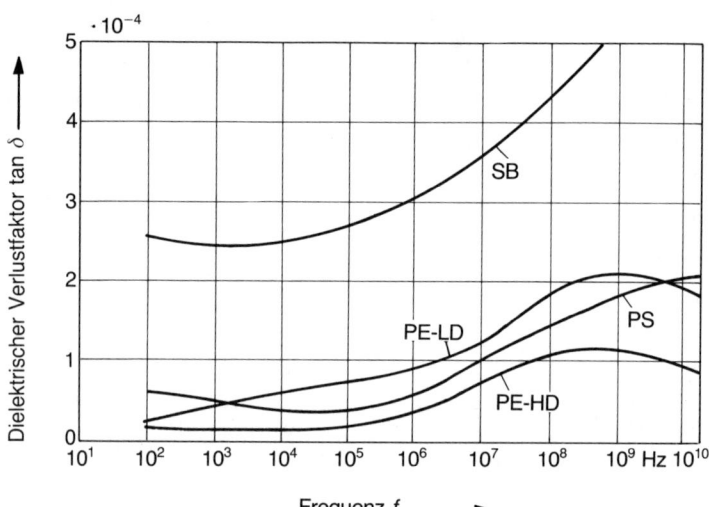

Bild 6.28
Dielektrischer Verlustfaktor
tan δ von Polystyrol und
Polyethylen als Funktion
der Frequenz bei 23 °C

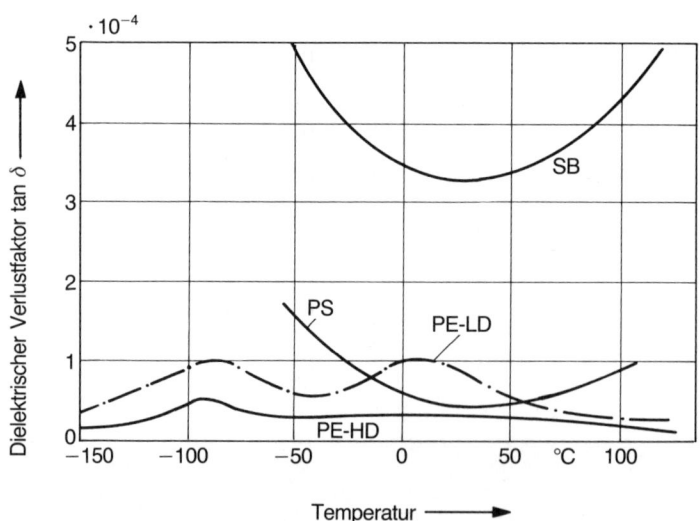

Bild 6.29
Dielektrischer Verlustfaktor
tan δ von Polystyrol und
Polyethylen als Funktion
der Temperatur bei 1 MHz

des Stromes in die Probe fließt, muß man, um vergleichbare Ergebnisse zu erhalten, von denselben Prüfbedingungen ausgehen (Probendicke, Elektrodenform und -anordnung). Der Oberflächenwiderstand ist zudem von den Umgebungseinflüssen abhängig, z. B. Luftfeuchtigkeit, Verunreinigungen der Oberfläche usw. (Tabelle 6.5).

Widerstand zwischen Stöpseln
Bei dieser Messung werden konische Stöpsel von 5 mm Durchmesser mit einem Mittelpunktabstand von 15 mm in entsprechend angebrachte Bohrungen der Prüfkörper gesteckt. Eine Spannung zwischen den Stöpseln wird angelegt und der Isolationswiderstand gemessen. Mit dieser Anordnung wird sowohl der Oberflächenwiderstand als auch der Durchgangswiderstand erfaßt.

6.4.2   Dielektrische Eigenschaften (DIN 53483)

Dielektrizitätszahl
Die Dielektrizitätszahl ε_r ist der Quotient aus der Kapazität C_x eines Kondensators, bei dem der Raum zwischen den Elektroden völlig mit dem betreffenden Isolierstoff ausgefüllt ist, und der Kapazität C_0 der Elektrodenanordnung im Vakuum.

Die Dielektrizitätszahl ist abhängig von der Frequenz der angelegten Spannung und der Temperatur des Isolierstoffs (Bild 6.27).

Dielektrischer Verlustfaktor
Kunststoffe sind in der Regel gute Isolatoren, unterscheiden sich aber stark in ihrem Dipolmoment. Ein Dipolmoment ist dann vorhanden, wenn ein Molekül negative und positive Schwerpunkte besitzt. Bei Polyethylen und Polystyrol ist das praktisch nicht der Fall, wogegen bei Polyvinylchlorid ausgeprägte Dipolmomente vorhanden sind.

Durch das Anlegen eines elektrischen Wechselfelds werden diese Dipole laufend umorientiert, und es entstehen Wirkstromverluste im Dielektrikum. Ein Maß hierfür ist der dielektrische Verlustfaktor tan δ.

Das Wassermolekül ist ein Beispiel für ein Molekül mit besonders hohem Dipolmoment; deshalb ist der Wassergehalt eines Kunststoffs von großem Einfluß auf den dielektrischen Verlustfaktor. Der tan δ ist wie auch ε_r abhängig von Frequenz und Temperatur (Bilder 6.28 und 6.29).

6.4.3   Kriechstromfestigkeit (DIN IEC 60112)

Kriechstromfestigkeit ist die Widerstandsfähigkeit eines Isolierstoffs gegen Kriechspurbildung. Eine Kriechspur ist die sichtbare Folge einer örtlichen thermischen Zersetzung von Isolierstoffen unter Einwirkung eines Kriechstroms.

Beim Bestimmen der Kriechstromfestigkeit werden zwei unter Spannung stehende Elektroden auf der Probenoberfläche aufgesetzt und eine salzhaltige Lösung durch einen Tropfengeber zwischen die Elektroden gebracht (Bild 6.30).

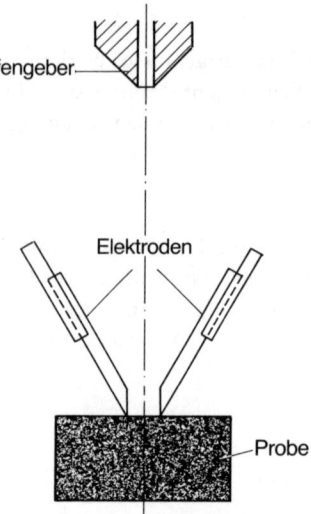

Tropfengeber

Elektroden

Probe

Bild 6.30
Beispiel für Elektrodenanordnung bei Verfahren KC

Die Beurteilung der Kriechstromfestigkeit findet in Abhängigkeit von der Aushöhltiefe, der Anzahl der Auftropfungen und der angelegten Spannung statt.

6.4.4 Lichtbogenfestigkeit (DIN VDE 0303)

Die Prüfung der Lichtbogenfestigkeit mit hohem Strom und niedriger Spannung ist zur Untersuchung der Einsatzmöglichkeiten der Isolierstoffe in Anlagen bestimmt, in denen gelegentlich Lichtbögen auftreten können, z. B. in Akkumulatorenbatterien und Gleichspannungsversorgungen. Zwischen zwei 8-mm-$\varnothing$-Kohlestäben, die im definierten Winkel zueinander und zur Oberfläche der Probe stehen, wird mit 220 V Gleichspannung unter Verwendung eines 20-Ω-Strombegrenzungswiderstandes ein Lichtbogen mit einem Vorschub mit 1 mm/s gezogen. Beurteilt wird das mechanische und thermische Verhalten des Isolierstoffs, die Länge des Lichtbogens beim Verlöschen und die elektrische Leitfähigkeit des beanspruchten Pfades. Die Einteilung erfolgt in die Stufen L1 bis L6 (Tabelle 6.6).

Tabelle 6.6 Stufen der Lichtbogenfestigkeit

Befund		Stufe					
		L 1	L 2	L 3	L 4	L 5	L 6
Lichtbogenlänge in mm		> 20	~ 20	> 20	< 20	> 20	< 20
leitende Brücke im Isolierstoff	unter dem Lichtbogen	ja	teilweise ja	teilweise ja	nein	nein	nein
	nach Abkühlung	ja	nein	nein	nein	nein	nein
Verhalten des Isolierstoffs		verkohlt oder verbrennt	zerspringt	—	schmilzt und verdampft	—	—

268

6.4.5 Durchschlagfestigkeit (DIN VDE 0303)

Die Prüfung der Durchschlagfestigkeit E_d erfolgt mit zeitlich ansteigender Wechselspannung.

Der Prüfkörper liegt zwischen zwei Elektroden, die sich entweder in Luft oder unter Isolieröl befinden. Die im Augenblick des Durchschlags gemessene Spannung heißt Durchschlagspannung. Bezieht man diese Spannung auf die geringste Probendicke, erhält man die Durchschlagfestigkeit in kV/mm.

Die Durchschlagfestigkeit ist keine Materialkonstante, sondern wird von vielen anderen Größen beeinflußt. Diese Beeinflussungsfaktoren sind zum Beispiel die Form der Elektroden, Frequenz der Wechselspannung, Beanspruchungsdauer, Prüftemperatur, Probendicke und Vorbehandlung der Probekörper. Das bedeutet, daß zum Meßwert der Durchschlagfestigkeit alle diese Größen angegeben werden müssen.

6.4.6 Elektrostatische Aufladung (DIN VDE 0303, DIN 53486)

Zur Beurteilung des elektrostatischen Verhaltens von Isolierstoffen liegt VDE 0303 vor. Es sind zwei in der Praxis bewährte Reibeverfahren beschrieben. Nach Reibung mit definierten Geweben wird die Feldstärke in V/cm als Maß für die Aufladung bestimmt (Bild 6.31). Aus verschiedenen Auflade- und Entladezuständen ist eine Bewertung des elektrostatischen Verhaltens möglich; Bewertungsstufen sind nicht angegeben.

Bild 6.31
Reibungsaufladung und
-entladung von CA [9]

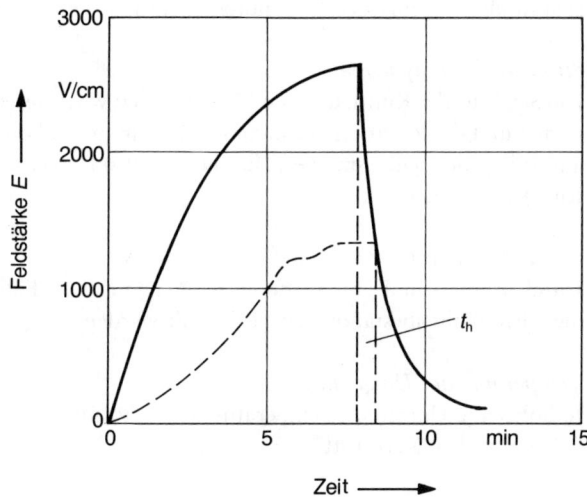

6.4.7 Verhalten bei Glimmentladungen (DIN EN 60343)

Zur Untersuchung des Verhaltens unter Einwirkung von Oberflächen-Glimmentladungen wird eine maximal 1 mm dicke Probe in eine Elektrodenanordnung 6 mm Stift gegen Platte eingelegt und eine Wechselspannung angelegt, deren Wert über der Teilentladungseinsatzspannung liegt. Die in Luft entstehenden Entladungen von der Stabelektrode zur Oberfläche des Isolierstoffs zerstören den Isolierstoff oder bauen ihn in kürzerer oder längerer Zeit ab, bis die gleichbleibende Feldstärke den Durchbruch des Dielektrikums an einer Stelle herbeiführt. Mit höheren Frequenzen (bis etwa 1000 Hz) können kürzere Prüfzeiten erreicht werden, weil eine Umrechnung auf die Bezugsfrequenz 50 Hz möglich ist: Die Stehzeit wird mit dem Quotienten aus Prüffrequenz und 50 Hz multipliziert. Es werden in trockener Luft (rel. F. 20%) neun Proben geprüft. Die Stehzeit der fünften Probe (Median) wird gewertet, Isolierstoffe lassen sich hinsichtlich ihres Verhaltens gegenüber der Einwirkung von Oberflächen-Teilentladungen vergleichen, wenn die Ergebnisse bei gleicher Dicke und gleicher Prüfspannung ermittelt werden. Einstufungsbewertungen sind in den Vorschriften nicht vorgesehen.

6.5 Chemische Eigenschaften und Alterungsverhalten

6.5.1 Chemische Eigenschaften

Kunststoffe und Elastomere weisen insgesamt gesehen gegenüber anderen Werkstoffgruppen eine gute Chemikalienbeständigkeit auf. Diese Beständigkeit ist von folgenden Fakten abhängig:

Chemische Zusammensetzung der Polymeren
Man unterscheidet polare (z. B. PVC, PA) und unpolare (z. B. PE, PP) Werkstoffe, die sich in ihrer chemischen Beständigkeit stark unterscheiden.

Struktur der Polymeren
Die Struktur der Kunststoffe und Elastomeren wird wesentlich durch die Bildungsreaktionen und die Reaktionsbedingungen bestimmt. So können z. B. unvernetzte (lineare) amorphe oder teilkristalline (Thermoplaste) oder vernetzte (Duroplaste, Elastomere) Kunststoffe entstehen.

Art und Anteil der Zusatzstoffe
Durch Zusatz- und Hilfsstoffe (z. B. Weichmacher, Füllstoffe, Farbmittel o. ä.) kann die Chemikalienbeständigkeit beeinflußt werden.

Temperatur der Umgebung
Je höher die Umgebungstemperatur ist, desto intensiver ist die Wirkung von Chemikalien auf den Werkstoff.

Art des einwirkenden Mediums
In Abhängigkeit vom Werkstoff verursachen unterschiedliche Medien auch unterschiedliche Wirkungen, z. B. Säuren oder Laugen, polare oder unpolare Lösungsmittel.

Einwirkungsart des Mediums
Man unterscheidet physikalisch und chemisch aktive Medien. Während die physikalisch aktiven Medien reversible (rückgängig zu machende) Veränderungen hervorrufen (z. B. Quellung), wird durch chemisch aktive Medien der Werkstoff irreversibel (nicht mehr rückgängig zu machend) verändert (z. B. chemische Abbaureaktion).

Die Prüfung der Chemikalienbeständigkeit erfolgt meist mit Standardreagenzien nach DIN ISO 175. Als Prüfkriterien dienen Eigenschaftswerte (z.B. Gewichtsänderung, Volumenänderung, Nachlassen der mechanischen Eigenschaften) oder nur qualitative Wertungen wie «beständig» oder «nicht beständig».

Spannungsrißbildung
In Verbindung mit der Chemikalienbeständigkeit spielt bei Thermoplasten die Spannungsrißbildung eine große Rolle (Abschnitt 6.7). Spannungen im Werkstoff können entweder innerer (z. B. Orientierungen) oder äußerer Natur (z. B. anliegende Kräfte) sein. In Verbindung mit einem geeigneten Medium werden diese Spannungen zum Teil frei und verursachen Risse. Zur Beurteilung der Spannungsrißbeständigkeit von Polymerwerkstoffen werden Proben mit oder ohne Belastungen in einem rißauslösenden Medium geprüft. Prüfvorschriften sind in folgenden Normen festgelegt:

DIN 53499, 53509, 53522, 53799.

6.5.2   Alterungsverhalten

Als Alterung bezeichnet man die Gesamtheit aller in einem Material ablaufenden nicht rückgängig zu machenden chemischen und physikalischen Vorgänge. In den meisten Fällen ziehen solche Alterungserscheinungen eine Verschlechterung der Gebrauchseigenschaften nach sich. Die Alterung von Polymerwerkstoffen kann folgende Ursachen haben:

Strahlung
Die auf der Erdoberfläche auftreffende Strahlung wird zum größten Teil von der Sonne verursacht. Je nach Wellenlänge wird diese Strahlung unterschiedlich bezeichnet (Tabelle 6.7).

Durch die Erdatmosphäre wird ein wesentlicher Teil der Strahlung absorbiert; Durchlässigkeit ist nur für zwei Wellenlängenbereiche (290 nm bis 1400 nm und 1 cm bis 100 m) gegeben.

Für die Alterung von Polymerwerkstoffen interessant ist nur der Bereich von 290 nm bis 1400 nm, wobei der größte Einfluß durch den UV-Anteil des Sonnenlichts ausgeübt wird. Die Energie der UV-Strahlung reicht aus, um Moleküle zu spalten, Radikale zu

Tabelle 6.7 Strahlungsarten

Art der Strahlung	Wellenlängen
kosmische Strahlung	10^{-12} m
Röntgenstrahlung	10^{-12} bis 10^{-7} m
UV-Strahlung	10^{-10} bis $4 \cdot 10^{-10}$ m
sichtbares Licht	$4 \cdot 10^{-10}$ bis $7,8 \cdot 10^{-10}$ m
IR-Strahlung	$7,8 \cdot 10^{-10}$ bis 10^{-3} m
Hochfrequenzstrahlung	10^{-3} m bis 10^{6} m

bilden oder Vernetzungsreaktionen hervorzurufen. Die Intensität der UV-Strahlung ist von der Jahreszeit und der geographischen Lage abhängig.

Temperatur

Die Temperatur ist bei Alterungsvorgängen ein wesentlicher Beeinflussungsfaktor. Es gilt hierbei die Faustregel, daß eine Temperaturerhöhung um 10 °C zu einer Verdoppelung der Reaktionsgeschwindigkeit führt. Daneben nimmt die Diffusion von Sauerstoff und Wasserdampf zu, wobei diese beiden Stoffe bestimmte Abbaureaktionen ermöglichen und somit ihrerseits ebenfalls die Alterung beschleunigen.

Feuchtigkeit

Je nach Polymerart führt Feuchtigkeit zu Quellvorgängen. Das aufgenommene Wasser kann die Diffusion von Gasen erleichtern und zu Reaktionen mit Pigmenten, Füllstoffen, Weichmachern u. a. führen. Deshalb werden Alterungsvorgänge durch häufiges Quellen und Trocknen wesentlich beeinflußt.

Chemikalien

Neben Sauerstoff und Wasser, die bei jeder Bewitterung auftreten, sind auch andere Chemikalien wie Ozon, Schwefeldioxide, Stickoxide u. a. in der Atmosphäre vorhanden, so daß nicht auszuschließen ist, daß Reaktionen mit den Polymeren oder ihren Zuschlagstoffen stattfinden.

Von den aufgezeigten Ursachen der Alterung treten in der Praxis meist mehrere gemeinsam auf, so daß ihre Wirkungsweise auf die Werkstoffe zu einem komplexen Vorgang wird.

In diesem Zusammenhang spricht man auch von Technoklima, worunter man die Summe der klimatischen Einflüsse, die bezüglich Temperatur, Feuchte, Luftdruck, Bestrahlung, kontaktierender Medien usw. Auswirkungen auf die Eigenschaften haben, versteht.

Bei der Alterung unterscheidet man zwischen der natürlichen Alterung (Bewitterung von Proben in bestimmten Klimabereichen der Erde) und der beschleunigten oder künstlichen Alterung.

Diese beschleunigten Alterungsvorgänge sind eingeführt worden, um eine Zeitraffung zu erhalten (z. B. durch Temperaturerhöhung). Zur künstlichen Bewitterung existiert eine Reihe von Geräten, die es zulassen, eine gewisse Zeitraffung zu erreichen.

Dabei ist aber für die Aussagekraft der Ergebnisse folgendes zu beachten:

☐ Alle Kurzprüfungen müssen durch Praxiserfahrungen abgesichert werden.

☐ Je größer die Zeitraffung einer Prüfung wird, desto unsicherer ist die Übertragbarkeit auf die Praxis.

☐ Bei allen beschleunigten Alterungsvorgängen müssen die Randbedingungen festgehalten werden, weil sonst keine reproduzierbaren Ergebnisse erreicht werden können.

Zum Nachweis von Alterungsvorgängen bei Kunststoffen werden mechanische (z. B. Zugversuch, Biegeversuch, Schlagbiegeversuch) oder optische Prüfmethoden (z. B. Mikroskopie, Farb- und Glanzmessungen) sowie Strukturuntersuchungen (z. B. IR-Spektroskopie, Thermoanalyse, Chromatographie, Rheologie) herangezogen.

6.6 Prüfung von Kautschuk und Gummi

Kautschuk und Gummi nehmen aufgrund der hohen Deformierbarkeit bei gleichzeitiger Elastizität eine Sonderstellung gegenüber den übrigen Polymerwerkstoffen ein. Deshalb ist auch eine gesonderte Behandlung der Eigenschaftsermittlung gerechtfertigt. Man unterscheidet:

☐ Prüfungen am Rohkautschuk,

☐ Prüfungen an der unvulkanisierten Mischung,

☐ Prüfungen am Vulkanisat.

6.6.1 Prüfungen am Rohkautschuk und an unvulkanisierten Mischungen

Plastizitätsprüfungen

Zur Charakterisierung des Plastizitätsverhaltens werden Scherscheibenviskosimeter, Plattendruckgeräte und verarbeitungsnahe Prüfgeräte eingesetzt. Das bedeutendste Gerät zur Bestimmung der Plastizität ist das Scherscheibenviskosimeter nach MOONEY (DIN 53523), das hier beispielhaft beschrieben werden soll.

Ein Rotor dreht sich mit einer Geschwindigkeit von 2 min^{-1} in einer geschlossenen beheizten Kammer. Die Oberflächen von Rotor und Kammer sind geriffelt, um ein Gleiten zu verhindern. Gemessen wird das zur Drehbewegung notwendige Moment und in Mooney-Einheiten ausgedrückt (1 Mooney = 0,085 Nm). Diese Prüfung eignet sich nur zur Erfassung der Plastizität und des Anvulkanisationsverhaltens und nicht zur Bestimmung des Vulkanisationsverlaufs, weil der Werkstoff durch die Rotation oberhalb eines bestimmten Vernetzungsgrades zerstört wird (Bilder 6.32 und 6.33).

Bei der Bestimmung der Plastizität durch Plattendruckgeräte werden Probekörper in definierter Zeit bei festgelegter Temperatur auf eine bestimmte Höhe deformiert und die dazu notwendige Kraft als Meßwert aufgenommen. Diese Werte ermöglichen eine Aussage über die Plastizität von Kautschuk und Kautschukmischungen. Die am häufigsten eingesetzten Geräte sind das Williams-Plastometer und das Defo-Gerät.

Das Marcetti-Plastometer wurde speziell für Messungen des Fließverhaltens von Kautschukmischungen entwickelt. Hierbei wird die Masse mittels Gasdruck aus einer

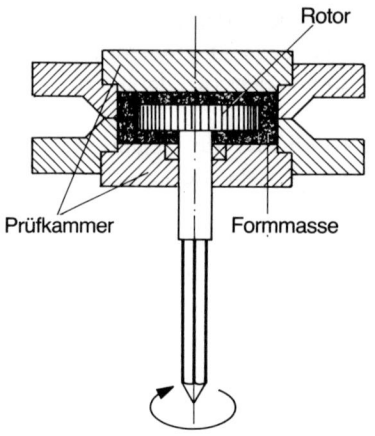

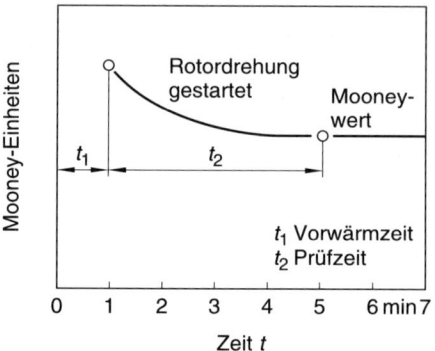

Bild 6.32
Funktionsschema des
Scherscheibenviskosimeters
nach MOONEY

Bild 6.33
Typische Meßkurve eines
Scherscheibenviskosimeters
(Mooney Viskosität)

Kapillare gedrückt und die austretende Menge in bestimmten Zeitintervallen gemessen. Neuerdings werden auch Systeme eingesetzt, bei denen der Gasdruck durch einen Stempeldruck ersetzt ist. Diese Prüfungen erfassen die rheologischen Eigenschaften (Fließverhalten) von Kautschuken und Mischungen und ergeben somit Anhaltspunkte für die Verarbeitung.

Sehr wichtig für die spätere Verarbeitung ist die Charakterisierung von Kautschukmischungen unter Verarbeitungsbedingungen. Zur Nachstellung des Extrusionsverhaltens werden vorwiegend der Brabender-Plastograph und das Göttfert-Extrusiometer eingesetzt. Das Kalandrierverhalten wird auf Laborkalandern bestimmt.

Vulkanisationsprüfung

Anvulkanisationsprüfung nach MOONEY
In Abänderung des Mooney-Verfahrens wird ein kleinerer Rotor eingesetzt (∅ 30,5 mm statt 38,1 mm) und bei einer Prüftemperatur von 125 oder 150 °C gemessen. Als sogenannte «Scorch Time» (t_5) wird diejenige Zeit festgelegt, nach der der Mooney-Wert gegenüber dem Minimalwert um 5 Einheiten angestiegen ist (Bild 6.34).

Vulkameter
Eine moderne Möglichkeit zur Erfassung des Vulkanisationsverhaltens bietet die Aufzeichnung des gesamten Vulkanisationsverlaufs mit einem Vulkameter. An einer Probe wird die Änderung des Schubmoduls während der Vulkanisation zerstörungsfrei aufgenommen. Die Probe ist in eine beheizte Kammer eingelegt, bei der die Bewegung

274

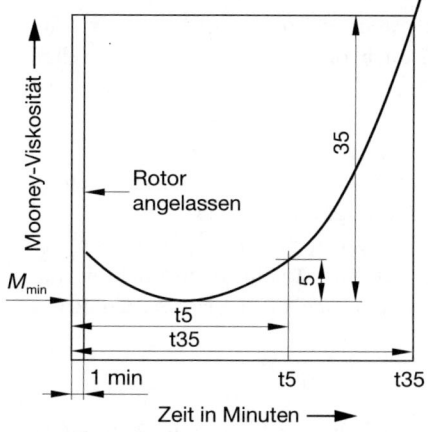

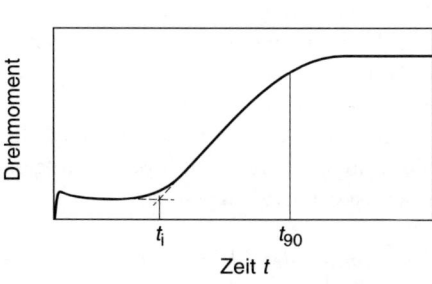

Bild 6.34
Verlauf einer Anvulkanisation am
Scherscheibenviskosimeter

Bild 6.35   Vulkanisationsverlauf

des Rotors oder einer Kammerhälfte durch einen Exzenter aufgebracht und das dazu benötigte Drehmoment direkt aufgezeichnet wird (Bild 6.35). Es werden verschiedene Vulkameter eingesetzt, um derartige Untersuchungen durchführen zu können (Bild 6.36)

Mit der Vulkameterprüfung läßt sich der gesamte Vulkanisationsverlauf darstellen, weil durch die schwingende Bewegung stets nur kleine Verformungen aufgebracht werden und somit der Werkstoff auch bei zunehmender Vernetzung nicht wie bei der Mooney-Prüfung zerstört wird. Je nach Kautschukart stellt sich nach Erreichen des

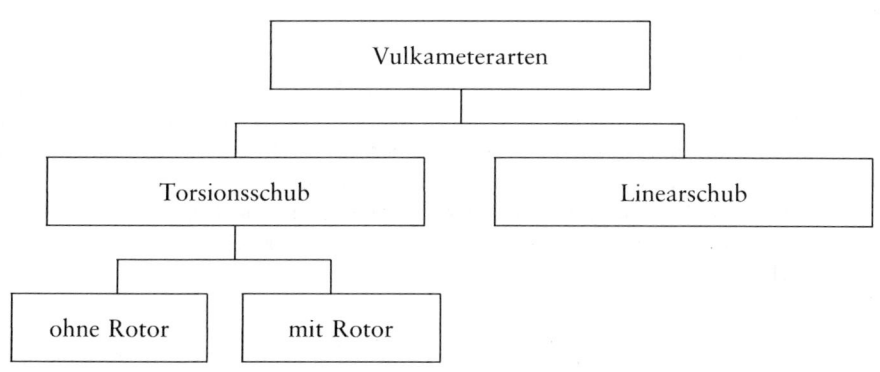

Bild 6.36   Vulkameterarten

275

maximalen Drehmoments ein mehr oder minder starker Rückgang (Reversion) ein. Somit lassen sich mit Vulkanisationsprüfungen auch optimale Vulkanisationszeiten ermitteln.

Bestimmung der Löslichkeit

Die Bestimmung der Löslichkeit von Kautschuken und Kautschukmischungen in organischen Lösungsmitteln ist eine wichtige Prüfung für die Verarbeitung, weil Kautschuk häufig in pastöser Form eingesetzt wird. Die Beurteilung kann sowohl visuell als auch durch Feststellung der Viskosität mit Ausflußviskosimetern und Viskosimetern mit Fallkörpern erfolgen. Bei hochviskosen Lösungen werden Rotationsviskosimeter eingesetzt.

Bestimmung der Klebrigkeit

Viele Gummiartikel sind aus verschiedenen Mischungen aufgebaut (z. B. Autoreifen, Transportbänder), die an den Grenzflächen eine gute Bindung erreichen müssen. Deshalb ist unbedingt eine gute Klebrigkeit der Mischungen untereinander erforderlich. Diese Eigenschaften reproduzierbar zu prüfen, ist bis heute nicht befriedigend gelöst und wird im allgemeinen so durchgeführt, daß Platten unter definiertem Druck zusammengepreßt werden, um dann die Kraft, die zu ihrer Trennung notwendig ist, zu messen.

6.6.2   Prüfungen am Vulkanisat

Zugversuch (DIN 53504)

Die Zugprüfung ist in bezug auf die mechanische Festigkeit die am häufigsten eingesetzte Methode, um Kennwerte und Kennfunktionen für Gummiwerkstoffe zu ermitteln. Als Probekörper werden Stäbchen oder Ringe eingesetzt. Die Spannungs-Dehnungs-Kurven sind in starkem Maße von der Prüftemperatur, der Verformungsgeschwindigkeit und der Vordehnung abhängig. Der Kautschuk ist auch im vulkanisierten Zustand kein ideal elastischer Werkstoff, weshalb bei Deformationen Verformungsreste zurückbleiben.

Weiterreißwiderstand (DIN 53507 und DIN 53515)

Die Weiterreißfestigkeit (auch Kerbzähigkeit oder Strukturfestigkeit) ist der Widerstand, den eine gekerbte Gummiprobe einer Zug- oder Druckbeanspruchung entgegensetzt. Für diese Prüfung existiert eine Vielzahl von Prüfkörpern, die unterschiedlich zu beurteilen sind. Genormt sind Winkel- und Streifenproben.

In engem Zusammenhang mit der Kerbzähigkeit steht die Nadelausreißfestigkeit (DIN 53506). Diese Prüfung ermöglicht Beurteilungen von Gummiteilen, die durch Nähen verbunden werden.

276

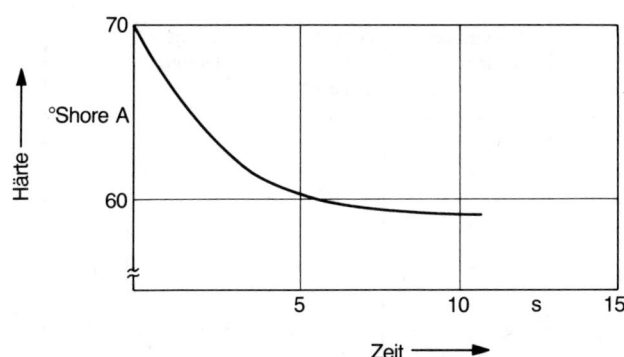

Bild 6.37
Einfluß der Ablesezeit auf
die Shore-Härte

Härteprüfungen

☐ Bestimmung der Shore-Härte (DIN EN ISO 868). Die Eindringtiefe eines Kegel-
stumpfs in eine Gummiprobe bei definiertem Gewicht wird als Beurteilungskrite-
rium für die Härte herangezogen (Abschnitt 6.2, Bild 6.37). Die Skala reicht von
vollem Eindringen (Shore-Härte 0) bis zu keinem Eindringen der Prüfnadel (Shore-
Härte 100).
Die festgelegten Konstanten bei dieser Prüfung sind:
– die Charakteristik der Feder,
– die Abmessungen der Prüfnadel und
– die freie Länge der herausragenden Prüfnadel.

☐ ISO-Härte (DIN 53519 Teile 1 und 2). Die ISO-Härte wird mit einer Stahlkugel von
2,5 mm Durchmesser gemessen. Die Meßgröße ist die Eindringtiefe der Kugel bei
einem definierten Gewicht von 5,7 N.

☐ Brinell-Härte. Diese Messung wird für Hartgummi und Kunststoffe eingesetzt und
beruht vom Prinzip her auf der Bestimmung der Härte nach ISO, jedoch mit dem
Unterschied, daß die Kugel mit höheren Kräften eingedrückt wird.

Druckverformungsrest, Relaxation, Retardation (DIN 53517 Teile 1 und 2, DIN 53537)
Der Verformungsrest ist ein Maß für den viskosen Anteil des Elastomeren. Eine Probe
wird eine bestimmte Zeit deformiert; nach der Entlastung wird die Änderung der
Probendicke oder -länge als Verformungsrest angegeben.
Durch die Erfassung von Relaxations- und Retardationswerten wird eine bessere
Aussage über die Zeitstandfestigkeit der Vulkanisate getroffen.

Rückprallelastizität (DIN 53512)
Beim Bestimmen der Rückprallelastizität wird die kinetische Energie gemessen, die bei
einer stoßartigen Belastung erhalten bleibt (Bild 6.38).
Die Rückprallelastizität ist um so größer, je weniger Verformungsenergie in Wärme
umgewandelt wird. Die Meßwerte bewegen sich bei Gummiwerkstoffen zwischen 10
und 75 %:

hohe Elastizität	60 bis 75 %
mittlere Elastizität	40 bis 60 %
niedrige Elastizität	10 bis 40 %

277

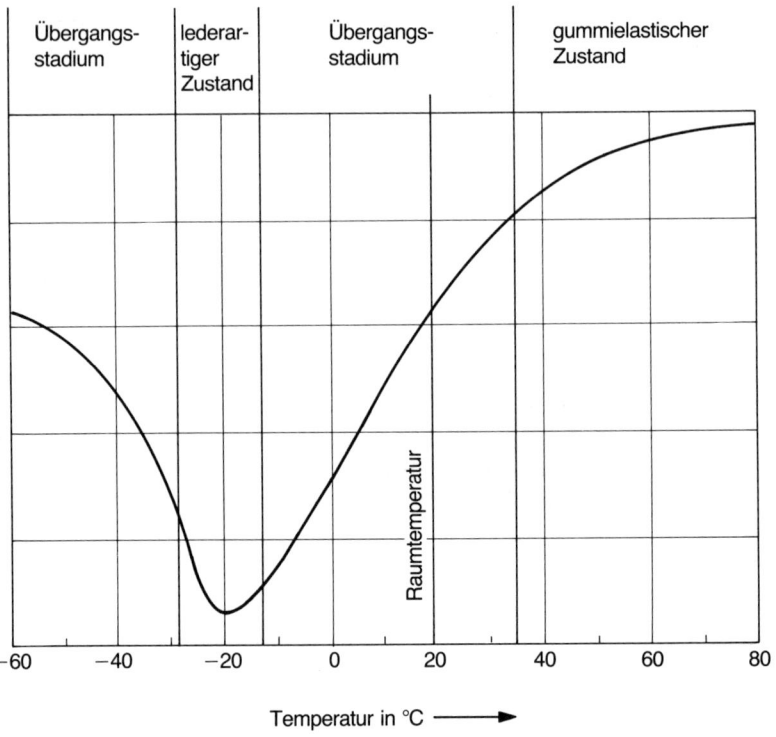

| Übergangs-stadium | lederar-tiger Zustand | Übergangs-stadium | gummielastischer Zustand |

Raumtemperatur

−60   −40   −20   0   20   40   60   80

Temperatur in °C ⟶

Bild 6.38 Rückprallelastizität in Abhängigkeit von der Temperatur

Heat-Build-up (DIN 53533 Teile 1 bis 3)
Weil bei dynamischer Beanspruchung infolge der Dämpfung ein Teil der mechanischen Energie in Wärme umgewandelt wird, kann man die Verluste durch Registrieren der Temperaturerhöhung bestimmen.

Für derartige Messungen werden Flexometer verwendet. Man bestimmt damit auch Grenzbeanspruchungen für Gummiartikel. Zu dieser Kategorie der Prüfungen zählt man auch die Kugelzermürbung nach MARTENS und in gewisser Hinsicht den Torsionsschwingversuch (DIN EN ISO 6721).

Abrieb und Alterung
Bei der Prüfung des Abriebs und der Alterung sollen Aussagen über die Bewährung von Artikeln im praktischen Einsatz ermittelt werden. Um diese Prüfungen innerhalb von handhabbaren Zeiträumen durchführen zu können, müssen sie gerafft werden. Dies ist schwierig und führt nicht immer zu brauchbaren Ergebnissen.
☐ Abrieb (DIN 53516). Dabei kann z. B. der Probekörper gegen mit Schmirgel bespannte Walzen gedrückt und der Abrieb in mm^3 ermittelt werden. Der Abrieb ist abhängig von der Temperatur, der Geschwindigkeit (Gummiteil zur ruhenden Fläche) und der Belastung.

278

☐ Alterung (DIN 53508). Bei der Alterung wird der Grad der Alterung dadurch bestimmt, daß gealterte und nicht gealterte Proben in ihren mechanischen Eigenschaften verglichen werden. Die Zeitraffung der Alterungsvorgänge erreicht man durch Erhöhung der Temperaturen. Weitere Möglichkeiten der beschleunigten Alterung sind aus der angegebenen Norm durch die Hinweise auf andere Prüfvorschriften zu entnehmen.

Rißbildung

Es lassen sich drei Arten der Rißbildung unterscheiden:
☐ Ozonrißbildung (DIN 53509). Diese Risse entstehen, wenn unter Spannung stehende Proben in Gegenwart von Sauerstoff dem Medium Ozon ausgesetzt werden. Bei NR und den meisten SR-Typen führt Ozon sehr schnell zur Zerstörung.
☐ Lichtrißbildung. Lichtrisse entstehen durch die UV-Anteile des Sonnenlichts und sind besonders bei weißen oder hellen Vulkanisaten ausgeprägt.
☐ Dynamische Rißbildung (DIN 53522 Teile 1 bis 3). Diese Risse entstehen durch Materialermüdung bei dynamischen Belastungen. Die Rißbildung ist stark von den Umgebungsbedingungen abhängig (Temperatur, Ozon, Feuchtigkeit und Einflüsse durch Licht).

Kälteverhalten (DIN 53545, DIN 53546)

Das Kälteverhalten von Elastomeren ist durch drei Temperaturbereiche gekennzeichnet (siehe auch Bild 6.38):
Bereich 1 eingefrorener Zustand mit hohem Modul und geringer Dämpfung,
Bereich 2 geringer Modul, maximale Dämpfung (lederartiger Zustand),
Bereich 3 niedriger Modul, geringe Dämpfung.

Für den Einsatz von Elastomeren ist nur der Bereich 3 interessant. Zur Ermittlung dieses temperaturabhängigen Verhaltens wird eine Reihe von Prüfverfahren eingesetzt, z. B.
– Bestimmung der Shore-Härte (DIN 53505),
– Torsionsschwingversuch (DIN EN ISO 6721).

Quellverhalten und Permeation (DIN 53521, DIN 53536)

☐ Quellverhalten. Lösungsmittel, aber auch eine Reihe von Gasen und Dämpfen wirken auf Gummi quellend und somit zerstörend. Die Quellung drückt man in Volumen- oder Gewichts-% aus und bestimmt den Einfluß auf den Werkstoff durch den Vergleich von mechanischen Eigenschaften vor und nach der Quellung.
☐ Permeation. Für viele Gummiprodukte ist die Frage der Durchlässigkeit für Gase, Dämpfe und Flüssigkeiten entscheidend (z. B. Schläuche, Innenlagen von Reifen). Gemessen wird die Durchlässigkeit durch Druck- bzw. Volumendifferenzen beidseitig einer Membran.

Elektrische Prüfungen, chemische Eigenschaften und Alterungsverhalten

Bei diesen Untersuchungen gelten prinzipiell die gleichen Bedingungen wie bei der Kunststoffprüfung (Abschnitte 6.4 und 6.5).

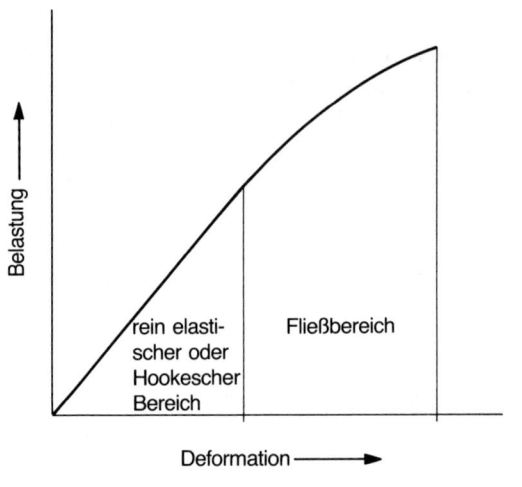

Bild 6.39
Reinelastische und nichtelastische
Deformation

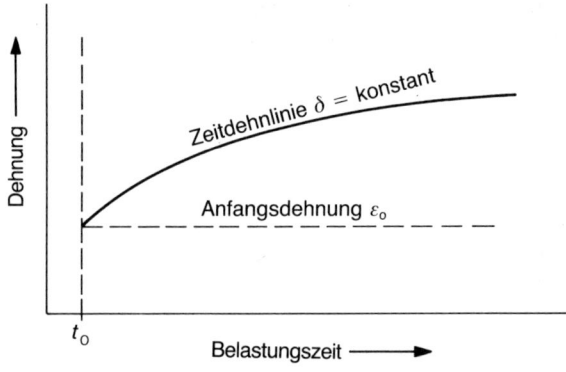

Bild 6.40
Kriechen bei Polymerwerkstoffen
(Retardation)

Bild 6.41
Viskoelastische Verformung und
Rückstellung

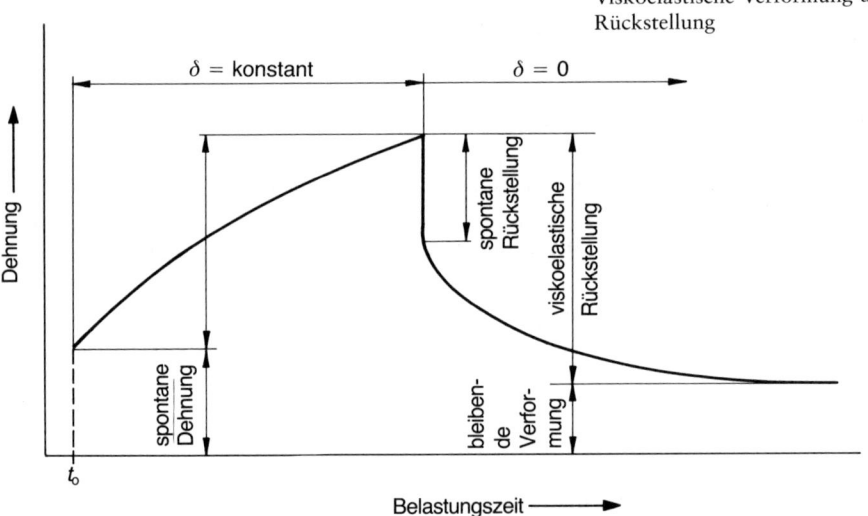

280

6.7 Langzeitverhalten der Kunststoffe

6.7.1 Viskoelastizität

Mit den bisher behandelten Kurzzeitprüfungen kann das Eigenschaftsbild der Kunststoffe – vor allem in vergleichender Weise – gut beschrieben werden. Die Ergebnisse geben Konstrukteur und Anwender jedoch nicht genügend Auskunft über das mechanische Verhalten bei längerdauernder statischer oder dynamischer Belastung. Das liegt daran, daß sich Kunststoffe aufgrund ihres makromolekularen Aufbaus unter dem Einfluß von mechanischen Beanspruchungen oder Kräften nicht linearelastisch, sondern viskoelastisch verhalten.

> Bei linearelastischen Körpern nimmt die Deformation mit steigender Belastung proportional zu, abgesehen von technisch unzulässig hohen Belastungen, die in den Fließbereich führen (Bild 6.39).

Bei Kunststoffen schreitet die Deformation bereits in kleinen Lastbereichen unter gleichbleibender Belastung fort – der Werkstoff kriecht. Diese Erscheinung nennt man Retardation (von lat. retardare = verzögern). Das Kriechen der polymeren Stoffe ist begründet in ihrem molekularen Aufbau bzw. in ihrer Struktur. Vereinfacht kann der Kriechvorgang dadurch erklärt werden, daß Makromoleküle oder Molekülteile ihre Lage verändern (Umorientierungen, Gleitungen, Platzwechselvorgänge). Das Kriechen ist schematisch in Bild 6.40 dargestellt. Werden Körper, die eine Zeitlang der Retardation unterworfen waren, wieder entlastet, stellt sich ein Teil der Verformung spontan zurück (wie bei einem reinelastischen Körper). Darauf erfolgt eine verzögerte viskoelastische Rückstellung bis auf die bleibende Verformung (Bild 6.41). Aufgrund dieser Phänomene bezeichnet man das Verhalten der Kunststoffe als viskoelastisch.

Das viskoelastische Verhalten der Kunststoffe kann auch im sogenannten Entspannungsversuch dargestellt werden. Wenn ein Körper einer konstanten Verformung ausgesetzt wird, beobachtet man im Lauf der Zeit einen Spannungsabbau. Diese in Bild 6.42 dargestellte Erscheinung nennt man Relaxation (von lat. relaxare = erholen).

Bild 6.42
Spannungsabbau bei Polymerwerkstoffen (Relaxation)

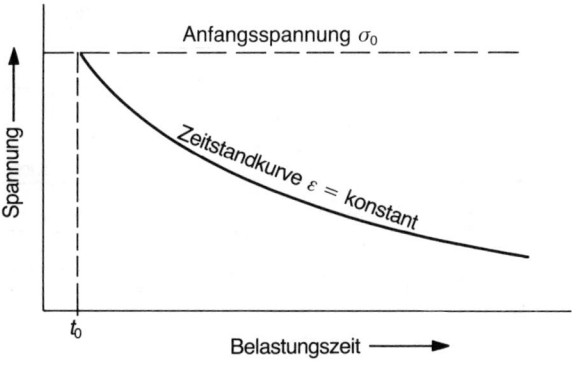

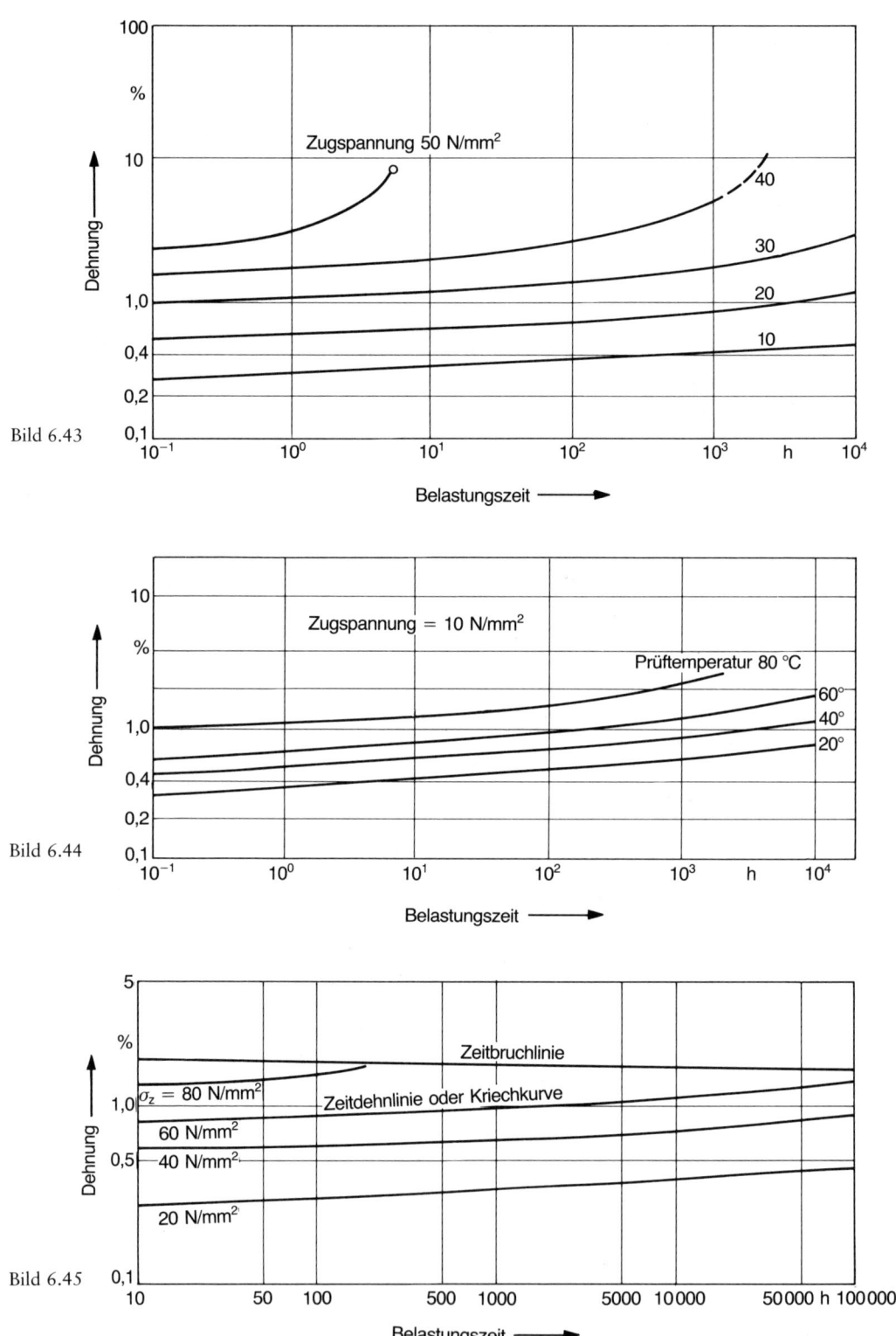

Bild 6.43

Zugspannung 50 N/mm²

40

30

20

10

Dehnung

%

Belastungszeit

Bild 6.44

Zugspannung = 10 N/mm²

Prüftemperatur 80 °C

60°

40°

20°

Dehnung

%

Belastungszeit

Bild 6.45

Zeitbruchlinie

σ_z = 80 N/mm²

Zeitdehnlinie oder Kriechkurve

60 N/mm²

40 N/mm²

20 N/mm²

Dehnung

%

Belastungszeit

Viskoelastizität der Kunststoffe bedeutet, daß sich im Lauf der Zeit Spannungen und Verformungen in belasteten Bauteilen nach bestimmten Gesetzmäßigkeiten verändern.

Diese Gesetzmäßigkeiten hängen im wesentlichen vom Werkstoff, von der Belastungshöhe, der Temperatur und den übrigen Umweltverhältnissen ab.

Es ist überaus wichtig, möglichst genaue Kenntnisse über das Langzeitverhalten der Kunststoffe zu haben, um beim Dimensionieren von Bauteilen werkstoffgerecht und materialsparend vorgehen zu können.

6.7.2   Statisches Langzeitverhalten

Entsprechend dem oben Gesagten sind in den Bildern 6.43 bis 6.45 Kriechkurven von PVC-E bei 20 °C, von POM bei verschiedenen Temperaturen und von mattenverstärktem UP-Harz bei 20 °C dargestellt. Man erkennt die deutlich höhere Kriechneigung der Thermoplaste gegenüber den verstärkten Duroplasten. Als Beispiel der Relaxation sind in Bild 6.46 Zeitstandkurven von mattenverstärktem UP-Harz dargestellt. Ebenso wie hier im Zeitstand-Zugversuch kann das Langzeitverhalten auch im Zeitstand-Biegeversuch u. a. ermittelt werden.

◄ Bild 6.43 (oben)   Kriechkurven von PVC-E bei 20 °C
Bild 6.44 (Mitte)   Kriechkurven von POM
Bild 6.45 (unten)   Kriechkurven von UP-Harz mit 25 Vol.-% Glasfasermattenverstärkung bei
20 °C

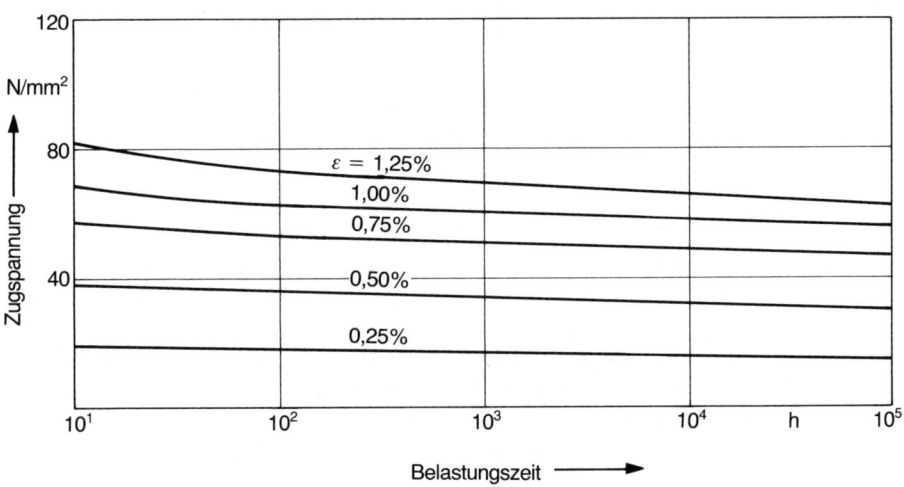

Bild 6.46 Zeitstandkurven von UP-Harz mit 25 Vol.-% Glasfasermattenverstärkung bei 20 °C (Zugversuch)

283

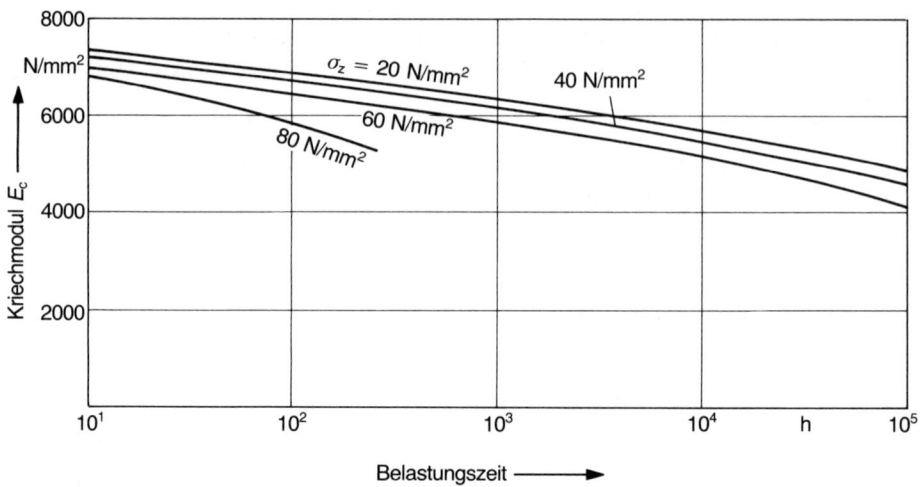

Bild 6.47 Kriechmoduln von UP-Harz mit 25 Vol.-% Glasfasermattenverstärkung bei 20 °C

Aus den Kriechkurven oder den Zeitstandkurven werden als weitere für den Konstrukteur wichtige Kenngrößen die zeitabhängigen Moduln ermittelt.

Während im Kurzzeitversuch der Elastizitätsmodul als Verhältnis von Spannung zu Dehnung definiert ist (Hookesches Gesetz), werden die zeitabhängigen Moduln wie folgt dargestellt:

$$\text{Kriechmodul (zeitabhängig)} = \frac{\text{Spannung (konstant)}}{\text{Dehnung (zeitabhängig)}}$$

$$E_c\,(t) = \frac{\sigma}{\varepsilon\,(t)}$$

$$\text{Relaxationsmodul (zeitabhängig)} = \frac{\text{Spannung (zeitabhängig)}}{\text{Dehnung (konstant)}}$$

$$E_R\,(t) = \frac{\sigma\,(t)}{\varepsilon}$$

Zeitabhängige Kriechmoduln eines mattenverstärkten UP-Harzes zeigt Bild 6.47.

Aus den bisher beschriebenen zeitabhängigen Kennwerten bzw. Kennfunktionen kann man Spannungs-Dehnungs-Linien für konstante Zeiten entwickeln. Man erhält sogenannte Spannungs-Dehnungs-Diagramme – Darstellungen also, mit denen der Konstrukteur gewohnt ist zu arbeiten. In den Bildern 6.48 bis 6.49 sind isochrone σ-ε-Diagramme dargestellt. Zum Vergleich sind die Spannungs-Dehnungs-Linien des Kurzzeitversuchs mit angegeben und in den Bildern 6.49 und 6.50 auch die Kurzzeitmoduln.

Bauteile stehen in der Praxis vielfach nicht dauernd unter Last. Um dieser Gegebenheit Rechnung zu tragen, werden Kriechversuche mit wiederholten Entlastungen durch-

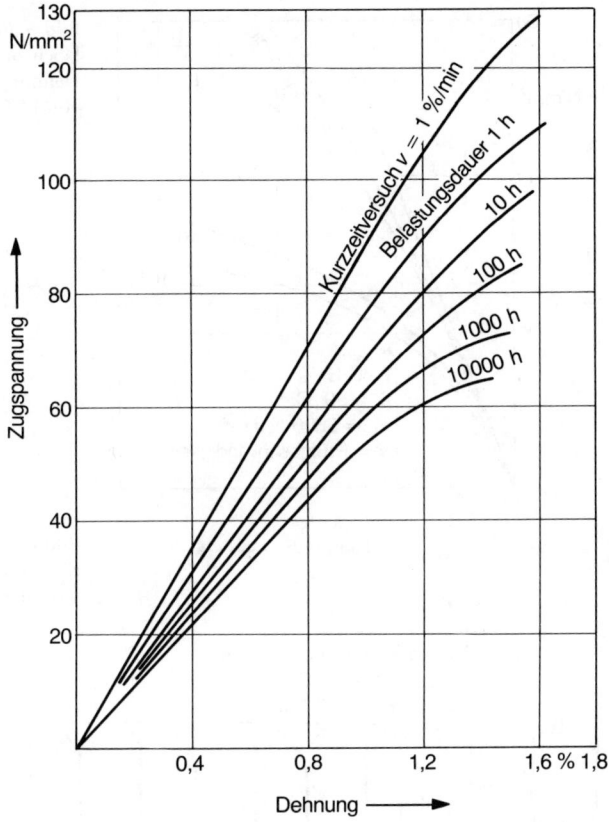

Bild 6.48
Isochrone Spannungs-
Dehnungs-Linien von
UP-Harz mit 25 Vol.-%
Glasfasermatten-
verstärkung bei 20 °C
(Zugversuch)

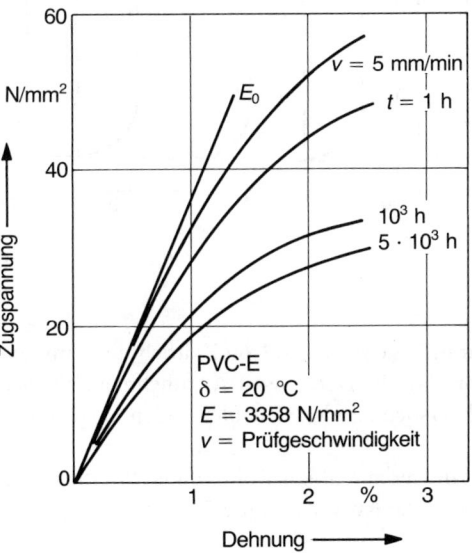

Bild 6.49
Isochrones Spannungs-
Dehnungs-Diagramm
von PVC-E

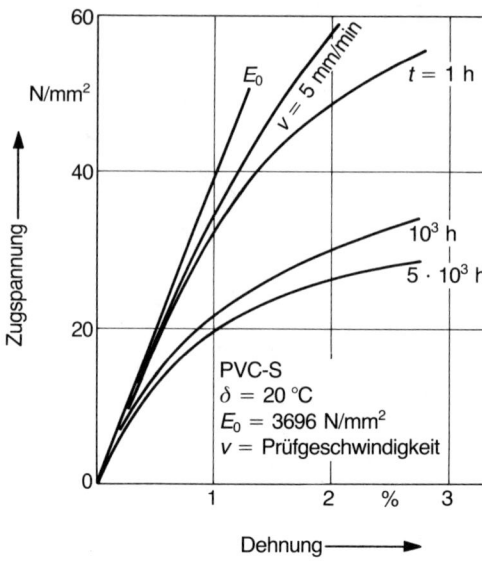

Bild 6.50
Isochrones Spannungs-
Dehnungs-Diagramm
von PVC-S

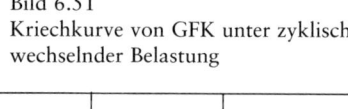

Bild 6.51
Kriechkurve von GFK unter zyklisch
wechselnder Belastung

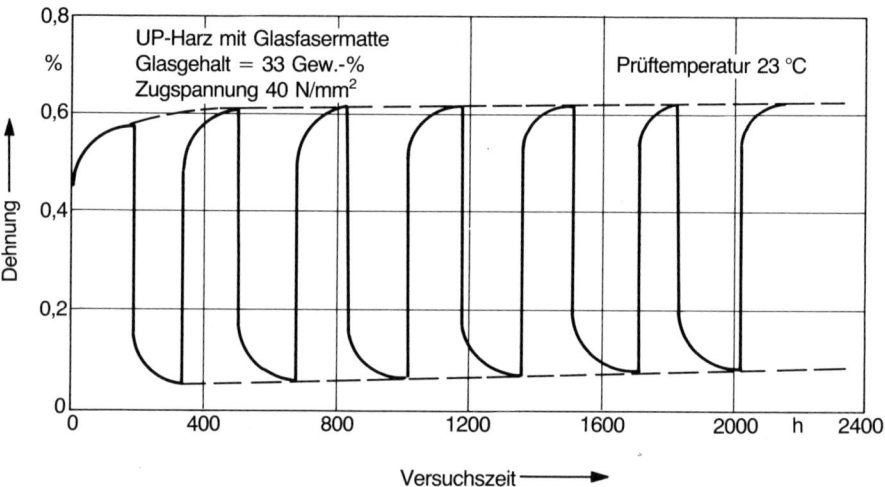

geführt. Bild 6.51 zeigt eine solche Zeitdehnlinie mit zyklisch wechselnder Belastung. Man erkennt, daß die Dehnungen so zunehmen, als wenn es sich um einen rein statischen Kriechversuch handelt. Die bleibenden Verformungen nehmen ebenfalls langsam zu.

Das Zeitstandverhalten von Rohren aus PVC hart unter Innendruck ist in Bild 6.52 wiedergegeben. Die Kurvenverläufe ähneln denen der einachsigen Zugbeanspruchung in Bild 6.46.

286

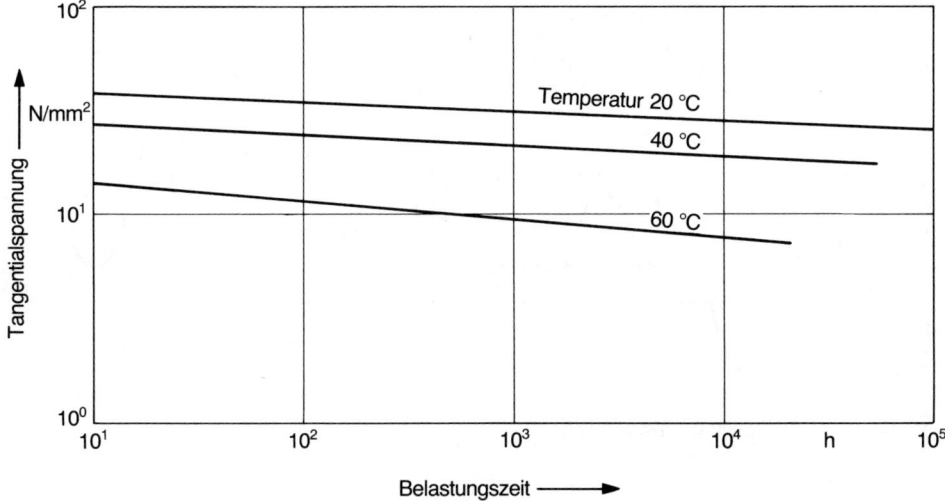

Bild 6.52   Innendruck-Zeitstandfestigkeit von Rohren aus PVC-S

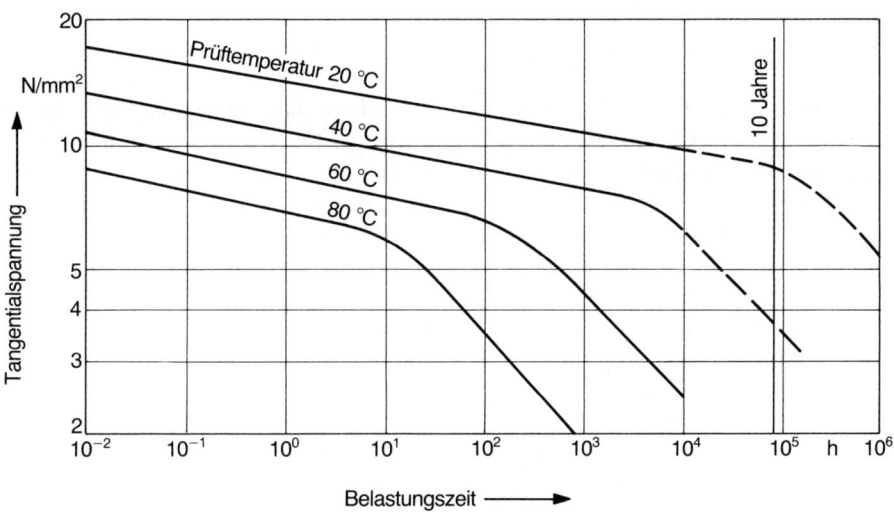

Bild 6.53   Innendruck-Zeitstandfestigkeit von Rohren aus PE-HD

Anders verhalten sich Rohre aus Polyolefinen. Wie am Beispiel von PE-HD im Bild 6.53 ersichtlich, verlaufen die Kurven bis zu einer bestimmten Belastungszeit flach, bis hierhin treten Verformungsbrüche auf. Danach stellt man Sprödbrüche fest, und die Kurven verlaufen plötzlich steiler.

287

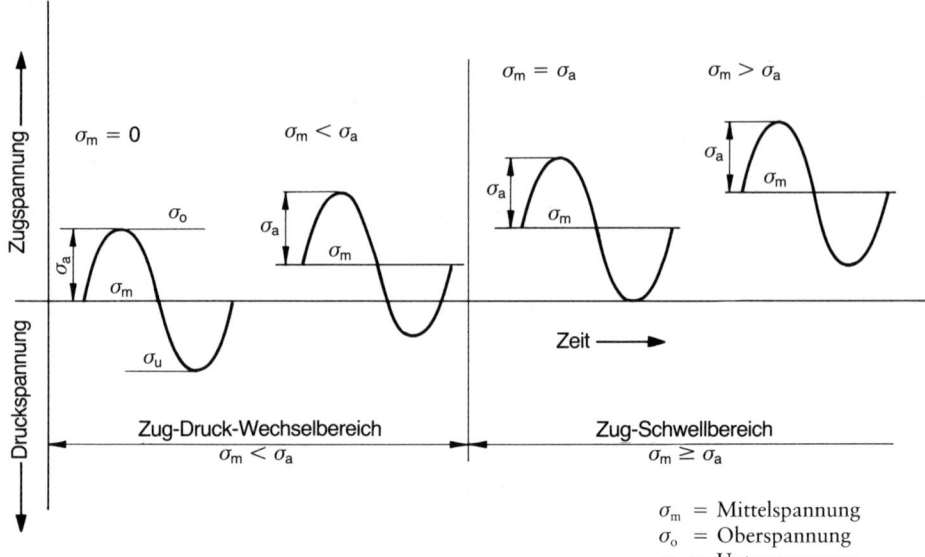

Bild 6.54 Schematische Darstellung von Dauerwechselversuchen

σ_m = Mittelspannung
σ_o = Oberspannung
σ_u = Unterspannung
σ_a = Spannungsausschlag

6.7.3 Dynamisches Langzeitverhalten

Viele Bauteile aus Kunststoffen sind über mehr oder weniger lange Zeiträume dynamischen (d. h. wechselnden) Belastungen unterworfen. Um das dynamisch-mechanische Verhalten der Werkstoffe zu beschreiben, werden Dauerwechselversuche durchgeführt. Je nach gewünschter Aussage kann es sich dabei um Wechselbiege-, Zugdruck-, Torsionsschwing- oder andere Belastungen handeln, die sowohl im reinen Wechsel- als auch im Schwellbereich aufgebracht werden können.

In Bild 6.54 sind wichtige Belastungsarten schematisch dargestellt.

Die Ergebnisse der Dauerwechselversuche werden in sogenannten Wöhler-Kurven (Bild 6.55) dargestellt. Bild 6.56 zeigt Wöhler-Kurven von PVC-E im Zugschwellbereich mit verschiedenen Unterspannungen, Bild 6.57 Wöhler-Kurven für PA, POM und PVC-U im reinen Biegewechselbereich. Je höher bei Wechselversuchen die Mittelspannung σ_m gewählt wird, desto geringer sind die Spannungsausschläge σ_a, die der Werkstoff erträgt. Die Mittelspannung kann nicht mehr erhöht werden, wenn die statische Festigkeit erreicht ist. Die Zusammenhänge zwischen Mittelspannung und Spannungsausschlag werden in sogenannten Dauerfestigkeitsschaubildern nach SMITH dargestellt. Weil da bei Kunststoffen eine echte Dauerfestigkeit nicht definiert werden kann, spricht man hier von Zeitfestigkeitsschaubildern.

Das Erstellen eines vollständigen Zeitfestigkeitsschaubilds ist sehr aufwendig. In Bild 6.58 ist der Ausschnitt eines Smith-Diagramms für PVC-E bei 20 °C dargestellt.

Für weitere Versuche, die der Beschreibung des Langzeitverhaltens von Kunststoffen dienen, wird auf die einschlägige Literatur verwiesen.

288

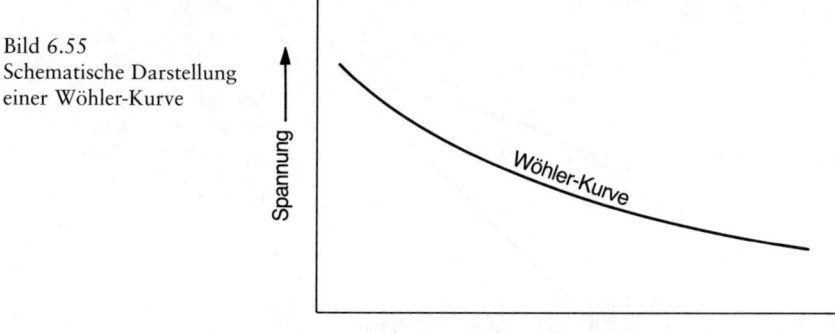

Bild 6.55
Schematische Darstellung
einer Wöhler-Kurve

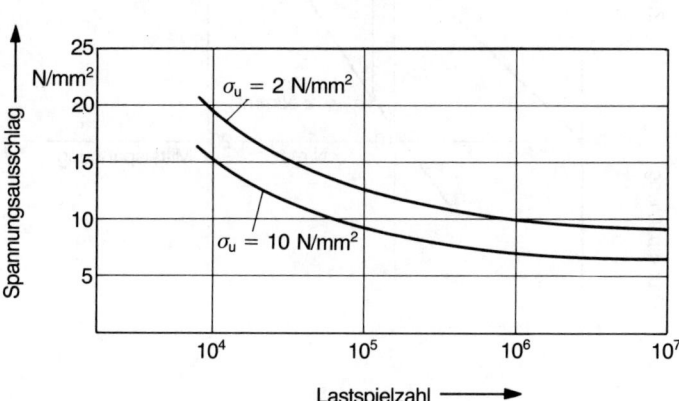

Bild 6.56
Wöhler-Diagramm
von PVC-E bei
Beanspruchung im
Zugschwellbereich
(20 °C) [10]

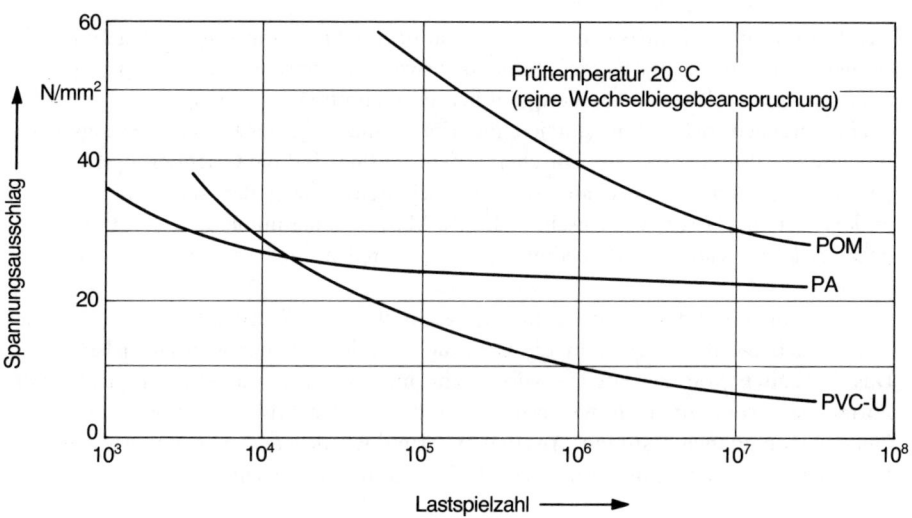

Bild 6.57   Wöhler-Diagramm einiger Thermoplaste

289

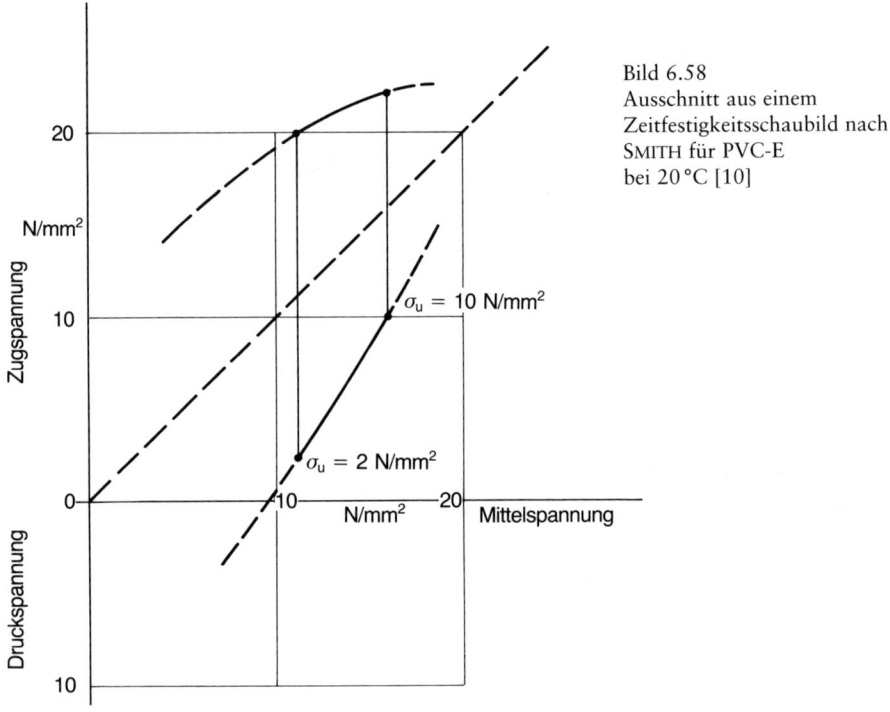

Bild 6.58
Ausschnitt aus einem
Zeitfestigkeitsschaubild nach
SMITH für PVC-E
bei 20 °C [10]

6.8   Weitere Prüfungen

Die Prüfungen an Kunststoffen werden häufig an Probekörpern durchgeführt, die speziell dafür angefertigt werden. Sie sind entweder im Spritzgießwerkzeug hergestellt oder aus dem Halbzeug bzw. Fertigteil herausgeschnitten worden.

Hier ergeben sich schon gravierende Unterschiede, je nach Verarbeitungsvorgeschichte des Prüfkörpers. Von entscheidendem Einfluß sind die Orientierungsspannungen, die die Werte der mechanischen Eigenschaften je nach Beanspruchungsrichtung anders ausfallen lassen (vgl. Abschnitt 1.3.3). Man ist daher immer bestrebt, Prüfkörper nach gleichen Verarbeitungsbedingungen herzustellen, um vergleichbare Werte zu erhalten.

Die daran ermittelten Prüfergebnisse beschreiben die Werkstoffeigenschaften des Prüflings, beurteilen aber nicht die Gebrauchstauglichkeit des Kunststoff-Fertigteils. Das Verhalten von Fertigteilen wird nicht nur von der verwendeten Kunststoff-Formmasse, sondern auch wesentlich von der konstruktiven Gestaltung und den Herstellbedingungen bestimmt. Aus diesem Grund wurde eine Reihe von Prüfungen an Fertigteilen entwickelt, die in der DIN 53760 zusammengestellt sind.

6.8.1 Prüfung an Fertigteilen

Bei Prüfungen wird man sich je nach Anforderungen auf eine mehr oder weniger häufige Stichprobenüberwachung mit ausgewählten Prüfkriterien beschränken.

Sichtkontrolle
Sie gibt Aufschluß über vollständige Formteilausbildung, Oberflächenbeschaffenheit, mögliche Einschlüsse von Fremdkörpern, sichtbare Materialschädigungen u. ä.

Maßkontrolle
Die Istmaße müssen innerhalb der Toleranzgrenzen liegen. Bei Abweichungen kann man Rückschlüsse auf Verarbeitungsfehler oder Formmasseveränderungen ziehen.

Gewichtskontrolle
Auch Gewichtsschwankungen erlauben Rückschlüsse auf Fertigungsfehler.

Farbvergleich
Mit Hilfe eines Referenzmusters lassen sich Farbunterschiede erkennen. Abgesehen von Abweichungen des Farbmittels von der Standardfarbe können Farbänderungen durch Überhitzen oder infolge zu langer Verweildauer in der Formgebungsmaschine herrühren.

Eigenspannungen und Orientierungen
Die Überprüfung der Orientierungen ist nur bei amorphen, ungefärbten Kunststoffteilen möglich. Mit der Polarisationsoptik lassen sich Deformations- und Orientierungsdoppelbrechung durch ein Isochromatenbild erkennen. Je dichter die hellen und dunklen Zonen auftreten, desto mehr sind im Teil Orientierungen bzw. Spannungen vorhanden.

Spannungsrißkontrolle

Um innere Spannungen an Formteilen im Kurzzeitversuch sichtbar zu machen, setzt man sie spannungsrißauslösenden Medien aus. Werkstoffspezifische Reagenzien lassen nach einer gewissen Einwirkdauer feinste Haarrisse an der Oberfläche des Teiles entstehen, was auf hohe Eigenspannungen hindeutet (Abschnitt 6.5).

Gefügeuntersuchungen

Durch mikroskopische Untersuchungen kann man z. B. Fremdeinschlüsse, Pigment-anhäufungen oder unaufgeschmolzene Materialteilchen erkennen.

Bei hochwertigen Spritzgußteilen, die aus teilkristallinen Thermoplasten gefertigt worden sind, können durch Gefügeuntersuchungen an Dünnschnitten Rückschlüsse auf die Qualität des Kunststoffteils gezogen werden.

Aktiver und passiver Fallversuch

Transportkästen und -behälter müssen ein gewisses Maß an Sicherheit aufweisen, insbesondere bei Beförderung gefährlicher Güter. Falltests bei verschiedenen Tempera-turen und Höhen erlauben eine Aussage über die Gebrauchstauglichkeit von Trans-portkästen und -behälter.

Auch der passive Fallversuch mittels Fallgewichten gibt Aufschlüsse über fehlerhafte Fertigung von Kunststoffteilen.

Warmlagerungsversuch

Die Warmlagerung kurz oberhalb der Erweichungstemperatur läßt eingefrorene Orien-tierungen in thermoplastischen Kunststoff-Formteilen erkennen. Durch exakte Aus-wertung kann ein quantitativer Zusammenhang zwischen der Schrumpflänge und dem Orientierungsgrad ermittelt werden.

Alterungsuntersuchungen

Kunststoffteile, die im Freien eingesetzt werden, sind verstärkten Witterungseinflüssen ausgesetzt. Durch zeitraffende Kurzprüfungen (z. B. Xenotest) können Aussagen über das Alterungsverhalten der Kunststoffe gemacht werden.

Auch die Freibewitterung in tropischen Gebieten erlaubt eine Beurteilung der Alterungsbeständigkeit, insbesondere der UV-Beständigkeit von Kunststoffprodukten (Abschnitt 6.5).

6.8.2   Qualitätssicherung und -überwachung

Die Qualitätssicherung zum Schutz des Verbrauchers ist eine Forderung, die im Interesse von Kunststoffherstellern, -verarbeitern und -anwendern liegt. Werden dar-über hinaus sicherheitstechnische Anforderungen gestellt, hat auch der Staat eine Aufsichtspflicht zu erfüllen, die in Form von Zulassungsbestimmungen abgesichert werden. Aber auch die freiwillige Überwachung wird durch die Zusammenarbeit von Gütegemeinschaften, Prüfinstituten, Herstellern und Abnehmern gesichert. Aufgrund von Eignungs-, Erst- und Zulassungsprüfungen werden die Mindesteigenschaften für die verlangte Lieferqualität festgelegt.

Hersteller und Prüfinstitut können dann vertraglich festlegen, in welchem Rahmen eine Eigenüberwachung und eine Fremdüberwachung durchgeführt wird.

Kunststofferzeugnisse, die die gestellten Anforderungen erfüllen und einer Überwachung unterliegen, dürfen das «K»-Gütezeichen (Bild 6.59) tragen, das mit unterschiedlichen Umschriften die jeweilige Produktgruppe angibt. Für Kunststofferzeugnisse, für die es kein RAL-Gütezeichen gibt, sind spezielle Qualitätszeichen entwickelt worden, z.B. das vom Süddeutschen Kunststoff-Zentrum Würzburg dargestellte Prüf- und Überwachungszeichen (Bild 6.60).

Bild 6.59
«K»-Gütezeichen von RAL

Bild 6.60
SKZ-Prüf- und Überwachungszeichen

Qualitätssicherung und -überwachung sind für alle Beteiligten bewährte Maßnahmen, die die Ausschußware vermindern, Gewährleistungsansprüche verringern und den Verbraucher schützen. Nur wer Qualität erzeugt, wird sich auf Dauer am Markt behaupten können.

Um Qualität dauerhaft zu garantieren, werden vom Kunden und vom Markt der Aufbau und die Fortführung eines zertifizierten *Qualitätsmanagementsystems* gefordert. Die momentane Entwicklung zeigt, daß mehr und mehr Firmen sich einer *Zertifizierung* unterziehen, um im Wettbewerb mithalten zu können. Die Zertifizierung, die nach internationalen Richtlinen in der ISO 9000 ff. festgeschrieben wurde, läuft nach folgendem Schema ab:

Zertifizierung nach ISO 9000
Allgemeiner Ablauf

1. Anfrage des Unternehmens

2. individuelles Angebot

3. Vertragsabschluß

4. Dokumentenprüfung (QM-Handbuch)

5. Voraudit (optional)

6. Zertifizierungsaudit

7. Zertifikatserteilung

8. Überwachungsphase (jährlich 1 Audit)

9. Wiederholungsaudit (nach 3 Jahren) (Reaudit zur Zertifikatserneuerung)

Die Zertifizierung sollte von akkreditierten Zertifizierungsstellen vorgenommen werden, damit die ausgestellten Zertifikate auch weltweite Anerkennung finden.

Durch das Zertifikat werden Kunden und Öffentlichkeit auf ein funktionierendes Managementsystem hingewiesen. Darüber hinaus ermöglicht die Zertifizierung eine interne Optimierung der Arbeitsabläufe und dokumentiert, daß das Unternehmen nach internationalen Standards arbeitet.

294

Kurzzeichen für Polymere
in Anlehnung an DIN 7728/T1

ABS	Acrylnitril-Butadien-Styrol		PAI	Polyamidimid
AMMA	Acrylnitrilmethylmethacrylat		PB	Polybutylen, Polybuten
ASA	Acrylnitril-Styrol-Acrylester		PBI	Polybismaleinimid
			PBT	Polybutylenterephthalat
BR	Butadienkautschuk		PC	Polycarbonat
			PCTFE	Polychlortrifluorethylen
CA	Zelluloseacetat		PE	Polyethylen
CAB	Zelluloseacetobutyrat		PE-HD	Polyethylen hoher Dichte
CO	Epichlorhydrinkautschuk		PE-LD	Polyethylen niederer Dichte
CP	Zellulosepropionat		PE-LLD	lineares Polyethylen
CR	Chloroprenkautschuk			niederer Dichte
CSM	chlorsulfoniertes Polyethylen		PE-C	chloriertes Polyethylen
			PE-X	vernetztes Polyethylen
DAP	Diallylphthalat		PEEK	Polyetheretherketon
			PEI	Polyetherimid
EAM	Ethylen-Vinylacetat-Kautschuk		PES	Polyethersulfon
ECB	Ethylen-Cop.-Bitumen		PET	Polyethylenterephthalat
E-CTFE	Ethylen-Chlortrifluorethylen-		PF	Phenol-Formaldehyd
	Cop.		PFA-TFA	Polyfluoralkoxy-Cop.
EP	Epoxid		PI	Polyimid
EPM-EPDM	Ethylen-Propylen-Kautschuk		PIB	Polyisobutylen
ETER	Epichlorhydrin-Ethylenoxid-		PMMA	Polymethylmethacrylat
	Terpolymer		PMP	Polymethylpenten
ETFE	Ethylen-Tetrafluorethylen-Cop.		POM	Polyoxymethylen
EVA	Ethylen-Vinylacetat-Cop.		PP	Polypropylen
			PPB	Polypropylen-Block-Cop.
FEP	Perfluorethylen-Propylen-Cop.		PPH	Polypropylen-Homopolymerisat
FKM	Fluorkautschuk		PPE	Polyphenylenether
			PPR	Polypropylen-Statistisches Cop.
IIR	Butylkautschuk		PPS	Polyphenylensulfid
IR	cis-1,4-Polyisoprenkautschuk		PS	Polystyrol
			PSU	Polysulfon
MBS	Methylmethacrylat-Butadien-		PTFE	Polytetrafluorethylen
	Styrol-Cop.		PUR	Polyurethan
MF	Melamin-Formaldehyd		PVAC	Polyvinylacetat
MPF	Melamin-Phenol-Formaldehyd		PVC	Polyvinylchlorid
			PVC-C	chloriertes Polyvinylchlorid
NBR	Acrylnitril-Butadien-Kautschuk		PVC-P	Polyvinylchlorid,
NR	Naturkautschuk			weichmacherhaltig
			PVC-U	Polyvinylchlorid,
PA	Polyamid			weichmacherfrei
PAN	Polyacrylnitril			

PVDC	Polyvinylidenchlorid
PVDF	Polyvinylidenfluorid
PVF	Polyvinylfluorid
PVK	Polyvinylcarbazol
Q	Silikon-Kautschuk
SAN	Styrol-Acrylnitril-Cop.
SB	Styrol-Butadien-Cop.
SBR	Styrol-Butadien-Kautschuk
SI	Silikon
SPS	syndiotaktisches Polystyrol
TM	Thioplaste
UF	Harnstoff-Formaldehyd
UP	ungesättigte Polyester

Quellenverzeichnis

[1] OBERBACH, K.: *Kunststoff-Kennwerte für Konstrukteure.* München: C. Hanser Verlag, 2. Aufl., 1980.

[2] KREKELER, K., und WICK, G.: *Kunststoff-Handbuch,* Bd. II; Polyvinylchlorid, Teil 1. München: Carl Hanser Verlag, 1963.

[3] DOMININGHAUS, H.: *Die Kunststoffe und ihre Eigenschaften.* Düsseldorf: VDI-Verlag, 1992.

[4] SCHWARZ, O.: *Beitrag zum statischen Langzeitverhalten glasfaserverstärkter Kunststoffe.* Diss. TH Aachen, 1968.

[5] HOFMANN, W.: *Kautschuk-Technologie.* Stuttgart: Gentner Verlag, 1980.

[6] BECKER, W., und BRAUN, D.: *Kunststoff-Handbuch,* Bd. VII; Polyurethane. München: Carl Hanser Verlag, 1983.

[7] SAECHTLING, H.-J.: *Kunststoff-Bestimmungstafel.* München: Carl Hanser Verlag, 8. Aufl. 1979.

[8] MENGES, G.: *Werkstoffkunde der Kunststoffe.* München: Carl Hanser Verlag, 2. Aufl., 1984.

[9] ORTHMANN, H. J., und MAIR, H. J.: *Die Prüfung thermoplastischer Kunststoffe.* München: Carl Hanser Verlag, 1971.

[10] TAPROGGE, R.: *Untersuchungen zur Ermittlung zulässiger Beanspruchung thermoplastischer Kunststoffe bei statischer und dynamischer Zug- und Biegebelastung.* Diss. TH Aachen, 1966.

[11] BEHR, E.: *Hochtemperaturbeständige Kunststoffe.* München: Carl Hanser Verlag, 1969.

[12] BRAUN, D.: *Erkennen von Kunststoffen.* München: Carl Hanser Verlag, 1978.

[13] CARLOWITZ, B.: *Kunststoff-Tabellen.* München: Carl Hanser Verlag, 2. Aufl., 1984.

[14] CARLOWITZ, B.: *Thermoplastische Kunststoffe.* Steyer: Zechner und Hüthig Verlag, 1980.

[15] ELIAS, H. G., und VOHWINKEL, F.: *Neue polymere Werkstoffe für die industrielle Anwendung,* 2. Folge. München: Carl Hanser Verlag, 1983.

[16] FRANCK, A., und BIEDERBICK, K.: *Kunststoff-Kompendium,* 2 Auflage. Würzburg: Vogel Buchverlag, 1988.

[17] HAENLE, S., GNAUCK, B., und HARSCH, G.: *Praktikum der Kunststofftechnik.* München: Carl Hanser Verlag, 1972.

[18] HELLERICH, W., HARSCH, G., und HAENLE, S.: *Werkstoff-Führer Kunststoff.* München: Carl Hanser Verlag, 3. Aufl., 1983.

[19] LAEIS, W.: *Einführung in die Werkstoffkunde der Kunststoffe.* München: Carl Hanser Verlag, 1972.

[20] SAECHTLING, H.-J.: *Kunststoff-Taschenbuch.* München: Carl Hanser Verlag, 23. Ausg., 1986.

[21] SCHREYER, G.: *Konstruieren mit Kunststoffen,* Teile 1 und 2. München: Carl Hanser Verlag, 1972.

[22] SCHWARZ, O., EBELING, F.-W., LÜPKE, G.: *Kunststoffverarbeitung.* Würzburg: Vogel Buchverlag, 6. Aufl., 1991.

[23] VIEWEG, R., und BECKER, E.: *Kunststoff-Handbuch,* Bd. X; Duroplaste. München: Carl Hanser Verlag, 1968.

[24] STOECKHERT, WOEBCKEN: *Kunststoff-Lexikon,* München/Wien: Carl Hanser Verlag, 8. Aufl., 1992.

Stichwortverzeichnis